AF390997

LES MONDES FOSSILES

Jean-Jacques JAEGER

LES MONDES
FOSSILES

À Stéphane et les autres.

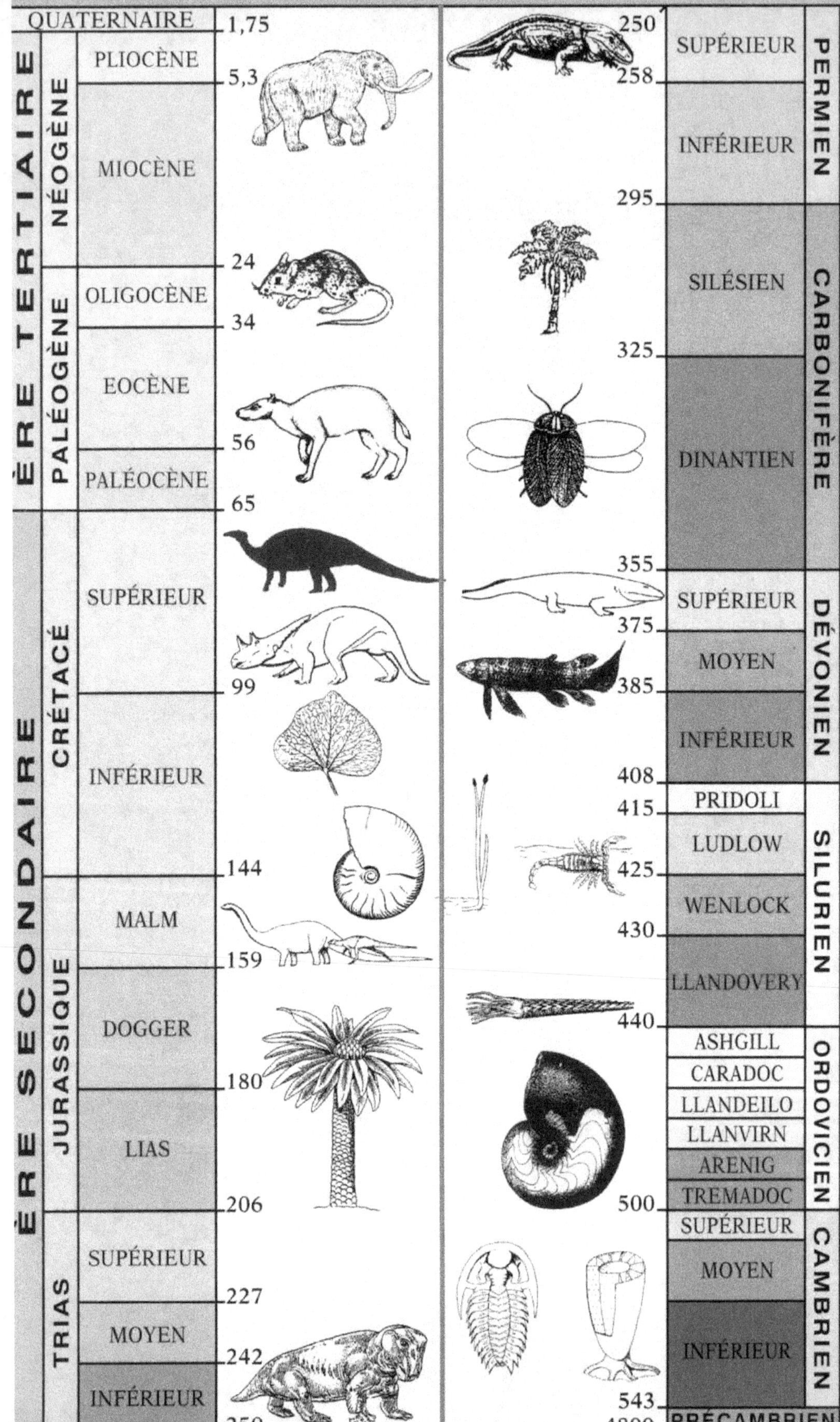
ÈRE TERTIAIRE
ÈRE SECONDAIRE
QUATERNAIRE
1,75
NÉOGÈNE
PLIOCÈNE
5,3
MIOCÈNE
PALÉOGÈNE
24
OLIGOCÈNE
34
EOCÈNE
56
PALÉOCÈNE
65
CRÉTACÉ
SUPÉRIEUR
99
INFÉRIEUR
144
JURASSIQUE
MALM
159
DOGGER
180
LIAS
206
TRIAS
SUPÉRIEUR
227
MOYEN
242
INFÉRIEUR
250
250
PERMIEN
SUPÉRIEUR
258
INFÉRIEUR
295
CARBONIFÈRE
SILÉSIEN
325
DINANTIEN
355
DÉVONIEN
SUPÉRIEUR
375
MOYEN
385
INFÉRIEUR
408
PRIDOLI
415
LUDLOW
SILURIEN
WENLOCK
425
430
LLANDOVERY
440
ASHGILL
ORDOVICIEN
CARADOC
LLANDEILO
LLANVIRN
ARENIG
TREMADOC
500
CAMBRIEN
SUPÉRIEUR
MOYEN
INFÉRIEUR
543
PRÉCAMBRIEN
4800

Introduction

O N DÉSIGNE par le terme de « fossiles » de nombreux témoignages relatifs aux êtres vivants du passé : des squelettes de nature cristalline et leurs molécules résiduelles, des traces d'activités, ou même quelquefois de simples empreintes. Leurs tailles, leurs formes et leurs natures sont d'une diversité exceptionnelle. Les fossiles peuvent être aussi bien des mammouths congelés dans les glaces de l'Arctique que des molécules d'ADN miraculeusement conservées ; des insectes, des fleurs et des graines préservés intacts dans l'ambre ; des empreintes de pas de dinosaures, des troncs d'arbre silicifiés, des grains de pollen, des concrétions algaires, etc.

Cependant, l'immense majorité des fossiles est constituée de parties dures minéralisées – ou squelettes – d'anciens organismes vivants. Ceux-ci ont rarement conservé leur minéralisation initiale. Lors de l'enfouissement, ils ont souvent fait l'objet de modifications, de minéralisations secondaires qui leur ont conféré une nature lithique. Ces « pétrifications », comme on les appelait jadis, ont attiré l'attention des scientifiques depuis des temps très anciens.

La révolution scientifique et technologique en cours a permis de jeter un regard nouveau sur ces témoins du passé et d'augmenter considérablement nos connaissances relatives aux fossiles, à leur mode de vie, à leur biologie et à leurs environnements. Ces pétrifications sont également des roches et peuvent dès lors bénéficier des méthodes d'étude les plus récentes des sciences de la Terre. Mais elles ont fait partie intégrante d'un organisme vivant et, à ce titre, renferment des informations que les méthodes de la biologie permettent de décrypter. La paléontologie se situe donc à l'interface des sciences de la vie et des sciences de la Terre.

Chacune des découvertes scientifiques majeures ou des innovations technologiques apporte ainsi sa contribution à la relecture des documents paléontologiques ou permet la découverte de nouveaux fossiles ou de nouvelles caractéristiques. Ainsi, par exemple, la tomographie permet maintenant d'étudier le contour interne de la boîte crânienne, donc du cerveau, de certains de nos lointains ancêtres dans tous ses détails, sans même qu'il soit nécessaire d'extraire la gangue de sédiments qui a rempli cette cavité après la mort et l'enfouissement de l'animal. La méthode de la PCR (*polymerase chain reaction*) permet d'amplifier un seul minuscule fragment d'une molécule d'ADN, exceptionnellement préservé à l'intérieur d'un os ou d'une feuille fossiles. Les modèles aérodynamiques mis au point pour la construction des avions peuvent être appliqués aux reptiles volants de l'ère secondaire et conduisent à démontrer qu'une faible brise permettait même aux plus grands de ces reptiles de s'envoler. La mesure du rapport isotopique de l'oxygène, s'il est encore préservé, dans une coquille fossile peut, dans certaines conditions, indiquer la température moyenne de l'océan dans lequel cette coquille a été sécrétée. Certains fossiles, aplatis par le poids des sédiments, peuvent être reconstitués en trois dimensions grâce au développement d'ordinateurs puissants et d'algorithmes adaptés. Plus récemment, on a montré que la teneur en isotopes stables de carbone et d'azote permettait de reconstituer le régime alimentaire des êtres vivants actuels mais aussi celui des espèces disparues depuis des millions d'années.

Néanmoins, pour le grand public, les termes « fossile » ou « dinosaure » désignent encore généralement des hommes, des objets ou des pratiques qui paraissent obsolètes, périmés, voire grotesques. L'expression « fossile vivant » apparaît comme le terme ultime d'une subtile gradation. Comme tous les schémas, cette interprétation comprend du vrai et du faux. Aujourd'hui, les dinosaures n'apparaissent plus du tout comme des monstres désuets, lents et stupides, mais plutôt comme des animaux vifs et actifs, témoignant d'un plan d'organisation qui a connu un succès considérable pendant 135 millions d'années et qui a disparu par malchance, en cédant la place aux mammifères. Ainsi, la notion de progrès au cours du temps – l'idée que les choses plus récentes sont forcément meilleures que les choses plus anciennes – est bien ancrée dans la plupart des cultures humaines. Mais ce concept est-il scientifiquement démontré pour ce qui est des êtres vivants et de leur succession au cours du temps ? Qui serait prêt à accepter, par exemple, que les reptiles volants de la fin de l'ère secondaire étaient d'aussi bons voiliers que les albatros actuels ?

En vérité, les fossiles sont les témoins de l'histoire des êtres vivants sur notre planète, de leurs conquêtes des différents milieux et de leurs échecs quelquefois retentissants. Leur contribution à l'étude de l'évolution est irremplaçable. Si Lamarck, Darwin et la plupart des évolutionnistes ont appuyé leurs théories sur des séries de fossiles, les modèles évolutifs récents, comme les équilibres ponctués et la sélection entre espèces, s'y réfèrent également. L'apport de cette discipline n'a fait que croître depuis Darwin.

Les progrès réalisés en biologie moléculaire conduisent à admettre que le matériel génétique a subi une transformation irréversible au cours du temps, sous l'action des mutations et des recombinaisons, sans parler des transferts directs éventuels qui seraient dus à des gènes « sauteurs ». Comment expliquer alors l'existence de fossiles vivants, d'organismes complexes dont le plan d'organisation ne change pas au cours du temps ? Comment expliquer, par exemple, le cas du cœlacanthe, cet extra-ordinaire poisson dont l'anatomie archaïque était connue des paléontologistes avant même qu'il ne soit découvert à l'état vivant ?

Dans le même ordre d'idées, qui acceptera facilement que l'homme lui-même puisse se réduire à cette improbable conjonction de hasards et de modifications de l'environnement ?

Trouver le lien ténu qui relie les bouleversements que la Terre a connus à ceux des êtres vivants constitue, grâce à la lecture continue de l'histoire de la biosphère et du lent battement de l'horloge universelle, le nouveau défi proposé aux paléontologistes d'aujourd'hui. La surface de la Terre se modifie en permanence, mais si lentement que ces changements sont indécelables à l'échelle d'une génération humaine. À long terme, ces changements sont considérables. Les êtres vivants, pour survivre, doivent s'adapter aux nouvelles conditions. Celles-ci ne concernent pas seulement le milieu physique. Les communautés biologiques recèlent en leur sein un moteur qui permet leur évolution sans que des changements de leurs milieux soient nécessaires. Ce moteur, ce sont les innombrables interactions qui lient les êtres vivants les uns aux autres. Les relations prédateurs-proies, hôtes-parasites, la compétition interspécifique, la symbiose ou l'association, sont autant de moteurs qui conduisent également les êtres vivants à se transformer. L'homme lui-même n'échappe pas à ces lois. Certes, il ne craint plus les fauves, mais tous les malades, victimes de germes non identifiés ou de virus, sont autant de témoins malheureux d'une évolution qui continue. L'espèce humaine aurait-elle échappé à l'extinction si l'épidémie de sida l'avait frappée au Moyen Âge ou à des époques plus reculées ?

Les modifications que l'homme fait subir de nos jours à la planète Terre ne sont que de pâles reflets d'expériences naturelles qui ont déjà eu lieu dans le passé, souvent à de multiples reprises, et d'une plus grande ampleur. C'est, par exemple, le cas des changements de climats, des variations des niveaux des mers, de l'augmentation de la teneur en gaz carbonique et sans doute aussi du trou d'ozone... Les êtres vivants y ont survécu en s'adaptant et en se transformant. Les fossiles nous révèlent leurs stratégies d'adaptation, leurs moyens de survivre, la vitesse de leurs transformations évolutives, constituant ainsi autant de leçons du passé. De telles leçons du passé, offertes à si peu de frais, il ne serait pas sage de s'en passer. La pensée réfléchie, elle-même issue de ce buissonnement de réponses aux modifications du milieu, nous en offre les moyens. N'utilisons pas cette formidable innovation dont la nature nous a fait don pour organiser notre propre extinction.

C'est donc un triple objectif que nous nous sommes assigné dans ce livre. Tout d'abord retracer avec précision la longue histoire des êtres vivants sur notre planète, au rythme des grands bouleversements qu'elle a subis. Ces organismes vivants ont déjoué les menaces les plus terribles, résisté aux déluges les plus impressionnants et même, selon certains, au bombardement de météorites géantes. Ils se sont toujours adaptés aux changements, même si cela a pris quelquefois un temps très long, en termes de générations humaines. Ensuite, exposer les méthodes modernes qui permettent d'extraire l'information énorme que recèlent les fossiles. Des géographies anciennes, des climats anciens peuvent être reconstitués et même quelquefois quantifiés avec précision. Enfin, tirer les leçons que le passé de la biosphère nous a livrées, comme celle de l'équilibre dynamique des communautés, toujours en perspective, mais jamais atteint, ou comme l'énorme durée – des centaines de milliers d'années ou plus – nécessaire à la reconstitution de la biodiversité après une catastrophe planétaire.

C'est une réflexion prospective que tout lecteur pourra prolonger peronnellement lorsqu'il aura acquis des clefs proposées par ce livre. Beaucoup restent encore à trouver. Mais il n'est pas toujours nécessaire d'aller loin pour connaître l'aventure. Celle qu'offre l'étude des fossiles commence quelquefois sous nos pas...

CHAPITRE I

Nature et histoire des fossiles

LES FOSSILES sont des restes d'êtres vivants du passé. Cette définition simple cache en réalité un fouillis complexe de restes de squelettes, de traces d'activités, d'empreintes, de molécules et de résidus du métabolisme. Ces restes sont en outre affectés, à des degrés divers, par les multiples transformations minérales – rassemblées sous le terme de diagenèse – qui surviennent après l'enfouissement, sous l'effet de la température, de la pression et de la circulation des fluides souterrains. Ainsi, des fossiles organiques comme les insectes peuvent se transformer en phosphate, et la nacre de certaines ammonites en opale. L'étude des processus de fossilisation constitue une véritable science qui n'en est qu'à ses balbutiements. Dans les complexes processus de transformation que subissent les fossiles au cours du temps, les phénomènes physico-chimiques qui se produisent aux interfaces, par exemple dans les trente premiers centimètres de sédiments du fond des océans, plus ou moins liés à l'activité bactérienne, jouent un rôle décisif, encore presque entièrement méconnu. Des expériences récentes ont, par exemple, montré que la conservation des carapaces de grandes crevettes dans les sédiments marins dépend essentiellement de la vitesse de leur diagenèse, c'est-à-dire de la vitesse de la substitution chimique des molécules et minéraux biologiques par ceux du milieu de conservation.

Le paléontologue n'étudie la plupart du temps que des fantômes d'organismes, et cette situation, exceptionnelle pour les fossiles récents, devient la règle au fur et à mesure que l'on recule dans le temps et que la probabilité que les couches fossilifères aient subi des événements géologiques importants augmente.

La variété des squelettes

La grande majorité des fossiles conservés et étudiés correspond à des squelettes internes ou externes de nature organique ou minérale.

13

Les squelettes externes les plus fréquents chez les organismes actuels sont constitués de cristaux de carbonate de calcium. C'est le cas de nombreux invertébrés marins comme les huîtres, les moules, les patelles et les bigorneaux. C'est aussi le cas de l'escargot terrestre. On trouve ensuite une abondance de squelettes en phosphate de calcium. C'est le cas de nos propres os, exemple de squelette interne commun à tous les vertébrés.

Ces squelettes sont composés de biocristaux, qui ne peuvent pas être assimilés à des précipitations purement minérales, comme ces superbes cristaux qui précipitent dans des solutions sursaturées en certains sels minéraux. Leur trame contient toujours une ou plusieurs molécules organiques, appartenant au groupe des protéines, telle la conchyoline pour la nacre des huîtres perlières. L'organisme dont le corps est enfermé dans une coquille fabrique donc d'abord une molécule organique, laquelle sert de trame aux cristaux. Ce sont ces molécules organiques, souvent protéiques, qui déterminent la taille et la disposition des biocristaux.

La plupart de ces protéines sont très anciennes et représentent de véritables fossiles vivants. Ainsi, le collagène de nos os, qui constitue la trame des cristaux d'hydroxyapatite, se retrouve sous une forme très similaire chez certaines éponges. Or l'ancêtre commun à ces éponges et à l'homme remonte à au moins un milliard d'années. C'est dire l'ancienneté probable de ces protéines de structure, à moins qu'elles n'aient été inventées deux fois indépendamment, ce qui n'est pas exclu puisque les mêmes précurseurs servent à leur fabrication. Phosphates et carbonates constituent les matériaux biologiques privilégiés, depuis la nuit des temps, pour construire des squelettes. Dans certains groupes toutefois, le squelette n'est constitué que de matière organique, sans aucune trace de minéralisation. C'est le cas de la cuticule des insectes, des scorpions et des araignées. C'est aussi le cas pour la lignine des plantes.

On a tenté de classer les grandes catégories d'animaux en fonction de la composition minérale de leurs squelettes, mais sans obtenir de regroupement cohérent. La plupart des organismes ont conservé l'information génétique et les éléments nécessaires à la fabrication des différents types de squelette, organique comme les griffes et ongles, ou minéral comme le phosphate des os ou les petites concrétions carbonatées qui constituent notre organe d'équilibration à l'intérieur de l'oreille interne. De même, certaines coquilles d'animaux marins sont constituées d'une alternance de couches de phosphate de calcium et de carbonate de calcium.

Mais quelle est donc l'origine de ces squelettes? Quelles étaient leurs fonctions au moment où ils ont été inventés? Pour répondre à ces questions, il est indispensable de faire appel à leur histoire, qui, pour des raisons de préservation privilégiée, se confond avec celle des premiers êtres vivants. C'est une histoire qui, justement, a été recomposée en grande partie grâce aux fossiles.

Les premiers squelettes de l'ère primaire

Les premiers squelettes de l'histoire des êtres vivants apparaissent entre −580 et −570 millions d'années, c'est-à-dire trois milliards d'années après l'apparition de la vie. Les plus anciens animaux pourvus d'un squelette appartiennent à un organisme marin énigmatique de dimensions millimétriques dont la coquille ressemblait à une espèce de cornet à glace. En fait, il faudra attendre jusqu'à −543 millions d'années pour voir apparaître simultanément, dans de nombreux groupes d'invertébrés marins, des squelettes externes carbonatés ou phosphatés. Comme ces exosquelettes apparaissent simultanément dans de nombreux groupes, comme les mollusques, les arthropodes, les éponges, les brachiopodes et les cœlentérés, il est logique de vouloir attribuer la cause de cette apparition multiple et synchrone à un événement extérieur. Celui-ci a fait l'objet de nombreux débats, au cours desquels se sont affrontées deux visions antagonistes concernant l'évolution du monde vivant.

Pour les uns – souvent géologues –, l'évolution est déterminée par les modifications physico-chimiques des différents milieux au cours des temps. Pour les autres – souvent paléontologues et surtout écologistes –, l'évolution serait une propriété intrinsèque du vivant : même dans un environnement absolument invariable, les êtres vivants auraient évolué, par le seul jeu d'interactions comme les relations prédateur-proie, ou la compétition interspécifique. En fait, le bon sens incite à prendre en considération les deux modèles et à regarder les relations entre les espèces d'une communauté comme un aspect fondamental de ce que l'on désigne communément sous le nom d'« environnement ».

Le débat concernant les causes de l'émergence rapide, peu avant −543 millions d'années, des squelettes minéralisés externes semble donner raison aux écologistes. Un faisceau de présomptions indique que ces squelettes sont apparus en réaction à l'arrivée des premiers prédateurs. Et c'est depuis cette époque, donc, que les mâchoires et les dents des prédateurs sévissent, représentés aujourd'hui par les grands requins et les grands félins...

Les autres hypothèses, comme celle qui relie la précipitation des exosquelettes à l'excrétion, hors des tissus vivants, du calcium, sont plus difficiles à défendre. Le calcium est un élément indispensable à la vie, qui intervient dans de nombreuses fonctions biologiques, mais il s'avère toxique à haute concentration. Il faudrait admettre qu'une augmentation de la teneur en calcium de l'océan primitif ait conduit au renforcement des mécanismes d'excrétion de cet élément... De nombreuses observations démentent cette hypothèse. Les géochimistes, en se basant sur les analyses de dépôts salifères anciens, ont montré que la teneur en sels de l'océan primitif avait atteint une concentration voisine de l'actuelle il y a 800 millions d'années, c'est-à-dire plus de 200 millions d'années avant l'apparition générale des exosquelettes.

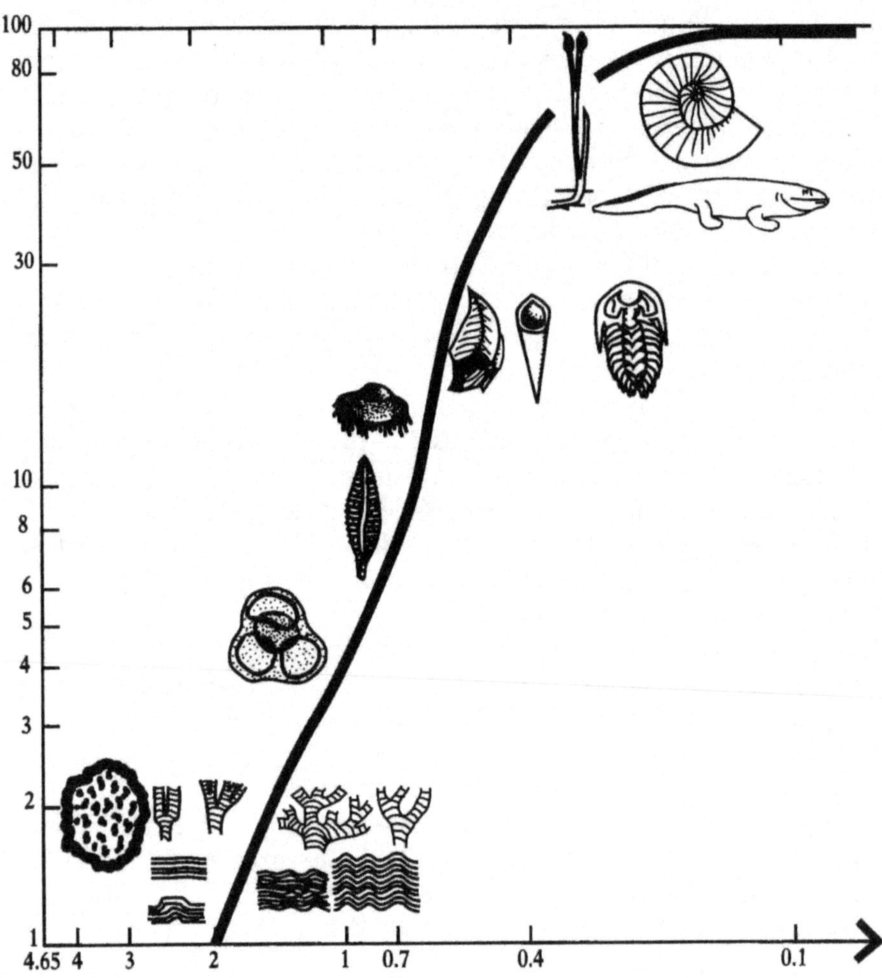

Figure 1.1. *Courbe d'accroissement probable de la teneur en oxygène dans l'atmosphère avec indication des principaux stades de l'histoire des êtres vivants. Les deux axes correspondent à des échelles logarithmiques (d'après Cloud, 1976, modifié).*

Une autre interprétation encore tend à mettre en parallèle l'apparition des exosquelettes avec l'augmentation de la taille des organismes, elle-même liée à l'augmentation de la teneur en oxygène. Cette idée suppose que, lorsque la taille d'organismes à corps mou dépasse une certaine valeur limite, un squelette devient indispensable. Les grands poulpes constituent le démenti flagrant d'un tel concept ! Mais il reste certain que le développement des squelettes externes n'a pu se produire qu'en présence d'une teneur suffisante en oxygène. Les petits organismes marins respirent, pour la plupart, par simple diffusion de l'oxygène à travers les tissus, un mécanisme fortement limité par un exosquelette. L'augmentation de la teneur en oxygène apparaît donc comme une des causes, sans doute indirecte, de l'apparition des squelettes minéralisés externes. Elle a dû permettre aux organismes marins de cette époque d'augmenter leur métabolisme, de développer de nouvelles adaptations locomotrices, d'augmenter leur taille et de fabriquer un exosquelette.

Les géologues et les écologistes avaient tous raison ! L'élévation de la teneur en oxygène rend les transformations possibles, mais c'est l'apparition des premiers prédateurs dans les mers qui va entraîner l'acquisition simultanée, dans de nombreux groupes d'invertébrés marins, d'un squelette minéralisé externe. Ainsi donc, l'importance majeure de la teneur en oxygène de l'atmosphère dans l'évolution des êtres vivants apparaît clairement. Compte tenu de ce que nous savons de cette histoire, celle-ci paraît avoir été étroitement corrélée aux premiers stades de l'histoire de la vie.

L'OXYGÈNE ET LA VIE SUR TERRE

Dans la nature actuelle, si l'oxygène s'avère indispensable aux êtres vivants qui respirent, certains organismes s'en dispensent très bien. La plupart appartiennent à la catégorie des procaryotes, ou microbes, qui se distinguent fondamentalement des autres organismes, appelés les eucaryotes.

Les eucaryotes possèdent en moyenne une dimension cellulaire beaucoup plus grande, un matériel génétique organisé en chromosomes et disposé dans un noyau cellulaire séparé du cytoplasme par une membrane nucléaire. Dans leur cytoplasme existent différentes structures que l'on désigne sous le nom d'organites, comme les mitochondries, sortes de vessies à double paroi dans lesquelles se déroulent les mécanismes chimiques de la respiration, au cours de laquelle les sucres simples sont brûlés en présence d'oxygène, libérant du gaz carbonique, de l'eau et surtout de l'énergie chimique stockée sous la forme d'adénosine triphosphate ou ATP. On y trouve également des ribosomes, où sont élaborées, pièce après pièce, les enzymes indispensables à l'activité cellulaire, grâce à l'information provenant des gènes contenus dans le noyau. Dans les cellules végétales, on trouve en outre des chloroplastes, organites contenant de la chlorophylle et grâce auxquels sont synthétisés les sucres nécessaires à la vie à partir de gaz carbonique et de lumière. Ces sucres sont ensuite brûlés dans les mitochondries pour libérer l'énergie nécessaire à la vie de la cellule.

Les procaryotes n'ont pas de noyau, et leur matériel génétique est organisé en un long filament circulaire. Pour se diviser, ils ne pratiquent pas les mêmes mécanismes cytologiques que les eucaryotes. En particulier, ils ne connaissent pas la sexualité ou, du moins, pas sous la forme que connaissent tous les eucaryotes. Les constituants des membranes cellulaires ne sont pas les mêmes.

En fait, la division essentielle entre les êtres vivants ne passe pas entre les animaux et les plantes, mais bien entre les procaryotes et les eucaryotes.

Si les eucaryotes ont presque tous besoin d'oxygène pour respirer, certains ont développé des voies métaboliques parallèles pour survivre quand cet élément fait défaut. Tout le monde connaît la levure de bière, ce champignon microscopique spécialiste de la fermentation alcoolique. Le rendement énergétique de la fermentation alcoolique est seize fois inférieur à celui de la respiration, mais, en l'absence d'oxygène, cette voie métabolique permet de libérer l'énergie des sucres. Chez les microbes, les métabolismes sont encore plus variés. Certaines formes pratiquent la fermentation alcoolique, d'autres la fermentation lactique, la fermentation butyrique, etc. D'autres formes tirent l'énergie nécessaire à leur croissance et à leur multiplication de la chimiosynthèse, par exemple les bactéries sulforéductrices qui réduisent les sulfates en soufre. Chimiosynthèse, photosynthèse, respiration sont autant de voies métaboliques distinctes, quelquefois alternées, qui permettent aujourd'hui aux êtres vivants d'assurer leur survie.

La paléontologie nous renseigne-t-elle sur l'ordre d'apparition de ces métabolismes ? Quels sont les plus anciens documents relatifs aux êtres vivants ? De quelle époque datent-ils ? Autant de questions auxquelles les fossiles apportent quelques éléments de réponse, encore ténus. S'ils apportent, comme pour l'ensemble de la documentation paléontologique, une information incontournable sur les ordres d'apparition et les époques d'apparition, l'absence de squelettes chez les premiers êtres vivants limite considérablement la qualité des informations. C'est la comparaison des génomes d'organismes actuels qui permet d'éclairer quelques aspects de ce problème de manière indépendante des données paléontologiques.

LES PLUS ANCIENS FOSSILES

La naissance du système solaire, et donc de notre planète, est traditionnellement datée de −4,6 milliards d'années. L'origine et la première apparition de la vie sur cette planète constituent des problèmes largement débattus et objets de spéculations. La synthèse organique était possible dans les conditions primitives, comme le démontrent de multiples expériences mais aussi la présence de molécules organiques complexes dans l'univers. Que ces dernières aient été précipitées sur la Terre ou qu'elles aient été synthétisées sur notre planète ne change pas fondamentalement la nature du problème.

Tout autre, et plus complexe, est le problème du matériel génétique ancestral qui a transmis l'information d'une génération à l'autre. Dans ce domaine, la théorie du gène minéral du chimiste anglais A. G. Cairns-Smith apparaît comme une lumière éclairant les ténèbres. Analysant le mécanisme de l'information génétique actuelle, Cairns-Smith a conclu qu'il était très difficile de concevoir une évolution progressive de ce système complexe, qui devait avoir pris le relais d'un mécanisme plus simple dont le modèle ne pouvait être recherché que dans le monde minéral. Pour cet auteur, les argiles représentent le matériau idéal pour constituer le support d'information primitif qu'il nomme gène minéral. Quelle autre structure en effet réunirait les avantages des argiles ? Être capable de se reproduire à l'infini, à l'identique mais avec des défauts comme des erreurs d'empilements, posséder des propriétés adsorbantes et catalytiques, croître suivant certaines directions privilégiées représentent autant d'atouts pour ce rôle. Mais les modalités du fonctionnement de telles formes prébiotiques et la mise en place des acides nucléiques comme support de l'information restent encore entièrement conjecturales.

Les plus anciens fossiles remontent à environ 3,8 milliards d'années. Ils proviennent de la formation d'Isua, au Groenland, et y sont représentés par des cellules rondes ou en bâtonnets aux dimensions et aux formes de certains microbes actuels. Ils contiennent des molécules organiques complexes, voisines de celles que l'on trouve dans les produits de dégradation de la chlorophylle des plantes actuelles. Mis à part ces cellules, les sédiments très variés de cette formation d'Isua renferment une quantité de carbone très élevée. Celle-ci est tellement élevée qu'elle en est suspecte ! Pourtant, le carbone de la matière vivante actuelle est facile à identifier grâce au rapport entre le carbone 12 et son isotope rare, le carbone 13. Les plantes actuelles fractionnent ces isotopes, c'est-à-dire ne les absorbent pas dans leurs proportions atmosphériques. En principe, ce rapport isotopique permet de distinguer très facilement le carbone organique d'origine photosynthétique du carbone minéral. Or le carbone de la matière organique des sédiments d'Isua a conservé un signal identique au carbone d'origine photosynthétique. De ce fait, il faudrait admettre, pour expliquer une telle quantité de carbone, qu'une biomasse quasi égale à l'actuelle ait existé à l'époque, ce qui n'est pas défendable à la lumière des faits actuellement connus. Le mystère d'Isua reste donc toujours encore à l'ordre du jour. Par ailleurs, les données géochimiques indiquent clairement qu'à cette époque la quantité d'oxygène de l'atmosphère devait être dérisoire. Ces microbes devaient donc tirer leur énergie d'une sorte de chimiosynthèse ou devaient déjà avoir acquis une photosynthèse anaérobie. On ne peut guère aller plus loin que ces quelques spéculations en ce qui concerne les premières formes de vie organisée.

Par leurs petites dimensions, ces fossiles se rattachent incontestablement au stade procaryote. Dans un nombre croissant de gisements dont l'âge est compris entre 3 et 2,2 milliards d'années, répartis sur ce que l'on désigne sous le nom de « cratons », c'est-à-dire le cœur de la plupart des grands continents actuels, comme l'Amérique du Nord, l'Afrique, l'Inde, la Chine, le Groenland et la Sibérie, on a trouvé de telles formes de vie primitives, unicellulaires et de dimensions réduites. Dans certains cas, ces cellules ont été découvertes dans des sortes de concrétions laminaires de carbonate de calcium que les paléontologues désignent sous le nom de stromatolithes. Ces stromatolithes correspondent à des accumulations de carbonates de calcium finement laminées, où chaque lamine correspond à une journée d'activité photosynthétique. Ces lamines superposées s'accumulent les unes sur les autres de manière très variée, en cônes emboîtés ou en branches ramifiées. Elles alternent avec des dépôts de particules sédimentaires. On arrive ainsi à des édifices carbonatés, développés dans les eaux très peu profondes des océans compris entre 3 et 0,7 milliards d'années, dont l'épaisseur peut atteindre plusieurs centaines de mètres : ces encroûtements laminaires de carbonates, dans certaines conditions, croissaient à la même vitesse que celle de l'enfoncement des fonds marins. Avec un enfoncement de seulement cinq millimètres par an, on peut ainsi obtenir, du moins en théorie, une épaisseur de sédiments carbonatés de cinq kilomètres par million d'année.

Dans les lamines de ces stromatolithes, on trouve quelquefois conservées des cellules ovoïdes de petite taille, organisées en chaînettes, ainsi que des cellules plus grosses hérissées d'épines. Ce sont des kystes de résistance de cyanobactéries, un groupe de bactéries coloniales photosynthétiques fixatrices d'azote atmosphérique bien connues dans la nature actuelle. Certaines formes terrestres actuelles constituent les fameux « champignons chinois ». Des stromatolithes actuels se développent encore, connus sous le nom de « biscuits d'eau » en Australie et en Afrique orientale, dans les eaux peu profondes des lacs alcalins. Ils ne connaissent pas l'ampleur du phénomène fossile mais servent de modèle pour l'étude de ces organismes ancestraux.

C'est à la prolifération, pendant plus de deux milliards d'années, de ces microbes photosynthétiques, sans doute anaérobies au début, que l'on doit la formation de l'oxygène atmosphérique, la couche protectrice d'ozone et, sans doute, l'explosion de la vie sur terre. Pendant près de deux milliards d'années, la vie restera confinée à un degré d'organisation apparemment élémentaire, unicellulaire et microscopique, pendant que l'oxygène s'accumulera lentement. Aucun événement paléontologique ne viendra troubler cette très longue période de stagnation apparente. Celle-ci masque en effet des inventions qui révolutionneront l'évolution des êtres vivants et les précipiteront dans un processus d'évolution accélérée. De ces révolutions, les fossiles ne témoignent que très modestement. Vers –1,5 milliard d'années apparaissent des cellules de grande taille, proche de celle des eucaryotes. De même apparaissent des groupes de deux et quatre cellules encore contiguës, suggérant l'acquisition de la reproduction sexuée. Il est possible que cette interprétation soit erronée, mais elle est étayée par l'apparition, vers –700 millions d'années, des premiers organismes marins métazoaires, dont le corps est constitué de nombreuses cellules spécialisées organisées en plusieurs couches ou feuillets, comme des méduses, des espèces de gorgones et des vers marins.

Figure 1.2. *Reconstitution de quelques formes d'invertébrés marins à corps mou trouvés sous forme d'empreintes dans le gisement d'Ediacara en Australie, daté d'environ 600 à 630 millions d'années. a=méduses, b=*Charniodiscus, *une forme coloniale proche des gorgones, c=*Tribrachium, *forme proche des ancêtres des échinodermes, d=*Spriggina, *forme proche des vers annélides, et f=*Parvancorina, *forme proche des trilobites et des arthropodes primitifs. Certains auteurs récusent ces rapprochements et considèrent que ces organismes appartenaient à des groupes très différents des groupes actuels, sans liens de parenté très étroit avec ces derniers (d'après M.F. Glaessner, 1984, modifié).*

Que s'est-il donc passé entre le niveau d'organisation d'une cyano-bactérie et celui, si complexe déjà, de ces premiers animaux complexes ? Compte tenu de l'absence de squelette chez ces premiers fossiles, la paléontologie ne peut apporter de démonstration convain-cante. Mais comme toutes les recherches qui se retrouvent dans cette situation, elle peut spéculer, émettre des hypothèses qui pourront ensuite être testées à la lumière des découvertes futures. Comme l'a si bien décrit S. J. Gould, l'explosion de la vie se manifeste par une accé-lération de la complexification des êtres vivants et par une diversification. Lorsque ces deux phénomènes deviennent apparents, il est évident que leurs causes doivent être recherchées dans des évé-nements plus anciens qui ont joué le rôle de déclencheurs.

Gould a ainsi proposé deux causes principales. La première, qui s'appuie sur le principe de la moisson, serait la conséquence de l'ap-parition d'un nouveau type de régime alimentaire, le consommateur, qui a besoin de producteurs primaires photosynthétiques pour lui apporter les éléments nécessaires à sa survie. Les écologistes ont démontré en effet que, dans certaines conditions et dans certains milieux, le fait d'ajouter un nouvel élément dans la pyramide écolo-gique conduisait à élargir sa base, c'est-à-dire à permettre à plusieurs producteurs primaires distincts de coexister malgré des ressources limitées, tout simplement parce que leurs consommateurs empê-chaient l'une seule de ces formes de proliférer et d'utiliser toute l'énergie disponible. Et il est incontestable que, pendant le règne des stromatolithes, seuls des producteurs primaires ont été reconnus parmi les fossiles.

La deuxième cause possible invoquée par S. J. Gould est l'invention de la reproduction sexuée. Les cellules eucaryotes, qui possèdent un noyau, diffèrent des microbes par leur mode sexué de reproduction. Au cours des divisions cellulaires des cellules reproductrices, le nombre de chromosomes se réduit de moitié. Ces cellules se trans-forment alors en gamètes qui, au moment de la fécondation, fusionnent en un œuf ayant retrouvé le nombre initial de chromo-somes. Quel est donc l'avantage d'un mécanisme qui nécessite des dépenses énergétiques insensées pour fabriquer des gamètes, réaliser un œuf, et finalement reconstituer un organisme ? N'est-il pas plus économique de simplement diviser l'organisme initial en deux répliques identiques, comme le font les microbes ? La réponse est : non. L'avantage de la reproduction sexuée est considérable, car celle-ci permet de brasser l'information génétique présente sur les chromosomes paternels et maternels entre eux, et en même temps de redistribuer ces chromosomes d'une manière différente. Rien que dans la redistribution des chromosomes paternels et maternels, le nombre de combinaisons possibles chez l'homme est inouï. L'homme possède vingt-trois paires de chromosomes, et il existe donc 2^{23} distributions des chromosomes entre les gamètes. À cela s'ajoutent les phénomènes divers de recombinaison entre les brins de chromosomes. Le résultat est le suivant : alors que, lors de la croissance d'une colonie bactérienne, tous les éléments partagent pour l'essentiel le même patrimoine génétique, un ensemble d'individus issus de la reproduction sexuée, ou population, est constitué d'autant de combinaisons distinctes qu'il y aura d'individus. Toutes les combinaisons seront ainsi tentées aléatoirement. Si les conditions du milieu changent, il se trouvera toujours quelques individus, parmi des millions, qui posséderont les caractères favorables nécessaires à la survie. La colonie bactérienne homogène, en revanche, risque de disparaître complètement.

Ces hypothèses, qui ne peuvent être étayées, illustrent bien les limites de l'information paléontologique quand elle aborde certains problèmes évolutifs, et doivent inciter les paléontologues à une grande modestie quant aux interprétations des phénomènes évolutifs qu'ils observent.

Mais les données biologiques vont révéler un phénomène encore plus important que le principe de la moisson ou l'invention de la reproduction sexuée : la symbiose entre certaines formes de microbes et la cellule eucaryote. Nous avons vu que cette dernière possède des organites dont les bactéries sont dépourvues, les mitochondries et les chloroplastes. On s'est aperçu, il y a quelques décennies, que les mitochondries comme les chloroplastes possèdent une information génétique spécifique, sous forme d'ADN. Grâce à des progrès techniques récents, on peut maintenant avoir accès, de manière assez rapide et complète, à l'information contenue dans les gènes de ces ADN mitochondriaux et chloroplastiques, et la comparer à celle des gènes des autres organismes vivants. Il a ainsi été établi que l'information génétique comprise dans ces organites était proche de celle contenue dans certains microbes. Autrement dit, les usines à respirer de nos cellules, et à fabriquer des sucres des cellules végétales, correspondent en fait à des microbes qui se sont installés à demeure dans toutes les cellules des organismes supérieurs et qui ont fini par perdre leur propre identité. On désigne ce phénomène sous le nom de symbiose. La cellule eucaryote a atteint une grande taille en faisant travailler des microbes à l'intérieur d'elle-même. On peut donc penser qu'il s'agit d'une extraordinaire cause de succès, vieille d'environ 1,5 milliard d'années, qui vient s'ajouter aux deux autres causes.

LES PREMIERS ORGANISMES COMPLEXES

Les vrais fossiles d'organismes pluricellulaires apparaissent, nous l'avons déjà évoqué, vers 700 millions d'années. Le site le plus connu et le plus riche est celui d'Ediacara, en Australie, étudié par le paléontologue australien Glaessner. Ce dernier a décrit de nombreuses empreintes d'invertébrés marins tous dépourvus de squelettes. Certains de ces organismes se rattachent aux méduses, d'autres aux gorgones, d'autres enfin aux vers marins. D'autres, qui n'évoquent pas directement des organismes actuels, suscitent des interprétations différentes suivant les spécialistes. Cette interprétation a toutefois été globalement contestée par le paléontologue allemand Seilacher, un grand expert en traces de l'université de Tübingen. Selon ce dernier, il est plus vraisemblable que ces formes n'ont aucun rapport direct avec les organismes plus récents auxquels certaines ont été rapportées. Elles témoigneraient d'une radiation adaptative d'animaux marins dont la plupart des représentants se seraient éteints avant le début de l'ère primaire.

Tout le monde s'accorde toutefois pour penser que la communauté avait vécu dans une lagune de faible profondeur. La conquête du milieu marin a donc commencé par le domaine néritique et littoral, celui-là même qui produit encore plus de 80 % de la biomasse marine actuelle. Une autre observation qui s'est imposée au fil des années concerne la représentativité de cette faune. D'autres gisements, largement distribués à la surface du globe, et contemporains de celui d'Ediacara, ont livré les mêmes espèces. Les fossiles de ce site australien sont donc bien représentatifs de la vie à cette époque.

LA CONQUÊTE EXPLOSIVE DU MILIEU MARIN

Peu de temps après Ediacara, à l'échelle des temps géologiques cependant, c'est-à-dire vers −570 millions d'années, on assiste à une deuxième révolution, marquée par l'apparition des squelettes minéralisés externes. Leur apparition multiple accompagne celle de nombreux groupes d'invertébrés marins comme les trilobites, au sein des arthropodes, ou les gastéropodes et les bivalves, au sein des mollusques. La discontinuité avec la faune des niveaux plus anciens est tellement brutale que, malgré la découverte récente de couches de transition, contenant de nombreux petits organismes à squelettes, certains auteurs n'hésitent pas à faire appel à une extinction en masse précédant l'explosion cambrienne. En fait, d'autres observations convergent pour faire considérer cette période comme celle de la conquête explosive du milieu marin par des communautés d'invertébrés semblables, par leur diversité, aux communautés actuelles du domaine néritique et littoral. Cette diversification se poursuit pendant toute la première partie de l'ère primaire. On reconnaît très bien cette période sur les diagrammes qui représentent le nombre de familles d'invertébrés marins au cours du temps, compilés par le paléontologue de Chicago, J.-J. Sepkoski Jr. Tour à tour apparaissent les principaux acteurs de ce que l'on appelle l'ère primaire, qui a duré de –543 millions d'années à –250 millions d'années, et dont la fin sera marquée par la plus importante des crises d'extinction des êtres vivants que notre planète ait jamais connue. Selon les statistiques de Sepkoski Jr, 52 % du nombre de familles d'invertébrés marins vont alors disparaître, entraînant un renouvellement complet des faunes marines. À cause de cet événement, tout géologue pourra immédiatement reconnaître l'appartenance de séries sédimentaires fossilifères sur la seule base des fossiles caractéristiques de cette époque, comme les trilobites, les goniatites, les brachiopodes spirifer et productus, etc.

Mais revenons à la conquête explosive du milieu marin. Tour à tour vont ainsi apparaître pendant le début de cette ère primaire, désignée aussi sous le nom de Paléozoïque, les groupes qui caractérisent cette époque.

Parmi les plus pittoresques figurent les trilobites. Comme leur nom l'indique, ces arthropodes marins primitifs, ressemblant à des sortes de limules ou de cloportes géants, avaient un corps divisé en trois parties, d'avant en arrière ou d'un côté à l'autre. Il était enfermé dans une carapace organique incrustée de carbonate de calcium. Comme tous les arthropodes, comme les crevettes ou les insectes, la croissance de ces organismes se faisait par mues successives au cours desquelles l'organisme se défaisait de sa carapace et se gonflait d'eau en attendant la rigidification d'une nouvelle carapace, plus grande. Chaque individu était donc susceptible de laisser à la postérité plusieurs fossiles, c'est-à-dire autant de mues successives... En contrepartie, on découvre presque exclusivement ces mues et presque jamais les appendices de la partie inférieure du corps. Ces derniers avaient une organisation très primitive et étaient biramés. Une des branches portait des branchies, et l'autre, plus externe, servait à la locomotion sur le fond des mers. En se rapprochant de la bouche, située sur la face inférieure de la partie antérieure du corps, on découvre des appendices identiques à ceux de la partie postérieure du corps. Contrairement à ce que l'on observe chez les arthropodes actuels comme les araignées, les insectes ou les crustacés, les appendices qui entouraient la bouche de ces organismes n'étaient pas encore transformés en pinces ou en mâchoires. Ces trilobites se nourrissaient en fait en prélevant la pellicule superficielle des sédiments du fond des océans. On les range dans la catégorie des détritivores.

Les détritivores s'opposent à une large catégorie d'animaux marins fixés, les suspensivores, qui se nourrissent de particules vivantes en suspension dans l'eau. Parmi ceux-ci, les brachiopodes vivent enfermés entre deux coquilles, ventrale et dorsale. À l'intérieur de la coquille, deux bras, parfois enroulés en spirale, supportent un tissu

Figure 1.3. *Communauté vivante de mer peu profonde du Dévonien moyen et supérieur (-390 à –370 millions d'années). a=lys de mer, b=cœlentérés trétracorollaires, c=colonie de bryozoaires, d=poisson agnathe ostéostracé, vertébré primitif dépourvu de mâchoires, e à h=brachiopodes, i=arthropode primitif prédateur, l=poisson agnathe hétérostracé, une des formes les plus primitives de vertébrés, n=placoderme, poisson à mâchoires fortement ossifiées, grand prédateur, o=poisson acanthodien, ancêtre des requins, p=reconstitution d'un groupe de trois animaux conodontes, q=un bivalve fixé aux algues flottantes. Aucune de ces reconstitutions n'est à l'échelle (d'après McKerrow, 1978, modifié).*

couvert de cils qui conduisent les particules alimentaires vers la bouche.

Une des principales caractéristiques de ces animaux du début de l'ère primaire est qu'ils sont, pour la plupart, dépourvus de mâchoires. Les vertébrés n'échappent pas à cette règle. Les premiers vertébrés peuvent être rangés dans la catégorie des poissons, dont ils avaient l'allure générale, mais ni nageoires paires ni nageoires impaires, à l'exception de la nageoire caudale. Ils possédaient une allure de carton à chaussures ! Leur corps était enfermé dans une sorte de squelette osseux externe, constitué d'écailles épaisses soudées entre elles, ménageant comme principales ouvertures une bouche dépourvue de mâchoires et des fentes branchiales laissant ressortir le courant d'eau inhalé pour oxygéner les branchies. Ils ne possédaient pas de colonne vertébrale ossifiée, cette dernière, ainsi que la capsule qui entourait un cerveau rudimentaire, cartilagineuse. L'absence de mâchoires permet de les ranger parmi les poissons actuels sans mâchoires, les lamproies et les myxines. On les désigne sous le nom de vertébrés agnathes. Ces poissons primitifs vont se diversifier dans le domaine marin littoral. Ce n'est que plus tard qu'ils occuperont les eaux douces, au moment ou s'engagera la conquête du milieu terrestre.

L'un des derniers groupes importants à apparaître est celui des mollusques céphalopodes, parmi lesquels on trouve les nautiloïdes, ancêtres du nautile, et les ammonoïdes, ancêtres des ammonites. Ces céphalopodes avaient, comme le nautile, le corps enfermé dans la dernière loge d'une coquille cloisonnée. Un canal reliait la première loge à la loge d'habitation. La bouche était entourée de tentacules et l'on soupçonne la présence d'un bec. On ignore précisément le régime alimentaire des plus anciens représentants de ces groupes, mais leur importante diversification prouvant leur succès, il ne fait aucun doute que ces animaux ont rapidement occupé des niches écologiques de prédateurs. L'explosion diversificatrice s'est faite en relais. Elle a d'abord commencé par les nautiloïdes, et elle s'est terminée par l'explosion des ammonoïdes représentés alors par les goniatites. Tous ces groupes ont innové considérablement en ce qui concerne la forme de leurs coquilles. On trouve, notamment chez les nautiloïdes, des formes droites, des formes incurvées et des formes plus ou moins complètement enroulées. Certaines formes présentent même des épaississements du siphon ou de certaines parties de la coquille, trahissant ainsi le rôle hydrodynamique fondamental de ces adaptations. Des répliques en matériaux de même densité et des expériences d'hydrodynamique à partir de maquettes ont vite révélé que les prétendues « fantaisies de la nature » constituaient en réalité des adaptations bien définies à des modes de vie et de déplacement bien précis dans les océans de l'époque.

Un autre groupe à squelette externe carbonaté devait également apparaître, les échinodermes, représentés aujourd'hui par les oursins, les lys de mer, les comatules, les ophiures, les étoiles et les concombres de mer. Outre un squelette externe bien minéralisé, ce groupe se caractérise par l'absence de tête bien individualisée et par une symétrie d'ordre cinq. Détail curieux, cette symétrie n'est pas présente chez les plus anciens représentants du groupe. Ces êtres, qui nous paraissent si lointains, représentent cependant nos plus proches cousins. Ils partagent notamment avec les vertébrés un mode de division de l'œuf bien particulier et des caractères embryonnaires originaux. La comparaison des séquences de certains gènes communs vient également confirmer cette parenté, qui nous incite à leur porter plus d'intérêt qu'aux autres groupes d'invertébrés marins.

Tous ces organismes à squelettes carbonatés jouent également un rôle capital dans le cycle du carbone. En fabriquant leurs coquilles calcaires, ils immobilisent en effet, à chaque époque, une quantité énorme de carbone, qui est piégée au fond de la mer sous forme de carbonate de calcium ou de calcaire. Le carbone des calcaires provient en fait du gaz carbonique de l'atmosphère dont une partie est dissoute dans l'eau des océans. Les variations de la biomasse globale de ces organismes agissent de ce fait de manière importante sur le cycle du carbone et sur la teneur en gaz carbonique de l'atmosphère. L'analyse des carottes de glace provenant du pôle Nord a fourni toute une série d'informations sur l'histoire climatique récente de notre planète, et a permis de constater que les importantes fluctuations climatiques observées depuis cent quarante mille ans n'étaient qu'en partie une conséquence des variations cycliques astronomiques. Une moitié de ces variations serait due aux évolutions, insoupçonnées antérieurement, de la teneur atmosphérique en gaz carbonique. Ces phénomènes ont été remarquablement analysés par Claude Lorius, chercheur au CNRS et à l'université de Grenoble, et ses collaborateurs, qui ont eu l'idée d'exploiter l'information gardée en mémoire par les glaces des pôles. Quelles sont les causes des importantes variations de la teneur en gaz carbonique de l'atmosphère ? Sont-elles dues à des variations dans la production de carbone – comme l'activité des volcans –, ou bien au brassage des masses d'eau dans les océans, ou bien encore à des variations de la biomasse végétale et animale ? Il n'y a pas encore de réponse satisfaisante à ce problème, mais on entrevoit toute la richesse que l'on pourrait tirer de ces leçons.

En fait, les organismes que nous avons passés en revue ne sont pas ceux qui, au début de l'ère primaire, ont joué le rôle le plus important dans la précipitation des carbonates. Les plus importants sont ceux qui ont permis la construction des récifs.

Les récifs sont des constructions sous-marines d'origine biologique. Les tout premiers ont été construits par les stromatolithes. Mais leur importance a rapidement décru, dès le début de l'explosion des invertébrés marins à exosquelette. Un petit groupe éteint d'éponges, les archéocyathes, a pris temporairement le relais, avant que ne se mettent en place les récifs construits par les ancêtres des madréporaires actuels, il y a environ 400 millions d'années. Les récifs actuels, comme la grande barrière d'Australie, sont considérés comme les écosystèmes les plus complexes et les plus diversifiés de la planète. Il en était de même à l'ère primaire, même si les acteurs n'étaient pas les mêmes qu'aujourd'hui. Composés d'organismes coloniaux constructeurs, éponges et cœlentérés, dont les édifices sont cimentés et ainsi consolidés par l'activité sécrétrice de carbonates d'autres groupes, ces récifs servent de milieu de vie à une incroyable diversité d'organismes suspensivores, brouteurs, broyeurs et prédateurs. En lieu et place des bénitiers actuels, on trouvait des brachiopodes géants aux coquilles très épaisses. Par contre, ces récifs paléozoïques étaient recouverts de lys de mer, ou encrines, constituant d'immenses prairies, et ces organismes sont devenus aujourd'hui beaucoup plus rares et confinés aux grandes profondeurs. Sous une apparente ressemblance se cache en réalité une longue histoire faite d'extinctions, de repeuplements, d'innovations et de diversifications. La discontinuité majeure de l'histoire des récifs s'étant faite à l'occasion de la formidable crise qui marque la limite entre l'ère primaire et l'ère secondaire.

Ainsi, tout semble indiquer, à partir de –543 millions d'années, et pendant plus d'une centaine de millions d'années, une extraordinaire diversification des organismes à squelette. Des esprits sceptiques, ou plus simplement lucides, se sont demandé si cela correspondait à un fait réel ou à un artefact dû à la surreprésentation des fossiles à coquille minéralisée. On s'est aperçu en effet qu'au cours des temps géologiques le nombre de fossiles différents recueillis semblait augmenter très significativement au fur et à mesure que l'on se rapprochait de la période actuelle. Or la surface d'affleurement des roches semble également proportionnelle à leur ancienneté. On pourrait ainsi en conclure que l'apparente augmentation de la diversité des organismes au cours du temps n'est qu'un artefact. La situation est comparable pour le début de l'ère primaire : artefact ou réalité ?

Une des manières de répondre à ce problème consiste à examiner la diversité des organismes à corps mou. Il y a 700 millions d'années, à Ediacara, on n'en connaissait qu'un nombre limité. Cette diversité est beaucoup plus grande dans la faune de Burgess Pass, dans les Rocheuses canadiennes, un gisement fossilifère datant de 520 millions d'années. Ce gisement représente l'un de ces quelques sites paléontologiques exceptionnels qui renouvellent nos connaissances par le nombre et surtout par la conservation unique des fossiles qu'ils recèlent. Ce gisement a livré des milliers d'empreintes de fossiles à squelette et à corps mou, conservés sous forme d'empreintes. La conservation exceptionnelle s'explique par l'instabilité des fonds marins de cet endroit : des paquets entiers de sédiments déposés en eau peu profonde, au pied d'un récif de stromatolithes, ont été précipités au fond de l'océan, dans un milieu très appauvri en oxygène. La décomposition de la matière organique par les bactéries n'a donc pas eu le temps de se produire, et la matière organique d'origine a été rapidement remplacée par des minéraux de substitution, comme les oxydes de fer, qui ont épousé les formes originales. Ce site exceptionnel nous transmet un cliché instantané de la vie dans les mers peu profondes de cette époque, c'est-à-dire au plein milieu de la phase de diversification explosive. Si l'on retrouve les organismes à exosquelette minéralisés décrits par ailleurs, ils sont minoritaires face aux organismes dépourvus de squelette. Des éponges sans squelette, des vers de vase appartenant à divers types bizarres, pour certains encore représentés dans les océans actuels, des arthropodes sans squelette dominent en fait la faune de Burgess Pass. En outre, on y a découvert des représentants de groupes inconnus dans la nature actuelle qui font exploser le cadre dans lequel les zoologistes classent les êtres vivants actuels.

Un exemple caractéristique est offert par un animal unique de ce gisement, désigné originellement sous le nom de *Hallucigenia*. Il s'agit d'un petit bâtonnet élargi à une extrémité et qui se termine en tube recourbé vers le haut à l'autre extrémité. Du côté supposé ventral partent sept paires d'épines. Sept appendices simples et pointus, opposés à ces épines, se détachent de la face supposée dorsale. Cette organisation est tellement bizarre que personne ne sait vraiment comment l'interpréter. En réalité, on ne sait pas réellement où se trouve la tête, ni même le haut et le bas. Tout récemment par exemple, deux chercheurs, le Suédois Ramsköld et le Chinois Xianguang, à partir de la découverte en Chine d'un organisme voisin, ont réinterprété *Hallucigenia* en lui mettant la tête en bas et en le rapprochant du groupe actuel des onychophores, une sorte particulière de mille-pattes. Une très grande prudence doit être montrée en face des interprétations proposées à partir d'empreintes écrasées, déformées et souvent incomplètes. La faune de Burgess Pass a ainsi livré de nombreuses formes bizarres d'invertébrés marins qui font exploser, en les élargissant considérablement, nos conceptions classiques des différents plans d'organisation du règne animal.

L'explication de cette situation est toute désignée. C'est l'explosion cambrienne, au cours de laquelle sont apparues de nombreuses formes de vie bâties sur des plans d'organisation variés et différents des actuels, un petit nombre d'entre elles seulement, pas forcément les plus compétitives, comme le suggère S. J. Gould, ayant survécu depuis lors.

Les premiers prédateurs

Vers la fin de la première partie de l'ère primaire se sont diversifiés les premiers grands prédateurs, parmi lesquels on trouve deux groupes d'organismes.

Les premiers, des arthropodes marins, ressemblaient aux scorpions actuels. Leur bouche était flanquée d'appendices transformés en mâchoires efficaces, les chélicères, qui leur permettaient de tuer leurs proies et de les ingérer par petits morceaux. Ils atteignaient la taille d'un mètre cinquante – parfois plus pour les plus grands.

Les autres, des vertébrés, étaient des cousins primitifs des requins, appelés placodermes. Les requins, comme les placodermes, se distinguent des autres poissons par leur squelette interne cartilagineux. Ils diffèrent des poissons agnathes par la différenciation de mâchoires. Les données anatomiques, embryologiques et paléontologiques montrent que les mâchoires se sont différenciées à partir de la première paire de rayons osseux qui, chez les agnathes, soutenaient les branchies. Mais les placodermes avaient la partie antérieure du corps enfermée dans une carapace osseuse constituée de deux parties, céphalique et thoracique, articulées l'une sur l'autre grâce à des charnières. Leurs mâchoires étaient dépourvues de dents : à la place se trouvaient des plaques osseuses qui se terminaient en biseau et qui fonctionnaient comme un massicot. De puissantes nageoires pectorales, pelviennes et caudale, permettaient à ces animaux de se déplacer rapidement et activement. Les plus grands ont pu atteindre plus de quatre mètres. Mais ils n'ont pas survécu à la compétition de leurs cousins, les requins, moins armés et donc plus rapides, et dont la bouche était armée de dents innombrables qui repoussaient sans fin. À l'occasion d'une crise d'extinction qui est survenue au milieu de l'ère primaire, les requins ont remplacé les placodermes. Mais ces prédateurs du sommet de la pyramide écologique n'ont pu se développer que grâce à la prolifération des producteurs primaires dans les océans, c'est-à-dire du plancton.

Les planctons de l'ère primaire

Dans les océans actuels, le plancton représente la source de la vie, à la base d'une pyramide écologique complexe. Il comprend, d'une part, des algues unicellulaires photosynthétiques et, d'autre part, des consommateurs primaires microscopiques : microbes, organismes unicellulaires ou organismes pluricellulaires comme certaines larves d'invertébrés marins. La plupart des invertébrés marins connaissent, au cours de leur cycle de vie, une phase larvaire planctonique et il y a toute raison de penser qu'il en était de même pendant l'ère primaire. Ils résolvent ainsi leurs problèmes de dispersion, surtout s'il s'agit d'organismes fixés ou peu mobiles. À la place de larves de crabes ou de crevettes, on trouvait alors des larves de trilobites, et la place des larves de bivalves, aujourd'hui abondantes, était occupée par les larves de brachiopodes. Au milieu de ces composants, on trouve encore des organismes pluricellulaires adultes étroitement adaptés aux conditions de vie particulières du plancton.

Les algues unicellulaires qui constituent le plancton végétal actuel appartiennent à des groupes apparus au cours de l'ère secondaire. On est donc conduit à imaginer une communauté planctonique qui fonctionnait très différemment de l'actuelle. L'analyse géochimique des éléments traces des océans de l'ère primaire indique une composition en terres rares (cérium, néodyme, europium, etc.) aux propotions très différentes. Patricia Grandjean-Lécuyer et Francis Albarède ont proposé une explication de cette évolution liée au plancton. Selon eux, l'absence d'une biomasse de surface abondante expliquerait le profil et la teneur en oxygène dissous de l'époque et, par la suite, cette importante différence de teneur en terres rares. Cette hypothèse est sans doute un peu hardie, car rien ne permet de mesurer la biomasse de l'époque. Rien n'indique non plus qu'elle ait été inférieure à l'actuelle. On sait en revanche que les acteurs n'étaient pas les mêmes. Ainsi, parmi les algues unicellulaires, les dinoflagellés dominaient largement. Ce groupe apparaît déjà en quantité dans le plancton avant même le début de l'explosion du Cambrien. D'autres organismes caractérisent le plancton de l'ère primaire. Ainsi les énigmatiques chitinozoaires, sortes de petites amphores microscopiques dont la paroi était constituée de matière organique, souvent reliées les unes aux autres en chaînette. S'agit-il de pontes d'organismes non encore identifiés ou s'agit-il d'un groupe d'unicellulaires bien particuliers ?

Les organismes les plus pittoresques et les plus énigmatiques de ce plancton paléozoïque sont les conodontes. Ils correspondent à de microscopiques petites mâchoires dentées de composition phosphatée, jamais usées. Leur diversité était très élevée et les paléontologues leur ont consacré des sommes de travaux, non pas du fait de ces affinités mystérieuses, mais simplement parce qu'ils permettent de dater les séries sédimentaires de manière extrêmement précise, grâce à l'évolution diversificatrice qui s'exprime dans l'incroyable diversité des formes de ces petites mâchoires. Pour compliquer le tout, on s'est aperçu qu'elles étaient organisées en appareil, associant des mâchoires de tailles et de formes distinctes. Une fois l'inventaire établi, sur toute la durée de l'ère primaire, soit de –543 millions d'années à –250 millions d'années et même au-delà jusqu'à –170 millions d'années, on a recherché la fonction de ces conodontes et la nature des organismes auxquels ils avaient appartenu. Cette quête a engendré des débats contradictoires et incertains. Chaque découverte d'une empreinte vermiforme de quelques centimètres de long contenant un appareil conodonte soulevait la question de savoir s'il s'agissait d'un animal conodonte ou d'un ver quelconque ayant avalé un conodonte dont il ne restait plus que les mâchoires phosphatées. Ces phosphates ont amené certains à suggérer que ces conodontes étaient des vertébrés. Peut-on imaginer que nous puissions avoir eu un jour des proches cousins planctoniques ? La découverte d'un fossile montrant le contour d'un animal vermiforme avec, à sa partie antérieure, un appareil conodonte devait lever en partie le voile de leurs affinités. Le paléontologue anglais Briggs et ses collaborateurs ont redécouvert un fossile conservé dans les collections du musée d'Édimbourg, en Écosse, depuis 1925. Celui-ci est d'allure vermiforme et possède, à son extrémité antérieure, de nombreux conodontes. L'extrémité postérieure présente une petite nageoire soutenue par des rayons et des traces de musculature, en chevrons orientés vers l'avant, comme chez les poissons, augmentant encore la ressemblance avec les vertébrés. Leurs mâchoires en phosphate de calcium, composition identique aux dents et aux os de vertébrés, et les autres caractères mentionnés rapprochent ces organismes énigmatiques de dimensions centimétriques de nos lointains ancêtres, avant même le stade de poisson ancestral évoqué plus haut. Mais cette interprétation ne fait pas l'unanimité. Ainsi, pour J. P. Cuif et S. Tillier, certains groupes de mollusques marins pélagiques actuels possèdent également des mâchoires dentées en phosphate de calcium, et les conodontes pourraient leur être rattachés. Comme beaucoup de problèmes paléontologiques, la solution réside dans la recherche et la découverte de fossiles plus complets ou mieux conservés. Comme dans d'autres domaines, la nature s'est révélée plus inventive et plus inattendue que les modèles les plus complexes et les plus bizarres générés aléatoirement par les plus puissants de nos ordinateurs, car elle dispose de millions d'années.

LA CONQUÊTE DES MILIEUX TERRESTRES

Si la première partie de l'ère primaire est marquée par la conquête explosive du milieu marin, la suite est marquée par la conquête du milieu terrestre. Les acteurs les plus importants de cet événement capital sont les plantes, les arthropodes et les vertébrés. Parmi les innombrables problèmes qu'ont à résoudre les êtres vivants aquatiques pour conquérir le milieu terrestre figurent la reproduction, la rétention d'eau, la lutte contre la gravité et la locomotion. Chaque groupe va leur trouver une solution différente, qui peut d'autant plus aisément être étudiée qu'il existe actuellement de nombreux êtres vivants amphibies. Ainsi, les plantes doivent combattre la dessiccation. Les algues luttent grâce à un mucilage épais, alors que les plantes supérieures possèdent une cuticule imperméable. Leurs échanges gazeux se font au travers d'ouvertures spéciales, les stomates, et la sève brute ou élaborée circule grâce à des vaisseaux conducteurs regroupés en paquets. La paroi des vaisseaux, souvent lignifiée, permet un port dressé de la plante, même lorsqu'elle n'est pas gorgée d'eau. Les algues libèrent leurs gamètes dans l'eau, et les plantes terrestres les plus primitives, comme les mousses et les fougères, ont également une fécondation qui doit se dérouler en milieu aquatique. La libération du milieu aquatique n'est complète que pour les plantes à fleurs, les gamètes mâles cheminant à travers les tissus de l'ovule grâce à un tube pollinique.

Les premières plantes terrestres datent d'environ 415 millions d'années. Elles sont de petite taille et ressemblent à des tiges ramifiées, terminées par un sporange, sorte de petit renflement contenant des spores. La tige est entourée par un épiderme recouvert d'un produit imperméable et résistant, la cutine, et l'on y trouve déjà des stomates. En section, on observe des vaisseaux conducteurs. Ces premières petites plantes herbacées n'ont pas de racines, ni surtout de feuilles ! Vers 390 millions d'années, ces restes de végétaux terrestres deviennent plus abondants et un peu plus organisés. L'une de ces formes, voisines de celle évoquée plus haut, possède même des écailles rudimentaires, qui annoncent les feuilles, bien que, à la différence des feuilles véritables, les vaisseaux conducteurs ne pénètrent pas dans ces écailles. On trouve encore, dans les forêts équatoriales, des plantes qui ressemblent beaucoup à ces végétaux terrestres les plus archaïques. Un deuxième groupe, contemporain du premier, présente un degré d'organisation plus élevé, avec de véritables feuilles et avec des sporanges qui, au lieu d'être terminaux, sont disposés à l'aisselle des feuilles. Leurs représentants actuels sont les lycopodes et les sélaginelles, souvent utilisés aujourd'hui par les fleuristes pour des arrangements floraux. Entre –385 et –360 millions d'années, de nouveaux groupes vont se différencier, comme les fougères, les prêles géantes et les fougères à graines. Cette diversification est attribuée au développement du bois secondaire, qui aurait permis l'accroissement du diamètre des tiges. La hauteur des végétaux aurait augmenté, ce qui aurait conduit à la stratification des communautés végétales et, vers –350 millions d'années, à l'apparition de véritables arbres.

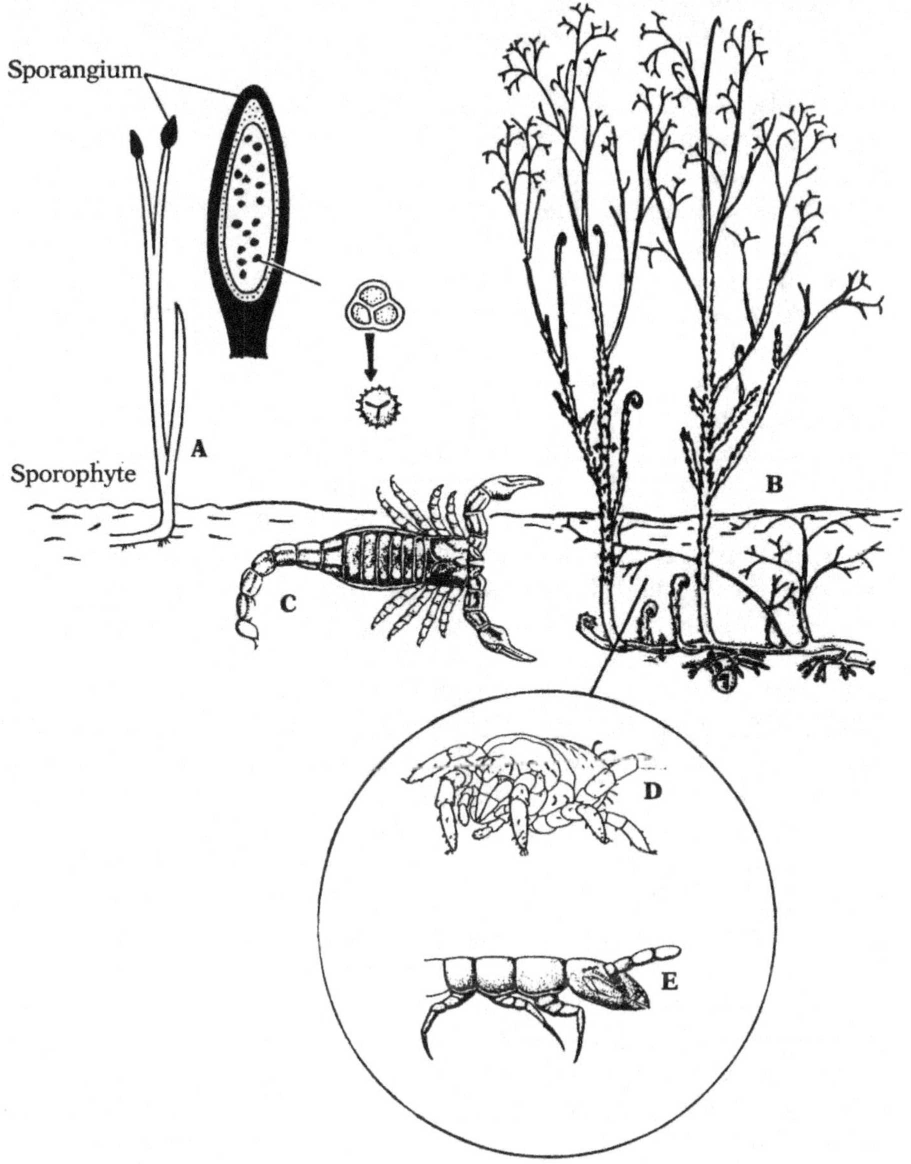

Figure 1.4. *Quelques pionniers de la conquête du milieu terrestre.*
A= Rhynia major, *une plane terrestre archaïque avec des rameaux*
dichotomiques terminée par des sporanges remplis de spores.
B=Asteroxylon, *une lycopodiale primitive dont la tige est couverte d'écailles*
qui annoncent la différenciation des premières feuilles,
mais les racines vraies n'existent pas encore. C=un scorpion presque
identique aux formes modernes. Dans la loupe, fortement agrandi, un
acarien de la faune du sol (D). E=un insecte aptérygote semblable
à ceux de la faune actuelle des sols
(d'après McKerrow, 1978).

La réalisation d'un plan d'organisation d'arbre a constitué une véritable révolution aux conséquences considérables : apparition de communautés nouvelles, aux différents étages ; formation de véritables sols, avec les micro-organismes variés qui s'y développent... Les forêts du Carbonifère, à l'origine de la plupart des dépôts de charbon d'Europe, datent de cette époque.

Les innovations qui ont eu lieu depuis lors concernent surtout le mode de reproduction. L'apparition d'un ovule protégé et de la graine représente une autre révolution qui est anticipée très tôt. Dans une série sédimentaire du Midi de la France, dont l'âge est compris entre –360 et –350 millions d'années, un chercheur français, J. Galtier, a ainsi découvert un ovule dont le type évoque celui des végétaux supérieurs. La biologie de la reproduction des plantes supérieures s'enracine donc dans la nuit des temps. Les plantes supérieures comptent d'avantage de fossiles vivants que les animaux. Certaines sont devenues des arbres d'ornements recherchés, comme les cycas ou les ginkgos. Les premières gymnospermes, ou plantes à aiguilles, apparaissent vers –300 millions d'années, mais les angiospermes, ou plantes à fleurs, se diversifieront plus tardivement, à partir de –110 millions d'années.

Les arthropodes ont eu apparemment beaucoup moins de problèmes à résoudre pour conquérir le milieu terrestre. Leur corps étant déjà enfermé dans un squelette externe rigide, ils n'avaient donc à résoudre ni les problèmes de gravité, ni ceux relatifs à la locomotion, ni ceux posés par la dessiccation. Le principal problème restait celui de la respiration. Un scorpion contemporain des premières plantes terrestres, il y a –385 millions d'années, possédait déjà toutes les caractéristiques de ce groupe, à l'exception de l'appareil respiratoire. Il vivait alors très probablement dans les eaux douces. Il a été trouvé à Rhynie, en Écosse, des araignées, des mille-pattes, des acariens et des insectes primitifs dépourvus d'aile, identiques par leur plan d'organisation à certains représentants actuels de ces groupes. Les insectes ailés sont connus dans des niveaux à peine plus récents, et il ne faudrait surtout pas oublier la célèbre « libellule » (qui n'en est pas une à strictement parler) du bassin houiller de Commentry, célèbre dans le monde entier pour son envergure record de soixante-quinze centimètres. Tous ces documents témoignent d'une très grande ancienneté des arthropodes terrestres, dont malheureusement il ne reste qu'un nombre très limité de fossiles.

Les vertébrés constituent le troisième groupe important à avoir conquis le milieu terrestre. Jusqu'à environ –360 millions d'années, on ne connaît que des vertébrés marins, présentant une organisation de « poisson », mais avec une diversité considérable. Outre les plus primitifs, dépourvus de mâchoires, les vertébrés les plus récents se répartissent en deux grands groupes : les poissons osseux et les poissons cartilagineux. Nous avons déjà évoqué ces derniers représentés aujourd'hui par les raies et les requins ainsi que par leurs lointains ancêtres placodermes. Entre –425 et –375 millions d'années, on voit apparaître un nombre considérable de poissons osseux, caractérisés par une généreuse ossification de leurs écailles, de leur boîte crânienne mais pas encore de leur colonne vertébrale. Seuls les représentants plus récents ont possédé une colonne vertébrale ossifiée.

Il y a environ 410 millions d'années apparaissent, à partir d'un ancêtre encore mal connu, quatre grands groupes, extérieurement très semblables, mais qui se distinguent par un grand nombre de détails anatomiques, telle la structure des rayons osseux soutenant les nageoires paires. Ces ancêtres des poissons modernes, comme le saumon, le hareng ou le thon, se distinguent de leurs représentants actuels par leurs écailles très épaisses, disposées de manière contiguë et ne se recouvrant pas. Leur bouche était largement fendue et leur nageoire caudale était dissymétrique, la colonne vertébrale se terminant dans le lobe supérieur. Ces poissons ne possédaient pas encore de vessie natatoire, cette fonction étant remplie par un poumon fonctionnel. Un autre groupe possédait des nageoires plus charnues que le précédent. Parmi eux figurent les ancêtres du cœlacanthe, morphologiquement proches de leur unique représentant actuel, les ancêtres des dipneustes, poissons à poumons d'Australie, d'Afrique et d'Amérique du Sud, très peu distincts de leurs représentants actuels, et les crossoptérygiens. Ces derniers se révèlent être les plus proches parents des tétrapodes, auxquels ils ont donné naissance il y a environ 375 millions d'années. Ils ressemblaient davantage aux ancêtres du cœlacanthe qu'aux ancêtres de nos poissons modernes. Leur caractère le plus étonnant concerne l'organisation du squelette interne des nageoires paires. On y découvre un agencement des os identique à celui des tétrapodes, agencement qui s'est conservé jusqu'à l'homme. Cette ressemblance ne constitue que l'un des caractères que les crossoptérygiens partagent avec les premiers tétrapodes.

Ces derniers apparaissent sous les traits d'une sorte de salamandre géante conservant plusieurs caractères de poissons, comme leur vestige de nageoire caudale soutenue par des rayons osseux ou l'os operculaire protégeant des branchies fonctionnelles. Sans doute la respiration pulmonaire ne servait-elle alors que d'appoint. Les os du crâne sont creusés de petits canaux qui correspondent à un organe des sens typique des poissons, les canaux sensoriels, qui occupent une des mêmes fonctions que l'oreille des tétrapodes, l'enregistrement des vibrations. Certains détails, comme l'organisation particulière de l'émail des dents, sont partagés par ces premiers tétrapodes et par les crossoptérygiens. Les membres pairs de ces tétrapodes archaïques possèdent une structure très semblable à celle de leurs ancêtres poissons, dont ils se distinguent par un plus grand développement des ceintures pectorale et pelvienne. La respiration pulmonaire, encore très limitée, était facilitée par la migration de l'une des deux narines externes à l'intérieur de la cavité buccale pour constituer ce que l'on appelle une choane. Les proportions entre les différents éléments du crâne ont également changé, avec un allongement de la partie antérieure, le museau, et un recul des orbites, correspondant au développement de l'olfaction chez ces premiers tétrapodes. Ceux-ci avaient un régime alimentaire carnivore, et il faudra attendre assez longtemps, jusqu'à environ –290 millions d'années, pour voir se différencier les premiers herbivores. Des recherches récentes ont permis la découverte, au Groenland oriental, de nouveaux échantillons de ces premiers tétrapodes. Leur étude détaillée est actuellement entreprise par la paléontologue anglaise J. A. Clack, et de nouvelles découvertes relatives à l'organisation et au mode de vie de ces animaux sont publiées régulièrement. La plus récente concerne le fort développement des branchies chez l'un de ces premiers tétrapodes, indiquant ainsi une vie amphibie mais sans doute plus aquatique que terrestre. Il y a peu de temps, alors qu'il était couramment admis que le nombre fondamental de doigts était de cinq, J. A. Clack a montré que ces formes très primitives pouvaient en avoir jusqu'à sept ou huit.

Ces premiers tétrapodes allaient connaître un succès considérable, qui s'est traduit par une rapide diversification. Aux deux extrêmes, on trouve, d'une part, un groupe qui est retourné à un mode de vie entièrement aquatique et, d'autre part, un groupe qui a continué de se spécialiser en vue d'une meilleure adaptation à la vie terrestre. Les premiers ont développé un crâne aplati dorso-ventralement, allégé par

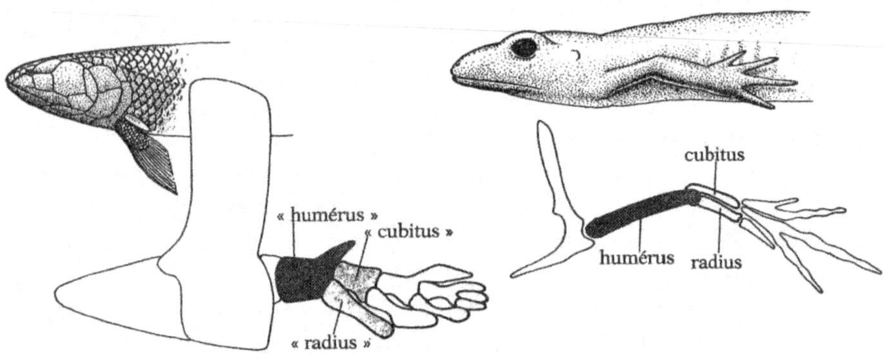

Figure 1.5. *Comparaison des os de la ceinture pectorale
et du membre antérieur des poissons crossoptérygiens ostéolépiformes du Dévonien
supérieur et d'une salamandre actuelle, à droite (d'après P. Forey, 1984).*

de grandes ouvertures, un museau allongé, caractéristique des piscivores, et des membres différenciés en palettes natatoires. Certains gisements du Massif central français, comme ceux de Commentry ou d'Autun, ont livré les fossiles de leurs larves aquatiques qui ne sont pas sans évoquer de grands têtards. L'autre groupe, qui s'est adapté à la vie terrestre, a développé un crâne aplati latéralement, des membres et des ceintures pectorale et pelvienne puissantes. Il annonce l'apparition des reptiles qui succèdent aux amphibiens et témoignent de l'achèvement de la conquête du milieu terrestre. Les reptiles, en effet, ont accompli un progrès considérable grâce à l'œuf amniotique qui permet à l'embryon de se développer à l'air libre. Malheureusement, le contenu d'un œuf ne se fossilise pas, de sorte qu'il n'existe aucune information concernant la mise au point de ce caractère complexe. Les premiers reptiles apparaissent il y a 338 millions d'années. Le plus ancien connu, récemment découvert en Écosse par le paléontologue Stan Wood, a fait beaucoup parler de lui. Pas tellement pour son intérêt scientifique considérable, mais parce que son découvreur avait envisagé de vendre sa « Lizzie », le nom populaire qui lui a été donné, au musée de Stuttgart, en Allemagne, qui offrait un très bon prix. Les autorités écossaises ont finalement utilisé leur droit de préemption et réuni la somme nécessaire pour garder « Lizzie » au musée d'Histoire naturelle d'Écosse. « Lizzie » ne mesure que vingt centimètres de long et ne diffère de ses ancêtres amphibiens que par quelques caractères du squelette. Le bassin est soudé à deux vertèbres sacrées, au lieu d'une chez les amphibiens. Le pied comprend un astragale et un calcanéum, ce qui, avec une disposition spécifique des os du crâne, est caractéristique des reptiles. « Lizzie » doit donc être considérée comme le plus ancien reptile et comme l'ancêtre de tous les tétrapodes plus récents. Il n'est pas établi que l'état « reptilien » n'ait été atteint qu'une seule fois, par un groupe unique d'amphibiens. L'invention de l'œuf amniotique, en revanche, paraît avoir constitué un événement unique, même s'il n'en reste pas de traces fossiles. Au cours de la période qui suit, les reptiles ont connu une diversification étonnamment rapide. À partir de –280 millions d'années, la plupart des grandes catégories actuelles de reptiles sont différenciées, et une longue évolution divergente s'engage, qui conduit à des groupes aussi distincts que les dinosaures, les reptiles volants, les oiseaux et les crocodiles, les mammifères, les lézards et les serpents, les reptiles marins ichtyosaures et plésiosaures, sans oublier les tortues. La plupart de ces groupes, à l'exception des oiseaux, feront leur apparition entre –245 et –200 millions d'années. C'est alors la conquête explosive du milieu terrestre par les reptiles.

Cette phase explosive n'est toutefois pas indépendante de l'évolution des climats de notre planète. Entre –325 et –300 millions d'années, période qui correspond aux dépôts de charbons en Europe occidentale, la terre est affectée par une très importante glaciation, qui recouvre de glace les continents austraux réunis autour du pôle Sud de l'époque. Ce n'est pas la seule glaciation de l'ère primaire : la première s'est produite juste avant l'explosion des squelettes minéralisés. La deuxième s'est déroulée il y a environ quatre cent quarante millions d'années, et a laissé des traces importantes dans le Sahara, situé à l'époque au pôle Sud. La troisième s'est déroulée entre –325 et –300 millions d'années et a laissé des vestiges considérables en Afrique du Sud. Mais la géographie du globe était alors très différente puisque

Figure 1.6. *Reconstitution d'un paysage du Dévonien supérieur, avec des végétaux caractéristiques de cette époque, un représentant des plus anciens amphibiens et un représentant des poissons osseux crossoptérygiens ostéolépiformes qui, bien que contemporains, correspondaient à leurs plus proches parents (d'après P. Forey, 1984).*

le continent de Gondwana était encore réuni en une masse unique soudant ensemble l'Afrique, l'Amérique du Sud, l'Inde, Madagascar, l'Australie et l'Antarctique. Plus au nord, une autre grosse masse continentale réunissait l'Amérique du Nord, l'Europe et l'Asie du Nord. L'équateur passait au niveau des bassins houillers anglais, allemands et franco-belges. Sous les latitudes ouest européennes, le climat était équatorial, la végétation luxuriante, et dans les lacs et marécages très abondants vivaient de nombreux amphibiens et quelques reptiles. mais sur le Gondwana, au climat froid ou tempéré, vivaient de nombreux reptiles dont certains ont acquis progressivement des caractères de mammifères, d'où leur nom de reptiles mammaliens.

L'ORIGINE DES MAMMIFÈRES

Beaucoup de caractères distinguent les reptiles des mammifères. Les plus importants ne laissent hélas aucune trace paléontologique, ou presque. C'est le cas, par exemple, du mode de reproduction intra-utérin des mammifères placentaires et des marsupiaux, bien que les échidnés et les ornithorynques, pondant des œufs, mais allaitant leurs petits, témoignent encore d'un stade mammalien primitif.

Les caractères mammaliens les plus importants sont la présence de mamelles, le corps couvert de poils, et la température corporelle élevée. Ces adaptations permettent de maintenir un métabolisme élevé, donc de rester actif même lorsque la température baisse – par exemple la nuit – et de prendre soin en permanence de sa progéniture. Celle-ci aura une croissance rapide et nécessitera de ce fait une énergie importante, apportée par le lait maternel. Pour améliorer le rendement thermodynamique, il convient de séparer le conduit respiratoire du conduit alimentaire, ce qui permet de réchauffer éventuellement l'air inspiré. L'augmentation du métabolisme nécessite de bien mastiquer les aliments pour les assimiler mieux et plus rapidement. La recherche des aliments doit devenir plus efficace et les déplacements plus faciles, d'où une optimisation de l'appareil locomoteur. Enfin, les organes des sens doivent être développés, entraînant ainsi également le développement des relais et des centres d'intégration. Quoi qu'un peu idéalisé, ce scénario traduit bien les causes possibles de la transformation des reptiles mammaliens en véritables mammifères.

Les plus anciens de ces reptiles mammaliens, comme le dimétrodon, ne possédaient guère que deux caractères mammaliens : une « fenêtre » ouverte dans le toit crânien, permettant aux muscles masticateurs d'augmenter leur surface d'insertion et donc aux mâchoires d'avoir plus de force ; et cette énorme membrane tendue entre des expansions démesurées des apophyses dorsales des vertèbres. De nombreux auteurs pensent que cette membrane constituait une première tentative de régulation de la température interne du corps de cet animal. Déployée le matin tôt aux premiers rayons lumineux, elle permettait un réchauffement rapide du corps. Déployée en pleine chaleur, mais à l'ombre, elle devait permettre le refroidissement, jouant en partie le même rôle que les grandes oreilles de l'éléphant d'Afrique.

Entre –295 et –200 millions d'années devaient se succéder d'innombrables groupes de reptiles mammaliens, de plus en plus semblables aux mammifères. Vers –200 millions d'années, plusieurs groupes de reptiles mammaliens, herbivores et carnivores, avaient acquis toutes les caractéristiques des vrais mammifères. La frontière entre les derniers reptiles mammaliens et les premiers mammifères est presque impossible à établir. Les paléontologues ont donc fixé, de manière un peu arbitraire, une frontière conventionnelle. Les premières formes à franchir cette barrière apparaissent en plusieurs endroits autour de –200 millions d'années. Ce sont des formes de très petite taille, semblables à des musaraignes, mais ce sont déjà de vrais mammifères, avec tous les caractères. Cette époque se situe alors déjà au début de l'ère secondaire, mais l'histoire de ce groupe est continue de part et d'autre de la limite entre les deux ères, primaire et secondaire. Ce n'est pas le cas de tous les groupes animaux et végétaux de cette époque, puisque la fin de l'ère primaire est marquée par la plus formidable crise d'extinction que l'histoire de la vie ait connue. Des écosystèmes entiers ont été décimés et leurs constituants rayés de l'inventaire général pour toujours !

L'ère secondaire

Cette crise a connu une telle ampleur que les océans du début de l'ère secondaire se sont retrouvés presque vides. Certains groupes réapparaîtront quelques millions d'années plus tard, à la surprise générale, et l'on se demande sous quelle forme ils ont survécu pendant cette immense durée. L'une des réponses est sans doute : sans squelette, sous forme d'organismes mous ! C'est évidemment une hypothèse possible mais difficile à démontrer en l'absence de fossiles, voire d'empreintes de fossiles. Ce vide apparent n'a duré que 5 à 7 millions d'années à l'issue desquelles la biodiversité retrouve son niveau initial. Comme toutes les crises, celle-ci a permis à de nouveaux groupes d'occuper les niches écologiques, à la faveur de l'extinction des anciens locataires.

C'est ainsi que vont réapparaître les anciennes communautés, mais avec des acteurs nouveaux qui persisteront jusqu'à la prochaine crise, il y a 65 millions d'années.

L'ère secondaire était une période assez particulière. Au fur et à mesure que l'on progresse dans son étude, on s'aperçoit combien elle était différente de la période actuelle. Du point de vue du climat, par exemple, elle correspond à un optimum difficile à imaginer : non seulement dépourvu de glaces permanentes aux pôles mais encore avec la présence, à certaines époques, de communautés tropicales à ces mêmes endroits. La zone équatoriale et intertropicale était donc très large, latitudinalement. Le niveau des mers était en moyenne plus élevé que l'actuel. La surface des mers peu profondes recouvrant les marges des continents était très étendue, et celle des terres émergées plus réduite. La répartition des terres et des mers était différente. L'Atlantique Sud ne s'est ouvert complètement qu'à partir de –90 millions d'années. L'océan Indien n'a commencé à s'ouvrir qu'à partir de –73 millions d'années et l'Atlantique Nord n'existait pas encore. Un

Figure 1.7. *Reconstitution de la paléogéographie du monde au début du Crétacé supérieur, il y a environ 100 millions d'années (d'après Briden et al., 1974, modifié).*

très grand océan, la Téthys, ceinturait la terre au niveau intertropical. Les mers peu profondes sous un climat tropical étaient propices à la précipitation et au dépôt du carbonate de calcium, le constituant principal des roches calcaires. L'ère secondaire pourrait être appelée l'ère du calcaire.

Le plancton de l'ère secondaire

C'est précisément le plancton qui est à l'origine de l'accumulation des sédiments calcaires. Le calcaire est une roche essentiellement constituée de débris de carbonate de calcium d'origine biologique. Les principaux contributeurs sont les coccolithophoridées, algues brunes unicellulaires apparues au début de l'ère secondaire et pourvues d'une membrane externe recouverte de coccolithes, sortes de petites plaques calcaires géométriquement très régulières. On y trouve également des débris de coquilles de protistes unicellulaires calcaires et de nombreux autres débris d'organismes sécrétant une coquille calcaire.

Ce plancton et benthos calcaire est le pendant du plancton et benthos à squelette siliceux dont l'importance n'a cessé de croître au cours du temps. Certains protistes, comme les radiolaires, et certaines algues unicellulaires, comme les diatomées, sécrètent un squelette en opale. Ils prolifèrent lorsque le milieu devient très riche en silice dissoute, par exemple à l'occasion d'une éruption volcanique sous-marine de type acide. On assiste alors à la formation de roches entièrement constituées par des accumulations de squelettes siliceux, comme les radiolarites dans les océans et les diatomites, ou tripolis, dans les lacs ou les lagunes. Ces radiolarites jouent un rôle très important pour déchiffrer l'histoire des plaques continentales. Lorsqu'un océan ancien se ferme, à la suite du rapprochement de deux plaques, il arrive que les seuls témoins de cet événement soient représentés par une cicatrice de quelques kilomètres de large, quelquefois beaucoup moins, dans laquelle on retrouve des restes de laves des anciens planchers océaniques sur lesquels s'étaient déposées des couches de radiolarites. Les radiolaires, souvent admirablement conservés dans ces roches siliceuses, permettent de connaître avec précision l'âge de ces anciens océans. Ils apportent également de précieuses informations sur leur dynamique : l'eau froide étant capable d'absorber plus de calcaire que l'eau chaude, toutes les coquilles calcaires sont dissoutes à partir d'une certaine profondeur. Au-delà de ce niveau, que l'on désigne sous le nom de « profondeur de compensation des carbonates », seules les coquilles en silice peuvent se déposer jusqu'au niveau de compensation de la silice qui est un peu plus profond. Au-delà de mille huit cents mètres environ, la nature de la sédimentation dépend des conditions de milieu, et les fossiles conservés ne sont plus qu'un pâle reflet de la communauté planctonique vivante. Les variations de la composition des formes conservées constituent alors de précieux indicateurs des modifications de la hauteur de la colonne d'eau, des variations de température de surface, des courants sous-marins, etc. Depuis la multiplication des forages océaniques profonds pour connaître l'histoire des océans, ces organismes du plancton fossile jouent un rôle majeur dans la reconstitution de l'histoire et du fonctionnement des océans du passé.

Ces océans mésozoïques étaient très différents des océans actuels. Répartis tout autrement, ils ne possédaient pas les couches d'eaux froides profondes qui, aujourd'hui, alimentent le fond de nos océans depuis les pôles, déterminant ainsi un brassage à l'échelle du globe des eaux océaniques. Les emplacements actuels où cette eau profonde, très riche en sels minéraux dissous, notamment en phosphore, remonte en surface sous l'effet de courants ascendants, sont désignés sous le nom de zones d'upwelling. Le plancton y prolifère, entraînant le foisonnement des poissons, et ces zones forment actuellement les grandes zones de pêche. L'américain J. Barron a ainsi essayé de reconstituer les courants marins dans les océans de l'ère secondaire en s'appuyant sur l'ensemble des informations disponibles et notamment celles tirées du plancton fossile. Les conditions climatiques optimales et l'abondance du plancton devaient entraîner une formidable diversification des invertébrés marins se nourrissant directement de ce plancton. C'est le cas tout particulièrement des suspensivores, qui pour la plupart élaboraient un exosquelette calcaire.

LES SUSPENSIVORES DE L'ÈRE SECONDAIRE

Les suspensivores les plus importants par leur impact global sont les récifs à madréporaires. Après une longue éclipse correspondant à la crise de la limite Primaire-Secondaire, ils réapparaissent avec une composition en groupes d'organismes constructeurs, des édifices et des sédiments associés très proches des récifs actuels. Les principaux organismes constructeurs sont les madréporaires coloniaux. Ils vivent en symbiose avec des algues vertes unicellulaires du groupe des dinoflagellés, qui leur apportent une précieuse source d'azote mais qui exercent une contrainte importante, puisqu'ils ont besoin de lumière pour se développer. Les coraux coloniaux, du fait de cette symbiose, ne peuvent se développer que dans des eaux claires et modérément agitées. Les eaux trop chargées en particules apportées par les fleuves, ou la dessalure, leurs sont fatales. Les madréporaires coloniaux actuels peuvent ainsi supporter une salinité élevée – plus de quarante grammes par litre –, mais ne supportent pas la moindre dessalure. De même, ils exigent des eaux chaudes dont la température ne baisse jamais en dessous de 23°C. On a toutes raisons de penser que les madréporaires de l'ère secondaire vivaient dans les mêmes conditions. Cette période correspondant à un optimum climatique, ils étaient largement plus répandus qu'aujourd'hui. Mais ces récifs ne constituent des édifices solides que grâce à l'activité d'autres organismes comme les algues calcaires, les éponges et les bryozoaires qui relient entre eux, en les cimentant, les différentes boules de calcaires construits. Par contre, la faune associée aux récifs était assez différente de l'actuelle à quelques exceptions près, parmi lesquelles on trouve les trigonies, ces mollusques bivalves à la coquille ornée qui vivent encore en Asie du Sud-Est, associés aux récifs à madréporaires. Par rapport aux faunes de l'ère primaire, on retrouve encore des lys de mer en abondance, mais des formes différentes. Les brachiopodes sont encore abondants mais ils sont sérieusement concurrencés par les mollusques bivalves qui connaissent une forte diversification.

Une autre communauté trophique connaîtra également un développement considérable au cours de cette ère, celle des organismes suspensivores qui vivent sur les fonds marins ou enfouis dans les sédiments meubles. Au début de l'ère secondaire, les bivalves vont, avec les vers marins, envahir cette niche qui n'est pas véritablement nouvelle mais qui a connu une extension considérable, alors même que la crise de la fin du Primaire faisait disparaître ses anciens occupants.

Vers la fin de l'ère secondaire, un groupe de bivalves a connu un succès considérable, menaçant même de remplacer les madréporaires hexacoralliaires dans la construction de récifs. On les désigne sous le nom de rudistes. Ils possédaient une coquille bivalve épaisse. Chez les formes les plus primitives, les deux valves étaient d'égale importance. Ils abondaient sur les plates-formes carbonatées des mers peu profondes. Une de leurs caractéristiques est que les larves, à la fin de leur vie planctonique, semblaient s'établir de préférence sur la coquille

Figure 1.8. *Mollusques marins de l'ère secondaire. (En haut) Les céphalopodes, formes nectoniques avec la position de vie présumée de quelques ammonites (A à D) à partir de l'analyse de la forme de la dernière loge (pointillé), de la position du centre de gravité (x) et du centre de poussée hydrostatique (d'après Trueman, 1941). E=reconstitution de l'animal bélemnite. F=reconstitution d'une ammonite jurassique du genre* Dactyloceras *(d'après McKerrow, 1978). G et H=deux stades évolutifs au cours de l'histoire d'un groupe d'ammonites à enroulement bizarre pendant le Crétacé supérieur (d'après Okamoto, 1989). (En bas) Bivalves rudistes de l'ère secondaire. A=*Diceras, *une forme primitive, les deux valves étant encore subégales. B=*Requiena ammonia, *une forme à valves enroulées du Crétacé supérieur. C=*Toucasia carinata *du Crétacé supérieur. D=*Hippurites *du Crétacé supérieur avec une valve en cornet et une valve operculaire.*

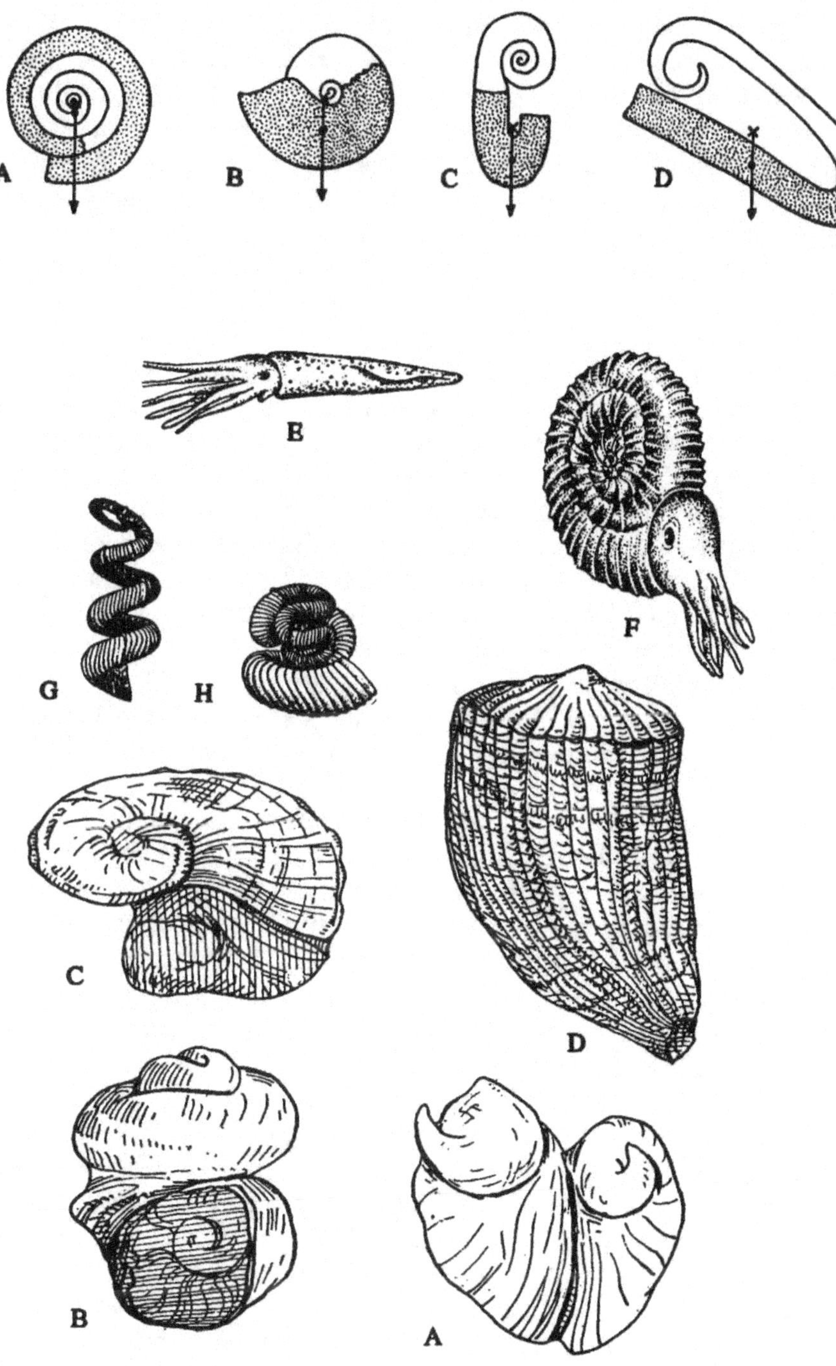

d'un autre individu adulte. De la sorte se construisaient des espèces de bancs, comme des bancs d'huîtres, mais dans un environnement sédimentaire que les huîtres n'apprécient pas en général. Les premiers rudistes ont ainsi rapidement connu un grand succès, surtout parce que, vers la dernière partie de l'ère secondaire, la température globale des océans avait baissé, ne permettant pas un développement optimal des récifs comme auparavant. Les rudistes ont rapidement occupé la niche des grands constructeurs d'édifices carbonatés, signe de leur succès. Ils connaîtront une diversification et une transformation remarquables, marquées par le développement d'une valve en cornet et de l'autre en opercule. Certains groupes développeront la valve gauche en cornet et l'autre en opercule, alors que d'autres feront l'inverse. Les formes les plus spécialisées n'évoquent plus du tout un bivalve. On les soupçonne même d'avoir hébergé dans leurs tissus des algues vertes unicellulaires, comme les madréporaires. Fixés les uns sur les autres, ces organismes suspensivores filtreurs vont connaître un succès considérable, que les aléas ont rendu assez bref puisqu'ils figurent parmi les premiers organismes à disparaître au moment de la fin de l'ère secondaire, environ 1 million d'année avant la plupart des autres. Étaient-ils plus sensibles que les autres organismes aux changements du milieu océanique global? Nous l'ignorons encore. À l'exception d'une petite baisse de la température enregistrée par les isotopes de l'oxygène, aucun changement sensible de l'environnement marin ne laisse deviner les causes ou les facteurs responsables de leur disparition.

D'autres groupes d'invertébrés marins vont profiter de l'abondance des carbonates dans les mers de cette époque. Les tapis d'algues vertes et rouges, en se décomposant sur le fond, provoquent, grâce aux bactéries, la précipitation de minuscules grains de carbonates dont l'accumulation produit d'épaisses couches de vase carbonatée. Devant l'extension des mers peu profondes et le climat tropical qui régnait à peu près partout à la surface du globe, ces fonds marins peu profonds couverts d'algues ont connu un grand succès.

Au cours de la deuxième partie de l'ère secondaire, un autre groupe, les oursins, a ainsi envahi cette niche. Les oursins sont des échinodermes à squelette externe constitué de plaques calcaires soudées entre elles et recouvertes de piquants. Un plan de symétrie d'ordre cinq organise leur corps. Leur bouche, située sur la face ventrale, est armée d'une mâchoire complexe appelée lanterne d'Aristote. L'anus s'ouvre à l'apex de l'animal. Cette organisation est très particulière pour un organisme non fixé. Traditionnellement, la symétrie axiale et l'absence de différenciation d'une tête, d'un corps et d'une queue, sont des caractéristiques des organismes fixés. Les oursins sont capables de se déplacer pour brouter des algues, et ils possèdent néanmoins un plan d'organisation d'animal fixé. Au cours de l'ère secondaire, de nombreux groupes d'oursins fouisseurs se sont différenciés. L'adaptation à ce nouveau mode de vie a provoqué, en règle générale, une réorganisation de leur symétrie qui a laissé des traces sur leur squelette. Chez la plupart de ces oursins irréguliers, la bouche et l'anus se sont déplacés dans des directions opposées, comme si ces organismes tentaient de différencier, tant bien que mal, un axe antéro-postérieur. La migration, au cours de leur évolution, de la bouche et de l'anus entre ces plaques rigides laisse apercevoir une réorganisation de ces plaques et entraîne souvent une disparition des mâchoires qui n'ont pas trouvé de solution permettant de concilier la migration de la bouche avec la conservation de leur fonction mécanique. Le plan dans lequel se déplacent, dans des directions opposées, la bouche et l'anus est, chez la plupart des oursins concernés, souvent le même. L'invasion des sédiments vaseux va entraîner d'autres modifications. Les grands piquants de certains oursins comme les *Cidaris*, connus depuis le début de l'ère secondaire, leur permettent de ne pas s'enfoncer dans la vase des lagons. Les oursins fouisseurs, par contre, ont des piquants très réduits, très fins, quelquefois aplatis à leur extrémité pour mieux creuser la vase. Il ne leur reste plus alors qu'à organiser un courant d'eau vers la bouche. Ce rôle est souvent assuré chez les oursins irréguliers actuels par leurs innombrables pieds ou ambulacres. Certains oursins irréguliers et fouisseurs du Secondaire sont devenus de la sorte des suspensivores, d'autres se nourriront de vase en se déplaçant. Ce mode de vie permet d'échapper à un grand nombre de prédateurs et de profiter de la richesse des sédiments meubles des fonds marins. La radiation la plus intense se produit au cours du Crétacé, dans la craie. Elle n'aura connu qu'un succès de durée limitée à cause de la crise Crétacé-Tertiaire, qui a profondément bouleversé les communautés marines vers −65 millions d'années.

Cette prolifération du plancton et des suspensivores de toute sorte a également permis une large diversification des petits et des grands prédateurs. C'est dans ces écosystèmes marins que vont apparaître pour la première fois des prédateurs de très grande taille. Ils appartiennent aux reptiles et sont représentés par des crocodiles, et par les mosasaures, ichtyosaures et plésiosaures. Mais les prédateurs de taille intermédiaire sont légion : raies, requins et surtout mollusques céphalopodes. Parmi ces derniers, deux grands groupes vont connaître une véritable explosion, les bélemnites et les ammonites. Les bélemnites ressemblaient beaucoup à des petites seiches. Comme ces dernières, elles étaient très abondantes et vivaient sans doute en bancs. Leurs parties molles sont très mal connues, car on soupçonne un préparateur trop zélé du musée de Holzmaden, en Allemagne, site exceptionnel de la première partie de l'ère secondaire, où a été découvert l'unique exemplaire d'empreinte d'un corps de bélemnite, d'avoir redessiné son contour sur la roche. La rumeur prétend que ces pratiques tiennent d'une expérience acquise par les préparateurs de ce musée depuis près d'un siècle. Nombre de fossiles exceptionnels provenant de ce site soulèvent donc désormais la suspicion des spécialistes. Il reste certain que les bélemnites possédaient, comme les seiches, une coquille interne dont l'extrémité distale, le rostre, était hypertrophiée par rapport à celle des seiches. Les bélemnites disparaîtront également à la fin de l'ère secondaire. Certains auteurs on suggéré que quelques survivants aient pu être à l'origine des seiches, mais les fossiles qui documenteraient une telle transition manquent encore.

Les ammonites ont eu une très longue histoire, mais ont disparu en même temps que les bélemnites sans laisser aucun descendant, même très indirect. Il s'agit de l'un de ces groupes sans équivalent actuel, dont la paléobiologie s'avère donc particulièrement difficile à étudier. L'histoire que racontent les paléontologues est une longue histoire de coquille, de loges embryonnaires et de cloisons qui séparent les loges successives. Le groupe se différencie dès le milieu de l'ère primaire. Il est issu d'un groupe ancestral à coquille enroulée, donnant naissance aux goniatites, petites formes globuleuses qui vivaient en haute mer à l'ère primaire. À la fin de cette époque, la plupart de ces goniatites ont disparu. Contrairement au nautiloïdes, les goniatites possédaient des cloisons séparant les loges successives qui n'étaient pas rectilignes. Elles ondulaient et possédaient des selles, replis de la cloison dirigée vers la bouche, et des lobes, replis de la coquille dirigée vers l'arrière de l'animal. Quelques survivants de cette époque se différencieront en cératites, aux selles et lobes arrondis, mais aux lobes seuls plissotés. Chez les ammonites proprement dites, les selles et les lobes deviennent fortement plissotés. Cette évolution remplit une fonction très simple : augmenter la résistance de la coquille. Cette dernière forme un organe hydrostatique dont toutes les loges, à l'exception de la dernière où vivait l'animal, étaient sans doute remplies de gaz. Les déplacements verticaux dans les océans, pour poursuivre les proies ou échapper aux prédateurs, exigent une résistance de la coquille à la pression hydrostatique. C'est précisément le rôle des villosités des plus complexes qui caractérisent l'insertion des cloisons sur la coquille des ammonites. Ces dernières présentent également une remarquable diversité de taille et de forme. Certaines espèces pouvaient atteindre la taille d'une roue de camion, et, souvent faciles à découvrir, elles restent impossibles à transporter... La majorité se situait dans une gamme de taille plutôt petite, de l'ordre de cinq à quinze centimètres de diamètre. La diversité de leur forme d'enroulement est extrême : la plupart des coquilles sont enroulées en spirale, mais chez certaines le dernier tour cache les tours précédents, et chez d'autres non. La forme des loges d'habitation diffère aussi par leurs sections et leur rapport longueur sur largeur. L'ornementation externe est très diverse : formes carénées ou non, à tubercules, à côtes, etc.

Toute cette diversité morphologique peut confondre, mais elle s'interprète assez facilement par les adaptations hydrodynamiques, comme l'ont montré clairement les expériences d'hydrodynamique sur maquettes. La distance entre le centre de poussée hydrostatique et le centre de gravité est ainsi un paramètre important : les nageurs actifs doivent être stables, et ces deux points sont donc éloignés, tandis q'ils sont proches chez les ammonites instables, qui vivaient sans doute près du fond. La forme des sections des tours, ou la nature de l'ornementation ont pu être expliquées tout aussi simplement. L'évolution de la coquille marque l'équilibre entre le meilleur ajustement hydrodynamique de la coquille au milieu de vie spécifique et le biologiquement possible.

Un problème longtemps débattu concernait les hétéromorphes ou ammonites déroulées. On désigne sous ce terme des espèces qui ont perdu leur mode d'enroulement en spirale et qui ont développé d'autres types de coquille, souvent droite, mais quelquefois enroulée dans tous les sens. Jadis, certains paléontologues les considéraient comme des formes dégénérées, condamnées à disparaître. En fait, le paléontologue allemand J. Wiedman a montré, dans des travaux détaillés, que de telles formes étaient apparues à plusieurs époques distinctes au cours de l'ère secondaire, à partir de formes ancestrales différentes, et que la plupart ont fini par se réenrouler normalement au cours de leur histoire évolutive. Ces travaux ont permis d'évacuer toute une série d'interprétations archaïques, et les études hydrodynamiques des coquilles devaient éclaircir complètement ce phénomène. À certaines époques, des espèces envahissent des milieux pour lesquels une coquille enroulée en spirale n'est pas un avantage. S'il est difficile de déterminer avec précision la nature de ces milieux, on peut penser toutefois que, pour la plupart, les caractères bizarres de certaines coquilles devaient correspondre à un mode de vie benthique.

Les ammonites ont connu une évolution rapide au cours du temps, des espèces nouvelles se succédant à intervalles courts et rapprochés. Quand on prend en compte la variation de leurs caractères morphologiques, on est confondu par le travail réalisé par les spécialistes d'ammonites. Ces derniers arrivent à distinguer des milliers d'espèces les unes des autres avec précision et à reconnaître des tranches de temps d'une durée moyenne d'environ trois cent mille ans pendant l'ère secondaire, sur la seule base des modifications évolutives des coquilles et de la composition des faunes d'ammonites. Ces organismes présentent un autre intérêt : ils permettent d'analyser des relations entre les caractères morphologiques et le développement embryonnaire. La coquille des ammonites correspond à un cône enroulé en spirale, cloisonné à intervalle régulier. Au cours de la croissance, on peut voir chaque individu acquérir des loges et des tours successifs. Chaque tour correspond à un stade de croissance et se caractérise par un volume et une ornementation. Si la forme et l'ornementation du tour suivant changent, c'est en réponse à de nouvelles instructions des gènes qui contrôlent la croissance. De même, si, au cours de l'évolution, des tours nouveaux sont acquis, les anciens conservent quelquefois les caractères ancestraux. Les gènes du développement qui contrôlaient la croissance de la coquille des ammonites ne devaient pas être très nombreux, et les caractères en question sont assez simples. Ils se prêtent donc admirablement à l'étude de la manière dont les gènes de développement interviennent pendant la croissance. Dans son ouvrage sur l'ontogénie et la phylogénie, S. J. Gould analyse de manière très perspicace les modifications qui peuvent survenir au cours du développement embryonnaire et de la croissance et montre en particulier l'importance des ralentissements et des accélérations des lois de croissance. À cause d'un ralentissement, certains descendants conservent à l'état adulte les caractères juvéniles de leur ancêtre. M. Dommergues, de l'université de Dijon, a analysé plusieurs exemples de ce type. En règle générale, les caractères adultes apparaissent de plus en plus tôt chez les descendants et, en très peu de temps, les caractères juvéniles et même adultes des ancêtres peuvent être entièrement perdus en faveur des caractères nouvellement apparus. Ces combinaisons peuvent être compliquées à souhait pour peu que l'on fasse varier dans ces modèles la date d'acquisition de la maturité sexuelle.

Les ammonites offrent donc un champ d'application remarquable aux études paléobiologiques – relations entre ontogenèse et phylogenèse – comme aux études de microévolution d'où découlent les datations précises des séries sédimentaires. Mais toute médaille à son revers, et certaines particularités rendent leur étude particulièrement difficile. C'est le cas notamment pour le dimorphisme sexuel qui est souvent de règle chez les êtres vivants. Lorsqu'il existe des analogues vivants, la situation est assez simple. Mais elle se complique considérablement, par exemple chez les dinosaures et les ammonites. Quelques exemples convaincants de dimorphisme sexuel ont été trouvés chez les ammonites, en particulier chez les kosmocératidés. Le morphotype considéré comme le mâle est petit, avec des ornementations bien marquées et une apophyse jugale de chaque côté de l'ouverture de la coquille. La forme de grande taille, sans apophyse jugale, est considérée comme la femelle de la même espèce. Plus irritant, mais beaucoup plus marginal, est le problème des chimères : certaines ammonites ont un côté gauche correspondant à une forme connue, et un côté droit correspondant à une autre forme, également connue. Ces cas, très rares, posent toutefois le problème de la variation morphologique et de la notion d'espèce chez les ammonites.

Les ammonites constituaient la proie de certains reptiles marins, comme l'attestent les empreintes de rangées de dents acérées trouvées sur certaines de leurs coquilles. Parmi ces grands prédateurs, les ichtyosaures, qui évoquent étrangement les dauphins, méritent une attention particulière. Comme chez ces derniers, le corps est pisciforme, le museau allongé avec de nombreuses dents simples et coniques. Les vertèbres du cou sont très courtes et emboîtées les unes dans les autres pour bien rendre solidaire la tête et la colonne vertébrale, une contrainte hydrodynamique que l'on retrouve chez les poissons. Les vertèbres, qui, chez les tétrapodes terrestres, s'articulent les unes sur les autres, vont se simplifier et devenir semblables à celles des poissons. La queue sera dissymétrique, comme chez les ancêtres des poissons, mais, à la différence de ces derniers, la colonne vertébrale se prolongera dans le lobe inférieur. Les membres pairs se transforment en palettes natatoires, grâce à l'augmentation du nombre de doigts et du nombre de phalanges et à la rigidification des articulations. Le bassin, qui a perdu sa fonction de soutien du corps, disparaît. Le résultat de cette évolution finit par ressembler considérablement à un poisson et à un dauphin, mais il est dû à l'adaptation fonctionnelle imposée par le milieu à un reptile. Cette similitude est appelée convergence, ou évolution parallèle. Le retour au milieu aquatique des ichtyosaures pose différents problèmes comme celui qui concerne la reproduction. Après avoir inventé l'œuf, comment les reptiles redevenus marins vont-ils se reproduire ? Les reptiles marins actuels, comme les tortues, n'apportent pas de réponse, car ils continuent de venir pondre sur les plages. La réponse sera apportée par des fossiles de qualité de conservation exceptionnelle, datant d'environ −190 millions d'années et provenant du célèbre gisement allemand de Holzmaden. Des bébés ichtyosaures ont été découverts dans le ventre de leur mère, un exemple d'ovoviviparité assez fréquent chez les reptiles, également connu par exemple chez la vipère. Les plus anciens ichtyosaures connus apparaissent il y a environ −245 millions d'années. Animaux de petite taille, aux membres et à la tête encore peu transformés, ils sont assez différents des formes ultérieures qui sont, pour les plus récentes, hautement adaptées à la vie en haute mer. Contrairement à certaines des autres formes de reptiles marins, comme les mosasaures et les plésiosaures, les ichtyosaures s'éteindront avant la fin de l'ère secondaire. Leur extinction correspond à une crise, marquée dans les océans par une extension considérable des milieux anoxiques. On peut alors penser qu'adaptés à un type donné de nourriture ils n'ont pas pu survivre à la disparition de leurs proies. Les formes du début de l'ère secondaire, d'après ce que contient leur tube digestif, se nourrissaient de poissons, d'ammonites et de bélemnites, du moins pour ce qui concerne des aliments qui ont laissé des restes de squelettes minéralisés. Peu avant leur extinction, les restes d'ichtyosaures ont une distribution géographique plus limitée qu'au début de leur histoire. Ils disparaissent apparemment du domaine équatorial et ne survivent plus que dans la partie nord de l'hémisphère Nord et dans la partie australe de l'hémisphère Sud. Sur la même période, la distribution géographique de la plupart des bélemnites suit la même évolution que celle des ichtyosaures. On peut donc supposer que les derniers ichtyosaures, inféodés à leurs proies, n'ont pas résisté à leur baisse de diversité et à leur disparition.

L'histoire de la vie sur les continents, à la même époque, est aussi complexe et aussi fréquemment renouvelée que celle des océans, mais les flores et les faunes continentales sont moins bien connues que leurs équivalents marins. Pour prélever des échantillons marins, il n'est pas besoin de campagne océanographique : un véhicule 4 x 4, une mule ou un chameau suffisent le plus souvent. Paradoxalement, l'histoire du milieu le plus hostile à l'homme est donc mieux connue que celle du milieu qui fut son berceau et qui reste encore son ultime recours... Il faut également ajouter que les sédiments des fonds océaniques sont réputés mieux enregistrer les changements globaux que les bassins continentaux, thèse qui n'a pas été scientifiquement démontrée. Les écosystèmes terrestres de l'ère secondaire atteignent un niveau de complexité très élevé, et sont très différents des écosystèmes contemporains. La végétation voit l'apogée des gymnospermes. De ces dernières, on ne connaît généralement que les représentants actuels des pays froids, pin, sapin ou épicéa. Durant l'ère secondaire prédominaient des gymnospermes appartenant à des groupes aujourd'hui tropicaux et dont les représentants sont beaucoup plus rares, proches des séquoias et des taxodiacées. On en trouve encore en Chine du Sud, au Viêt-nam ou en Floride.

Les gymnospermes dominent les forêts jusqu'à la fin de l'ère secondaire, lorsque les angiospermes, ou plantes à fleurs, qui commencent à se diversifier il y a environ 110 millions d'années, tendent à les remplacer. Les fleurs attirant les insectes qui facilitent la pollinisation, on peut penser que l'explosion des angiospermes a dû correspondre à une explosion des insectes et, sans doute, à l'autre bout de la chaîne alimentaire, à celle des oiseaux et des mammifères.

Ces derniers, qui n'existaient pas au début de l'ère secondaire – où ils étaient représentés par des reptiles mammaliens –, sont apparus il y a –200 millions d'années. Ils présentaient alors déjà tous les attributs anatomiques des mammifères actuels et ressemblaient à des sortes de petites musaraignes. Le plan d'organisation des mammifères, voué au succès 135 millions d'années plus tard, va connaître une véritable éclipse pendant le règne des reptiles. Il n'existe pas d'arguments sérieux pour expliquer ce phénomène, mais seulement des présomptions. On pense ainsi qu'en milieu tropical le sang chaud est un désavantage : c'est une énergie mal investie, qui trouve son utilité dans un climat tempéré ou froid. Or les reptiles mammaliens se sont différenciés surtout sur le continent de Gondwana, à une époque où le climat évoluait, à cet endroit, entre le glaciaire et le tempéré chaud.

Ce sont donc les représentants d'un autre groupe de reptiles qui vont envahir les niches écologiques terrestres du début de l'ère secondaire. La niche correspondant aux herbivores de grande taille va être occupée, pour la première fois, au début de cette ère, par une forme particulière de reptile mammalien, les *Lystrosaurus*. Vers –200 millions d'années, elle sera occupée par les dinosaures, qui la domineront. Les dinosaures appartiennent aux archosaures, groupe qui a connu la plus forte diversification pendant cette ère, puisqu'il comprend les crocodiles, les reptiles volants, les dinosaures et leurs descendants, les oiseaux. Tous partagent plusieurs caractères anatomiques du crâne et du squelette postcrânien, qui permettent de les distinguer facilement des lépidosauriens, correspondant aux lézards, aux serpents, aux sphénodons et à leurs ancêtres. Ces archosaures ont connu un succès éclatant et ont considérablement innové dans le domaine des adaptations morphofonctionnelles. Outre la formidable diversité des dinosaures, ils ont conquis deux fois le milieu aérien, avec les reptiles volants et les oiseaux, et la vie aquatique, avec les crocodiles, abondamment représentés dans les mers de cette époque. Plusieurs de ces groupes, les oiseaux, les reptiles volants ou ptérosaures et peut-être certains dinosaures, ont acquis un sang chaud, innovation physiologique majeure. Les restes des plus anciens serpents remontent à environ 110 millions d'années. Ils ont été découverts au Sahara, associés à des crocodiles et à des dinosaures. La différenciation de ce groupe est sans doute beaucoup plus ancienne. Les dinosaures, dont les plus anciens représentants apparaissent vers –200 millions d'années, constituent le groupe vedette au sein des archosauriens, sans doute à cause de la taille exceptionnelle de certains de leurs représentants. Ce n'est pourtant pas la règle générale, la plupart des dinosaures connus n'ayant pas été plus lourds qu'une vache actuelle. On distingue en leur sein deux grands groupes distincts, saurischiens et ornithischiens. Ces derniers se distinguent par la structure de leur bassin et par quelques autres caractères anatomiques, comme l'existence d'un os supplémentaire, le prédentaire, à la mâchoire inférieure. Leur histoire est distincte depuis le début de leur apparition. Les saurischiens, à bassin de crocodile, comprennent les sauropodes et les théropodes. Les sauropodes sont fameux pour leurs formes énormes, les théropodes pour leurs adaptations de grands prédateurs, à la tête disproportionnée dotée de mâchoires couvertes de dents terrifiantes. Les ornithischiens, dont le bassin évoque celui des oiseaux, comprend de très nombreux groupes distincts, végétariens pour la plupart. La ressemblance du bassin des ornithischiens avec celui des oiseaux est une acquisition parallèle et similaire à celle des véritables oiseaux, qui descendent des saurischiens.

Les dinosaures ont régné longtemps, plus de 130 millions d'années, et ont vu se succéder de nombreuses formes. Ainsi, au Jurassique (entre –205 et –135 millions d'années), on trouvait des diplodocus et des stégosaures. Ces derniers sont célèbres pour leurs paires de plaques triangulaires disposées de part et d'autre de leur colonne vertébrale, prolongées à l'extrémité de la queue par des paires d'épines acérées et redoutables. Les diplodocus ont, par leur taille, fortement marqué l'imagerie populaire. Alors que certains paléontologues émettaient l'hypothèse qu'ils ne pouvaient vivre que dans l'eau, en raison de leur poids énorme, d'autres, appliquant des méthodes physiques classiques, montraient qu'il s'agissait d'animaux capables de se déplacer normalement sur la terre ferme, et qui exploitaient sans doute la strate la plus élevée de la végétation, comme le font actuellement les girafes et les éléphants. Certains caractères qui découlent de leur taille énorme contribuent encore plus à en donner une image d'animaux de légende. Ainsi, les tendons ossifiés qui constituaient la câblerie nécessaire aux mouvements de la queue apparaissent aujourd'hui comme des accessoires grotesques. On oublie souvent que ces animaux ont connu un succès considérable qui leur a permis d'occuper leur écosystème pendant plus de quarante millions d'années. Toute l'histoire de l'homme, depuis l'apparition des singes catarhiniens en Afrique il y a –40 millions d'années, tient dans cet intervalle de temps. Pour R. T. Bakker, de l'université de Boulder, dans le Colorado, les stégosaures et les diplodocus étaient capables de s'appuyer sur leur queue et leurs pattes postérieures pour se dresser et pour atteindre la cime des arbres les plus hauts. Il s'appuie sur le développement relatif des apophyses neurales des vertèbres, comparées à celles des éléphants, et sur le développement relatif des insertions musculaires. Il fait remarquer également que les dinosaures herbivores du Crétacé (–135 à –65 millions d'années) bâtis sur ce même plan d'organisation sont très rares, puisqu'il ne subsiste alors plus qu'une seule forme, un brontosaure. À leur place, les dinosaures nouveaux sont moins grands, capables de brouter la végétation plus basse de cette époque, laquelle voit alors apparaître les premières plantes à fleurs. Selon Bakker, une grande diversité de formes crétacées de dinosaures s'inscrivent dans le nouveau plan d'organisation, qui implique la tétrapodie, une flexure de la colonne vertébrale qui rapproche la tête du sol, et le développement d'un museau large avec des batteries efficaces de dents pour dilacérer les fibres. Il range dans ce groupe les iguanodons, les nodosaures, les pachycéphalosaures et, vers la fin du Crétacé, les hadrosaures, ou dinosaures à bec de canard et les cératopsiens, c'est-à-dire tous les dinosaures herbivores du Crétacé. L'hypothèse de Bakker vient d'être confirmée par les résultats d'une nouvelle étude des iguanodons du célèbre gisement de Bernissart en

Figure 1.9. *Les dinosaures. A=bassin de dinosaure de type avipelvien. B=squelette de centrosaure du Crétacé supérieur d'Amérique du Nord. C=squelette d'anatosaure du Crétacé supérieur d'Amérique du Nord. D=squelette de l'ankylosaure. E=squelette de stégosaure du Jurassique. F=bassin de dinosaure de type sauripelvien. G=squelette de tyrannosaure du Crétacé terminal d'Amérique du Nord. H=squelette de cétiosaure du Jurassique (d'après M. Benton, 1991).*

Belgique, réalisée par un paléontologue anglais, David Norman. Une étude approfondie du squelette a révélé que la reconstitution bipède faite au siècle dernier était probablement erronée et que ces animaux devaient avoir été quadrupèdes, confirmant ainsi le classement de Bakker des iguanodons dans ce groupe des herbivores quadrupèdes.

Ce renouvellement de la communauté des dinosaures herbivores a dû avoir un impact considérable sur la végétation. On a constaté en Afrique tropicale que les troupeaux d'éléphants jouaient un rôle considérable dans l'éclaircissement des forêts. Leur extermination par l'homme entraîne un développement de la forêt et l'extinction de tous les herbivores qui profitaient de cette mosaïque de forêts et de savanes. Comme la biomasse de ces dinosaures était beaucoup plus importante que celle des éléphants, on peut penser à juste titre, comme R. T. Bakker, qu'il y a eu véritablement coévolution entre ces dinosaures et les premières plantes à fleurs. Selon ce chercheur, deux stratégies permettaient aux plantes à fleurs de résister à la pression de prédation exercée par ces dinosaures : une croissance en hauteur extrêmement rapide, permettant de se soustraire à cette prédation ; et une amélioration de la dispersion des graines et un raccourcissement de la période de maturation, permettant de se soustraire à l'action répétée des dinosaures brouteurs. On peut donc penser que les dinosaures, en complément des insectes pollinisateurs, ont grandement contribué aux premiers stades de l'évolution des plantes à fleurs.

On voit ainsi apparaître certains des liens innombrables qui sont tissés au cours de l'évolution entre les êtres vivants et qui rendent l'étude globale des écosystèmes et leur modélisation beaucoup plus difficile que celles des phénomènes physiques. L'un des problèmes posés par la coexistence de tous ces dinosaures herbivores est le partage des ressources. Les méthodes qui permettent d'avoir accès à la connaissance des régimes alimentaires des organismes éteints sont très rares. La plus classique consiste à appliquer les lois de la mécanique pour dégager les modes de fonctionnement des mâchoires. Les traces d'usure sur les dents indiquent la direction des mouvements masticatoires les plus fréquents. Mais ce type d'étude ne suffit pas toujours à affiner la connaissance d'un régime alimentaire. L'une des formes à bec de canard, *Edmontosaurus*, de la fin de l'ère secondaire, a été découverte aux États-Unis sous forme de momie, recouverte de peau. Elle est exposée au Senckenberg Museum à Francfort, en Allemagne. Cette momie a révélé deux faits contradictoires : la présence de membranes de peau, des palmures, entre les doigts de la patte antérieure ; et la préservation du contenu de l'estomac, essentiellement constitué d'aiguilles de gymnospermes terrestres. Pendant longtemps, les dinosaures à bec de canard avaient été considérés comme des animaux aquatiques. Or toute une série de caractères de leur squelette exclut cette interprétation. Selon R. Bakker, leur queue et la partie postérieure de la colonne vertébrale étaient rendues rigides et solidaires par tout un treillis de tendons ossifiés. Cette structure des vertèbres ne se prête pas aux types de mouvements attendus chez une forme aquatique : mouvements latéraux de grande amplitude, capables, comme chez le crocodile, d'assurer la propulsion de l'animal. Par ailleurs, R. T. Bakker fait remarquer que les membres postérieurs de ces animaux étaient deux fois plus puissants que les membres antérieurs. Une palmure aurait donc été beaucoup plus efficace aux pattes postérieures, comme c'est le cas chez la grenouille, par exemple. Alors que l'étude des isotopes stables du carbone et de l'azote du collagène extrait de leurs os a permis de trancher définitivement en faveur d'un régime alimentaire de plantes de milieu aride ou semi-aride, confirmant ainsi les indications tirées de la momification elle-même, la fonction de la palmure des membres antérieurs reste encore mystérieuse.

Certaines communautés de dinosaures sont exclusivement représentées par leurs œufs ou plutôt par les débris de leurs coquilles. La microstructure de ces coquilles diffère de celle des œufs des autres reptiles et des oiseaux et comporte une très grande diversité. Toutefois, cette étude se heurte à l'identification de l'appartenance à telle ou telle espèce de ces œufs, qui, pour certains spécialistes, comme l'américain J. R. Horner, n'est rendue certaine que par la découverte d'embryons partiellement conservés. Tous les possesseurs d'œufs se sont aussitôt mis à les visionner aux rayons X dans l'espoir d'y découvrir un embryon. Malgré l'engouement en faveur de ces embryons et des formes juvéniles, qui apportent des informations importantes sur le mode et la vitesse de croissance, on ne connaît encore qu'un très petit nombre d'embryons. Dans l'état du Montana, aux États-Unis, plusieurs d'entre eux, attribués à des dinosaures à bec de canard, ont été découverts dans de véritables nids de boue circulaires, dans lesquels on trouve plus de deux douzaines d'œufs. Les parents, ou l'un des parents, devaient y apporter de la nourriture. D'après J. R. Horner, les dinosaures à bec de canard, à l'origine de ces pontes, n'ayant aucun moyen de défense, devaient se rassembler en vastes et denses colonies pour protéger leurs œufs. On trouve donc des indications de vie sociale de ces dinosaures, ainsi que de soins apportés aux jeunes qui témoignent d'un degré d'évolution sociale qui évoque d'avantage celui des oiseaux que celui des reptiles actuels, comme les crocodiles ou les varans. Des sites de ponte regroupant des ensembles d'œufs sont assez nombreux dans le monde, notamment dans le Midi de la France. En Inde, A. Sahni, de l'université de Chandigarh, en a fait connaître une concentration exceptionnelle.

Si les dinosaures avaient occupé la plupart des niches écologiques terrestres pendant l'ère secondaire, les reptiles volants devaient parallèlement envahir le milieu aérien.

LES PLUS GRANDS ANIMAUX VOLANTS QUI ONT JAMAIS EXISTÉ

L'organisation des reptiles volants est bien connue, de même que leur histoire. Ils étaient représentés par des formes allant de la taille d'un pigeon jusqu'à des géants dont l'envergure pouvait atteindre onze mètres, soit le plus grand animal volant qui ait jamais existé. L'organisation des os qui soutiennent leurs ailes était différente de celle des oiseaux et des chauves-souris. La membrane alaire, faite de peau, était soutenue par le bras, l'avant-bras et les phalanges très allongées du quatrième doigt de la main. Ils présentent de nombreuses adaptations au vol, comme l'amincissement des os remplis

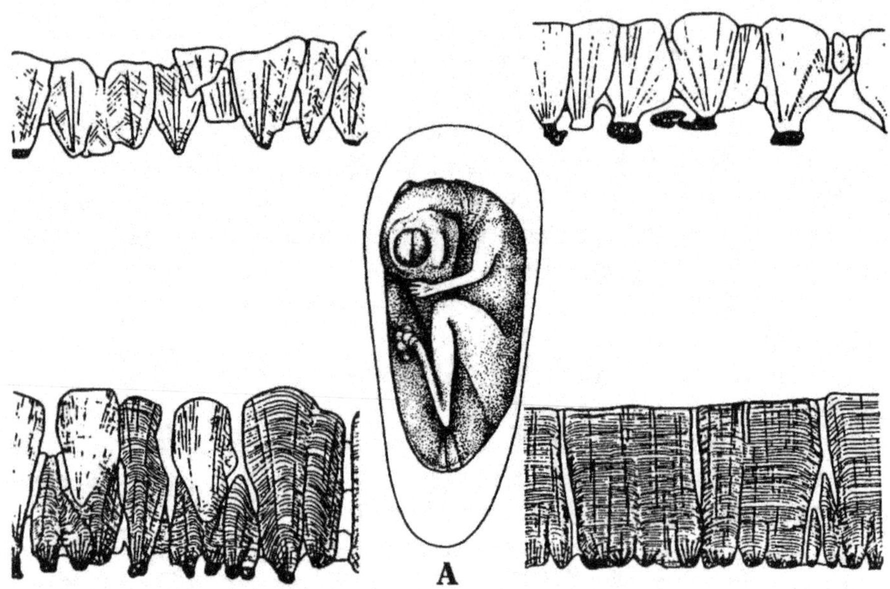

Figure 1.10. *Reconstitution d'un embryon de dinosaure dans sa coquille (A), entouré de quatre types distincts de coquilles d'œufs de dinosaures en section fine. On notera la variation dans l'épaisseur des coquilles, la disposition des cristaux, parrallèles ou en éventails, et la forme de la surface externe, lisse ou mammelonnée. Toutefois, sauf dans les cas où l'embryon est conservé dans sa coquille, l'espèce du dinosaure est très difficile à préciser (A, d'après J. R. Horner).*

d'air, un cerveau dont le développement respectif des différentes parties est semblable à celui des oiseaux, et l'on a toute les raisons de penser qu'ils possédaient un métabolisme élevé et peut-être même un sang chaud, comme les oiseaux aujourd'hui. Cette hypothèse repose sur la découverte d'empreintes de la membrane alaire de certains échantillons exceptionnellement conservés, recouvertes de fibres parfois interprétées comme des poils. Mais l'argument le plus convaincant provient de l'observation au microscope électronique de la structure de la membrane alaire elle-même. Celle-ci a été réalisée par deux chercheurs anglais, D. M. Martill et D. M. Unwin, à partir d'un fossile du Brésil datant d'environ –120 millions d'années. Cet échantillon montre un épiderme très fin, dont la surface présente de petites rides étonnamment semblables à celles de la peau humaine et un derme dont la partie superficielle renferme une couche vésiculaire interprétée comme une couche très richement vascularisée. En dessous, le derme contient des muscles striés. Cette couche très vascularisée sous un épiderme très fin ressemble à ce que l'on peut observer chez les chauves-souris. Elle permet l'évacuation d'un excès de chaleur engendré par un effort musculaire intense et confirme le métabolisme élevé de ces animaux et donc l'hypothèse que ces animaux battaient des ailes activement et ne se contentaient pas de planer. Il y a quelques décennies, on pensait que ces animaux ne pouvaient pas décoller à moins de disposer d'un perchoir, arbre ou falaise, dont ils se laissaient tomber. Toutefois, l'application des lois aérodynamiques au calcul de la vitesse nécessaire au décollage, en fonction de la surface alaire et du poids, a montré l'inverse. Ailes déployées, une simple brise, soufflant à la vitesse de quelques mètres à la seconde, permettait le décollage. Malheureusement, comme beaucoup d'autres organismes, ces reptiles volants ont disparu assez brutalement à la fin de l'ère secondaire. Au début de l'ère tertiaire, la composition des communautés avait considérablement changé, et les différents milieux portaient déjà en germe tous les composants des écosystèmes actuels.

La vie à l'ère tertiaire

L'ère tertiaire correspond à la période comprise entre –65 et –1,8 millions d'années. De manière générale, elle voit la mise en place des communautés actuelles. Mais les climats sont perturbés par le développement de plus en plus fréquent, sur des périodes de plus en plus longues, de phénomènes glaciaires dont l'ampleur devient de plus en plus importante. La mise en place des différentes communautés et des êtres vivants actuels commence donc avec la fin de la crise Crétacé-Tertiaire.

Si le renouvellement des éléments du plancton est rapide, ce cas n'est pas systématique. Les récifs à madréporaires atteindront rapidement un nouvel équilibre. Les organismes coloniaux et les faunes associées sont fondamentalement les mêmes qu'aujourd'hui. Certains groupes, comme les lys de mer, se sont réfugiés de nos jours dans les grandes profondeurs. On retrouve quelquefois des survivants de l'ère secondaire à l'occasion de dragages profonds dans le Pacifique. D'autres, comme les nautiles ou le cœlacanthe, ont vu leurs aires de répartition fortement réduites. Une partie des organismes qui n'ont pas disparu se sont réfugiés dans des milieux plus profonds ou ont perdu leur squelette calcaire. On a ainsi retrouvé récemment un groupe d'éponges dépourvues de squelette calcaire que l'on pense être des descendants d'organismes constructeurs, les stromatopores, que l'on croyait disparus depuis le milieu de l'ère secondaire. L'histoire des récifs de l'ère tertiaire se borne à une diminution progressive de leur aire de répartition. Jusqu'à environ –14 millions d'années, on trouvait des récifs en continuité depuis les Caraïbes jusqu'en Australie. Tout le monde sait qu'aujourd'hui il n'y en a plus en Méditerranée et que les plus proches se trouvent, pour un Européen, en mer Rouge. Nous verrons ultérieurement que beaucoup de groupes animaux et végétaux tropicaux connaissent au cours du Tertiaire des contractions similaires de leurs aires de répartition. L'histoire des communautés marines au cours de la première partie de l'ère tertiaire peut être particulièrement bien suivie dans les dépôts du Bassin parisien. Une abondance d'organismes marins peu profonds est à la base de la construction des roches sédimentaires qui ont été utilisées pour construire Notre-Dame de Paris. Ces calcaires d'eau peu profonde sont pétris de gastéropodes cérithes dont on aperçoit les cavités internes. Les gastéropodes prédateurs, qui étaient apparus au Crétacé supérieur mais avaient à cette époque un rôle assez modeste au sein des communautés, deviennent très abondants au Tertiaire. Les innombrables coquilles de bivalves que l'on trouve sur nos plages percées d'un trou conique ont été les victimes de ces prédateurs. Examinés au microscope, ces calcaires grossiers laissent apercevoir la présence de nombreux restes d'organismes unicellulaires calcaires géants dont quelques descendants survivent encore dans les mers chaudes et peu profondes du Sud-Est asiatique. Sur les rives de la Méditerranée, jusque vers –2,4 millions d'années, on trouve des dépôts marins avec des huîtres caractéristiques de la mangrove, associés à tout un cortège d'organismes très semblables à ceux que l'on trouve actuellement dans les mangroves du Sud-Est asiatique

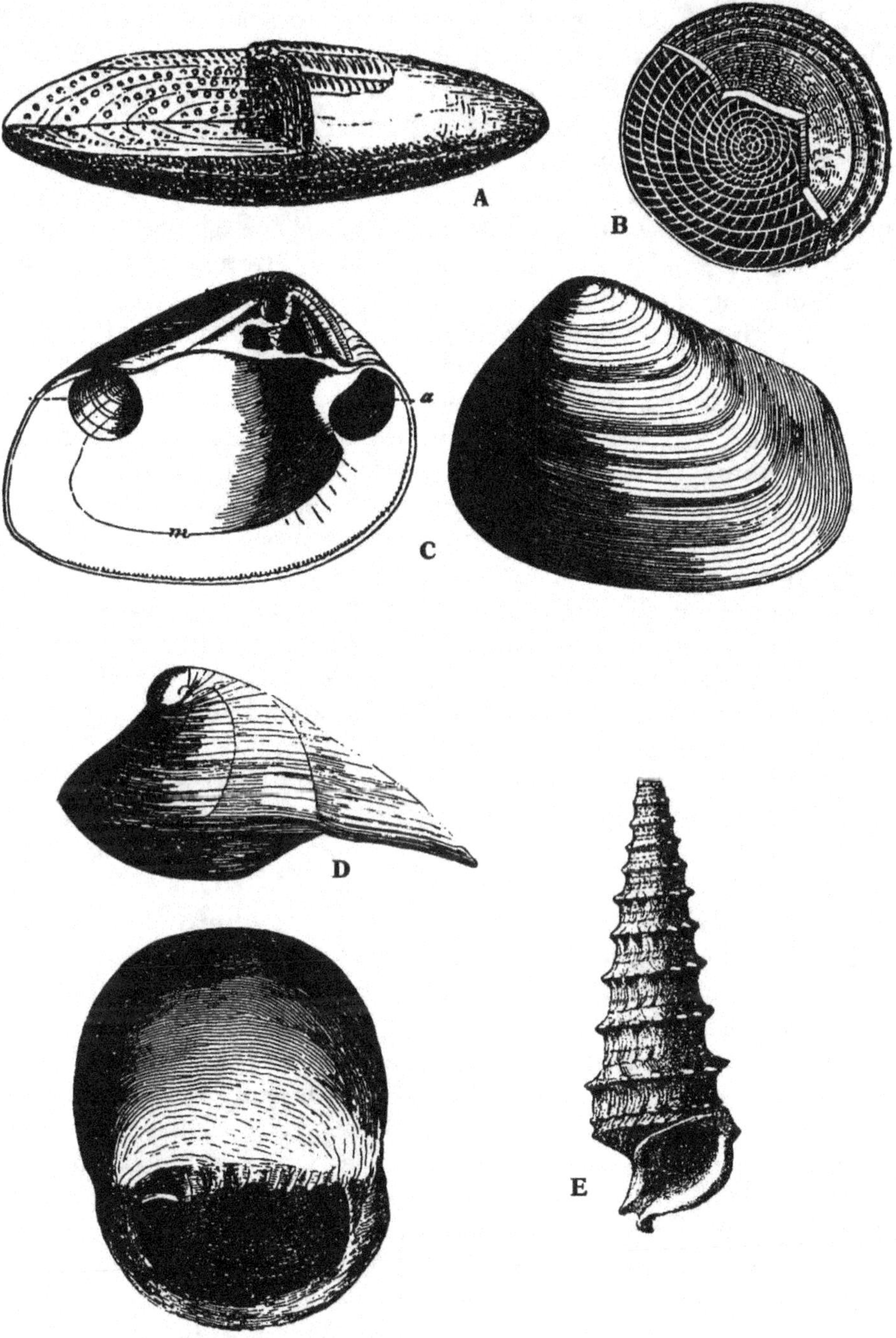

Figure 1.11. *Foraminifères et mollusques caractéristiques du Tertiaire.*
A=Foraminifère alvéoline (fortement grossi). B=Foraminifère
assiline (fortement grossi). C=Crassatella, un bivalve de l'Éocène.
D=Velates, un gastéropode de l'Éocène inférieur du bassin de Paris.
E=un gastéropode cérithe du calcaire grossier de l'Éocène du bassin de Paris
(d'après Zittel, 1883).

L'organisation des communautés marines va toutefois être gravement affectée par une première glaciation importante qui est surtout documentée au pôle Sud, en Antarctique. Cette glaciation est postérieure à la séparation de l'Antarctique et de l'Australie. On pense qu'elle a provoqué l'apparition d'un courant marin circumantarctique dont les eaux glacées finissaient par se déverser, en raison de leur faible densité, sur les fonds de tous les océans de l'époque. Ces eaux froides ont dû créer pour la première fois au Tertiaire un gradient thermique dans la colonne d'eau et ainsi entraîner une série de modifications importantes des circulations océaniques. À moins qu'elles ne résultent d'une réorganisation globale des terres émergées et des océans sous l'effet de la tectonique des plaques : l'ouverture de l'Atlantique Nord, et donc la séparation définitive des connexions terrestres qui reliaient l'Amérique du Nord et l'Europe occidentale par la voie nord-atlantique, événement marquant, s'est produit il y a environ 53 millions d'années. Toutes ces modifications ont considérablement bouleversé la composition des écosystèmes terrestres. Les plantes à fleurs continuent de se diversifier. À la fin de l'ère secondaire, elles dominent largement les communautés végétales. En outre, dès le début de l'ère tertiaire, la plupart des groupes actuels et la plupart des plans d'organisation actuels sont présents. Mais la distribution géographique de ces formes est complètement différente de l'actuelle, car la zonation de la végétation actuelle qui voit se succéder, du nord vers le sud, la toundra, la forêt de conifères, la forêt mixte à feuilles caduques, la végétation méditerranéenne, tropicale puis équatoriale est la conséquence des glaciations ultérieures. Au cours du Tertiaire, le climat était tropical sur la majeure partie des continents, mais l'existence de calottes glaciaires au moins depuis 34 millions d'années déterminait une zonation climatique nettement plus marquée qu'au cours de l'ère secondaire. Cette augmentation de la diversité des plantes à fleurs, au détriment des gymnospermes et des ptéridophytes, s'est accompagnée d'une diversification des insectes et de leurs prédateurs, oiseaux, lézards et mammifères. Une faune d'insectes admirablement conservés a été recueillie dans l'ambre de la mer Baltique, résine fossilisée dans des dépôts sédimentaires, dégagés par l'érosion marine actuelle, et redéposée sur les plages de la Baltique. Ces insectes, qui datent d'environ –30 millions d'années, sont très semblables aux actuels en ce qui concerne leurs plans d'organisation. Comme les mammifères, les oiseaux vont connaître une diversification explosive, car les reptiles volants ainsi que les dinosaures ont laissé de nombreuses niches écologiques vacantes. Après la crise Crétacé-Tertiaire, et au cours des cinq millions d'années suivantes, les oiseaux et les mammifères voient rapidement apparaître la plupart des groupes qui les constituent aujourd'hui. L'histoire des oiseaux est cependant moins bien connue que celle des mammifères, car leurs os sont beaucoup plus fragiles. Comme ceux des reptiles volants, ils sont minces et creux et résistent mal aux vicissitudes de la fossilisation. Toutefois, on sait qu'ils ont réagi plus vite que les mammifères en ce qui concerne l'occupation des niches écologiques libérées par les grands dinosaures carnivores. Dès le début de l'ère tertiaire apparaissent de grands oiseaux terrestres carnivores qui remplacent les dinosaures théropodes. De la même manière, les crocodiles vont également tenter d'envahir cette niche en différenciant des formes terrestres à dents coupantes et crénelées qui ont survécu pendant toute la première partie de l'ère tertiaire.

Mais ce sont les mammifères qui vont le mieux profiter de ces places vacantes. Pendant toute l'ère secondaire et jusqu'au début de l'ère tertiaire, ils étaient restés assez peu diversifiés, de petite taille et surtout insectivores. Un seul groupe herbivore, celui des multituberculés, à l'allure de rongeurs, aux incisives à croissance prolongée, devait occuper la niche des petits herbivores jusqu'au début de l'ère

Figure 1.12. *Reconstitution de la paléogéographie du monde au début de l'aire tertiaire, il y a environ 50 millions d'années (d'après Briden et al., 1974, modifié).*

tertiaire, et être remplacé assez brutalement par les véritables rongeurs. L'apparition de la plupart des groupes modernes de mammifères est soudaine, et leurs ancêtres sont mal connus et géographiquement mal localisés. Les premiers rongeurs apparaissent simultanément en Asie, en Amérique du Nord et un peu plus tard en Europe, en même temps d'ailleurs que les premiers périssodactyles, ancêtres des chevaux, des tapirs et des rhinocéros, et les premiers artiodactyles, ancêtres des ruminants, des chameaux et des cochons. Les rongeurs sont caractérisés par une paire d'incisives à croissance continue à la mâchoire supérieure et à la mâchoire inférieure. Elles s'accroissent à leur base tandis qu'elles s'usent à leur extrémité, mais elles s'usent en s'aiguisant. Ce formidable outil ouvre aux rongeurs de nombreuses niches écologiques nouvelles au détriment des multituberculés.

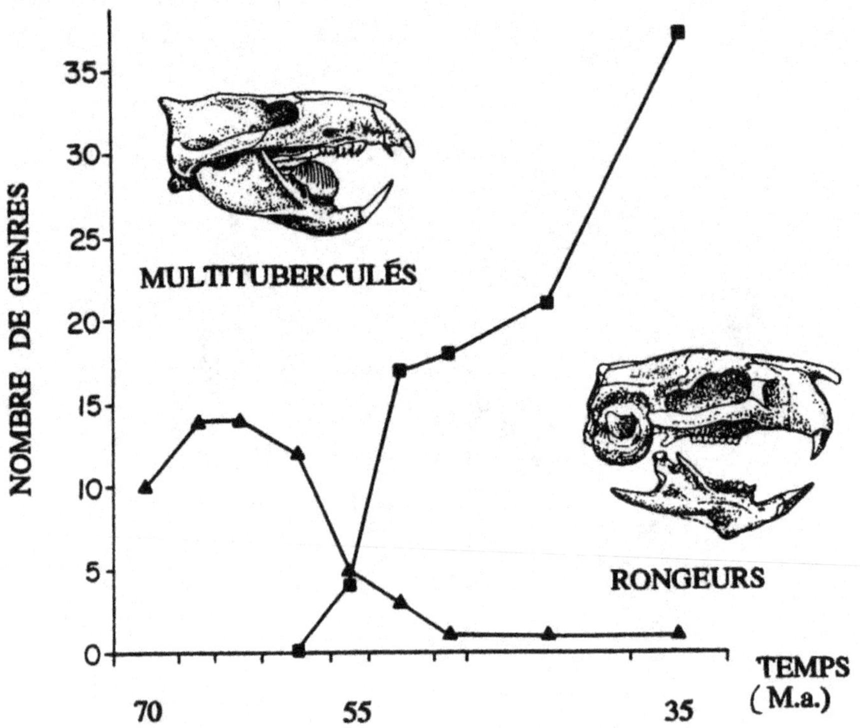

Figure 1.13. *Exemple d'exclusion écologique dans le temps.*
La courbe figurée des triangles indique l'histoire de la diversité, en nombre de genres, des mammifères multituberculés. L'autre correspond à celle des rongeurs qui apparaissent il y a cinquante-sept millions d'années. On observe qu'à partir de 57 millions d'années les rongeurs continuent de se diversifier en excluant les multituberculés, qui finissent par disparaître complètement (d'après Krause, 1989, modifié).

On ne connaît pas exactement l'origine des rongeurs, mais il existe des arguments pour penser qu'ils ont acquis ces caractères quelque part en Chine, entre –60 et –57 millions d'années. Par la suite, cette invention, clef de leur succès, leur a permis d'étendre leur aire de répartition, avec une rapidité qui explique la difficulté d'identification de l'origine des différents groupes. La diversification que connaissent alors les mammifères est tout à fait spectaculaire. Ainsi, il y a 57 millions d'années, apparaissent des chauves-souris dont le plan d'organisation et notamment l'adaptation au vol sont presque identiques à ceux des formes modernes. On voit également apparaître pour la première fois de grands herbivores qui occuperont enfin les places libérées par les dinosaures herbivores. Parmi eux, les brontothères, sortes de chevaux pourvus de cornes, les tapirs, les anthracothères, les éléphants, les coryphodons, etc. Une liste qui, comme pour la radiation du Cambrien inférieur, comprend des formes encore existantes et des formes déjà disparues. Ce processus se répétera sur chacun des continents alors isolés, l'Amérique du Sud, l'Australie, l'Afrique et l'Europe occidentale, où se différencient des groupes de mammifères vicariants, c'est-à-dire distincts mais occupant les mêmes niches écologiques. Si l'isolement de l'Europe occidentale s'est terminé à la fin de l'Éocène, vers –34 millions d'années, celui de l'Afrique ne s'est terminé que vers –20 millions d'années et celui de l'Amérique du Sud il y a 2,5 millions d'années. L'Australie, par contre, est encore toujours isolée, depuis sa séparation de l'Antarctique, il y a environ 34 millions d'années. Elle représente également un bon exemple de radiation adaptative de mammifères qui s'est faite de manière presque complètement indépendante de celle des autres continents. Aujourd'hui, ce continent est peuplé par des hommes et des animaux domestiques introduits très récemment. Les plus anciens restes humains datent de moins de trente mille ans. Avec les rats, qui ont été les premiers mammifères placentaires terrestres à coloniser l'Australie il y a environ 5,5 millions d'années, les hommes et les animaux domestiques sont les seuls mammifères du groupe des placentaires présents sur cette île-continent. Tous ces placentaires sont originaires du Sud-Est asiatique. Ils ont atteint l'Australie à la faveur de son rapprochement de l'Asie, et à l'occasion de la baisse du niveau des mers engendrée par les glaciations du Quaternaire. Les autres mammifères australiens appartiennent au groupe des monotrèmes, mammifères primitifs qui pondent des œufs mais allaitent leurs petits, et aux marsupiaux, dont tout le monde connaît la reproduction aux caractéristiques originales. Les monotrèmes y sont documentés depuis plus de 100 millions d'années. Les marsupiaux, venant de l'Amérique du Nord, ont sans doute peuplé l'Australie en même temps que l'Amérique du Sud, il y a environ 65 millions d'années. Cette voie de peuplement a été confirmée récemment lors de la découverte, par une équipe américaine, de marsupiaux en Antarctique, dans des terrains datés d'environ -38 millions d'années. L'Australie s'est ensuite retrouvée isolée, entourée d'océans, comme une sorte d'arche de Noé, comme l'a appelée le paléontologue américain M. Mc Kenna. Les marsupiaux ont alors connu une importante diversification qui a conduit à l'apparition de formes herbivores originales, aujourd'hui éteintes, comme les diprotodontes, ainsi que des prédateurs, comme le loup marsupial.

Le peuplement de l'Australie par les rats, originaires du Sud-Est asiatique, un peu avant -5,5 millions d'années, n'est pas entièrement le fruit du hasard. Une très importante glaciation antarctique, il y a environ 6 millions d'années, a été mise en évidence. Lors des épisodes glaciaires, le stockage de glaces aux pôles entraîne une baisse du niveau des mers. On estime, par exemple, à quatre-vingts mètres la baisse entraînée par le dernier maximum glaciaire il y a vingt-deux mille ans. La glaciation d'il y a 6 millions d'années semble avoir entraîné une baisse plus importante encore.

À cette époque également, les communications entre la mer Méditerranée et l'océan Atlantique ont été momentanément coupées – des mouvements tectoniques, liés à la collision de l'Afrique et de l'Eurasie, y ont sans doute également contribué. Cet événement a engendré ce que l'on appelle, dans le bassin méditerranéen, l'événement Messinien. Il s'est traduit par le dépôt d'épaisses couches de sel au fond de la Méditerranée occidentale. Ce sel résulte de l'évaporation rapide des arrivées intermittentes d'eau atlantique dans un bassin au bilan hydrique négatif, l'évaporation étant plus intense que les apports des fleuves. Ces derniers, comme le paléo-Rhône, ont alors creusé leur lit, encore observable sous la mer actuelle sous la forme de canyons sous-marins. Pendant environ six cent mille ans, entre -5,5 millions d'années et -4,9 millions d'années, l'Europe du Sud et l'Afrique du Nord reliées par un isthme ne constituaient alors qu'une seule et même province géographique, partageant les mêmes flores et les mêmes faunes. Ces communications ont été interrompues brutalement il y a 4,9 millions d'années avec l'effondrement du détroit de Gibraltar, qui a donné au bassin méditerranéen une configuration presque identique à l'actuelle. Les flores et les faunes qui le bordaient, par contre, ressemblaient beaucoup par leur composition à celles actuelles du Sud-Est asiatique. La faune fossile dite « de Montpellier », qui date d'environ -4 millions d'années, comprend des tapirs, des lamantins, des singes semnopithèques, des porcs-épics, des écureuils volants, des rhinocéros qui évoquent le peuplement actuel de la Malaisie et de l'Indonésie. La composition de la végétation, avec ses mangroves et ses forêts subtropicales, confirme cette interprétation. Mais le climat ne va pas tarder à se dégrader. Vers -2,4 millions d'années, des marques sensibles de glaciation importante dans l'hémisphère Nord sont enregistrées dans les océans et même sur le littoral méditerranéen où les derniers représentants de la flore subtropicale disparaissent. Au sein des faunes apparaissent de nouvelles formes de mammifères, comme des campagnols primitifs, qui ont dû se différencier dans le nord de l'Europe ou de l'Eurasie. Vers –1,8 million d'années, les premiers invertébrés marins d'eau froide pénètrent en Méditerranée. Ces périodes de refroidissement, qui deviennent de plus en plus fréquentes et qui augmentent d'amplitude, marquent le passage vers l'ère quaternaire ou Pléistocène.

L'ère quaternaire et les grands bouleversements climatiques

La limite du Quaternaire n'est marquée par aucune discontinuité ni aucune crise d'extinction. L'ère quaternaire est une création humaine destinée à mettre en valeur l'apparition des premiers hommes. Personne n'imaginait alors que ces premiers hommes existaient déjà en Afrique depuis –5 millions d'années ! Mais la limite continue d'être utilisée par commodité et est fixée arbitrairement à –1,8 million d'années.

Il y a environ neuf cent cinquante mille ans, les fluctuations climatiques se poursuivent et s'amplifient, et l'on entre alors dans ce que l'on appelle le Pléistocène glaciaire. L'amplitude de ces glaciations sera atténuée dans les régions tropicales, mais les zones de moussons seront passablement affectées. Aux périodes froides correspondront des phases arides et aux périodes tempérées des phases pluviales. Une partie importante de l'Amérique du Nord se trouvera exclue de cette histoire, car les glaces recouvraient régulièrement, pendant les maxima glaciaires, la quasi-totalité du Canada et du nord des États-Unis. En Chine, les périodes glaciaires ont entraîné le dépôt de fines particules éoliennes sur des kilomètres d'épaisseur, que l'on appelle des lœss. Ceux-ci couvrent également une surface abondante en Europe, jusqu'en Bourgogne, mais y sont beaucoup moins épais qu'en Chine et souvent très discontinus. Le lœss est formé de particules de terre arrachées aux immenses étendues de végétations steppiques discontinues, ou même dépourvues de végétation, au front des immenses calottes glaciaires. Les renseignements les plus complets et les plus continus dont on dispose pour étudier l'impact de ces fluctuations climatiques sur les faunes et les flores proviennent des fonds des océans, des tourbières, des lacs, des épaisses séries de lœss et des sédiments accumulés dans les grottes. La répartition des espèces de plancton marin se modifie rapidement, les formes froides s'étendant vers le sud, dans l'hémisphère Nord, et les organismes benthiques d'eau profonde remontant vivre à des profondeurs moindres. La baisse du niveau des mers et des températures interrompt les constructions récifales pendant les glaciations. Le sens d'enroulement des coquilles de certaines espèces de protistes change au gré des variations de température. Enfin, des formes nouvelles se différencient en réponse aux fluctuations climatiques. Qualifiées d'opportunistes, ces espèces profiteront des changements climatiques alors que beaucoup d'autres disparaîtront ou verront leurs aires de répartition considérablement modifiées. Les mammifères et les oiseaux, par exemple, profitent de cette instabilité. Le développement des glaciers sur les chaînes de montagne, les modifications de la composition et de la répartition de la végétation, aboutissent à transformer les milieux en véritables mosaïques instables.

Dans chacun des territoires ainsi isolés, séparés par des barrières, peut se différencier une espèce nouvelle. Si le processus se répète, une quantité considérable d'espèces nouvelles peut apparaître en peu de temps. C'est ce phénomène que les paléontologues désignent sous le nom de « radiation adaptative ». On connaît bien les contingences du milieu pour qu'un tel phénomène ait lieu, mais on connaît moins bien les contingences internes qui déterminent pour quelles raisons tels groupes profiteront de ces nouvelles conditions alors que certains autres en souffriront. Deux groupes de petits mammifères illustrent particulièrement bien ces exemples. D'une part les campagnols, ces rongeurs souterrains de nos champs, largement répartis sur tous les continents de l'hémisphère Nord, qui vont connaître, simultanément aux multiples fluctuations climatiques, une véritable diversification explosive. D'autre part le desman des Pyrénées, petit mangeur d'insectes dont l'aire de répartition ne fera que rétrécir depuis le début du Quaternaire. Il est aujourd'hui endémique dans un petit domaine qui inclut les Pyrénées et le Pays basque. Les différences entre les populations actuelles d'oiseaux et de mammifères nous aident à reconstituer quelquefois le scénario qui a conduit à leur différenciation. La corneille mantelée remplace, en Europe du Nord, la corneille noire dont l'aire s'étend au sud-ouest de celle de la précédente. Au contact des deux races géographiques existe une zone étroite d'hybridation qui s'étend depuis la région de Londres, en Grande-Bretagne, jusqu'à la Corse. Cette zone hybride est étroite sans doute parce que les hybrides s'avèrent moins bien adaptés que leurs correspondants non hybrides. Mais on peut imaginer que cette situation découle d'une avancée glaciaire, sans doute la plus récente, il y a vingt-deux mille ans, qui a forcé les populations européennes de milieu tempéré à se réfugier dans deux zones situées au sud de l'Europe, l'une à l'Est et l'autre à l'Ouest. Les régions tropicales n'ont pas été à l'abri de ces modifications de la répartition des végétaux. Ainsi, il y a vingt-deux mille ans, la forêt amazonienne était réduite à quelques isolats de forêts, le bassin amazonien étant alors recouvert par une végétation herbacée. La même observation a pu être effectuée pour le bloc forestier d'Afrique occidentale.

La faune de grands mammifères du Quaternaire d'Europe était constituée d'animaux adaptés au froid, comme le rhinocéros laineux, le mammouth, l'ours des cavernes et leurs ancêtres, ainsi que d'animaux adaptés aux périodes tempérées pendant lesquelles l'Europe occidentale était couverte de forêts. Dans ces dernières vivaient des cerfs, des daims, des sangliers, en abondance. Pendant tout le Pléistocène glaciaire se sont succédé en Europe occidentale des communautés distinctes, les unes correspondant à la forêt, les autres à la steppe froide. L'homme de Neandertal lui-même est considéré comme un homme adapté aux climats froids. Dans les lœss, on trouve une quantité de fossiles de petits escargots qui apportent des indications précieuses sur le climat qui a prévalu au moment de leur enfouissement. La plupart des espèces ont encore des représentants actuels, dont les aires de répartition sont aujourd'hui souvent très différentes de ce qu'elles ont été dans le passé. Lorsque les couches de lœss sont épaisses et documentent une durée importante, on dispose ainsi d'un

Figure 1.14. *Extension actuelle de la forêt amazonienne,*
comparée à sa fragmentation pendant la dernière période glaciaire.
Cette reconstitution hypothétique a été réalisée à partir des espèces
endémiques locales d'oiseaux actuels (Haffer, 1974).

moyen inégalé de connaître l'histoire des climats continentaux, que les sédiments des fonds des océans ne peuvent avoir enregistré. Toutefois, l'essentiel de l'information paléoclimatique relative au Quaternaire continental provient de l'étude des pollens. Ces éléments mâles de la reproduction des plantes à fleurs sont produits en grande quantité et sont admirablement conservés dans les tourbières. Un sondage réalisé dans une tourbière constitue un document exceptionnel pour reconstituer l'histoire de la végétation pendant le Quaternaire.

L'histoire des êtres vivants pendant le Quaternaire ne consiste pas seulement en une succession de diversifications. Il y a eu également des extinctions innombrables, qui ont affecté préférentiellement les grands mammifères, dont la diversité a considérablement chuté il y a environ onze mille ans. À cette époque, l'homme moderne, qui avait remplacé depuis près de vingt-quatre mille ans l'homme de Neandertal en Europe occidentale et avait entrepris la conquête du monde, avait atteint un degré d'organisation sociale et un niveau culturel et technique assez élevé. Nombre de spécialistes le soupçonnent d'avoir été la cause directe des disparitions synchrones de grands mammifères de l'époque. Les témoignages laissés par certains groupes ethniques, comme les Clovis de l'Ouest américain, marquent une activité de chasse intense et parfaitement organisée. D'autres spécialistes estiment que l'impact humain n'a pu être si considérable et attribuent à cette extinction une cause climatique. La période correspond en effet à la fin de la dernière glaciation, l'une des plus importantes que notre planète ait connue, et qui a modifié la végétation.

La situation se complique encore lorsque l'on examine cette extinction sur d'autres continents que l'Amérique du Nord. En Europe, elle semble avoir été moins brutale et plus étalée dans le temps. En Afrique, les documents manquent, mais elle semble d'une ampleur limitée. Enfin, et de manière surprenante, elle a affecté en Australie tout un ensemble de formes herbivores géantes, mais paraît avoir commencé beaucoup plus tôt, il y a trente mille ans. Une explication par l'action des aborigènes ou de leurs ancêtres implique qu'ils aient été mieux organisés pour chasser les grands mammifères que les aborigènes plus récents – dont ce n'est pas la tradition –, sans que cette activité ancienne ne laisse de trace archéologique. Pourtant, l'impact de la colonisation par l'homme de nombreuses îles, entre dix mille et trois mille ans, plaide fortement en faveur de cette cause anthropique. Dans ce cas, la cause directe de l'extinction n'est pas toujours la chasse, mais plutôt le défrichement et l'introduction des animaux domestiques. Les experts s'accordent à penser que la majorité des extinctions actuelles causées par l'homme affecte les espèces endémiques de petites îles récemment colonisées.

Finalement, les causes de cette extinction importante sont peut-être à imputer à d'autres facteurs. P. D. Gingerich, de l'université d'Ann Arbor, suppose ainsi qu'elle correspond à un phénomène normal de régulation de la diversité. À l'occasion des fluctuations climatiques, de nombreuses espèces locales d'animaux sont apparues dans la mosaïque de domaines géographiques engendrée par ces alternances. Le recul des calottes glaciaires, à partir du maximum glaciaire de –22 000 ans, qui les rapproche de leur position actuelle, a libéré des espaces nouveaux plus homogènes géographiquement et botaniquement. Toutes ces espèces régionales ont alors subi une compétition très forte pour se partager des ressources plus homogènes. À ce phénomène naturel auraient pu s'ajouter l'action anthropique dans certains domaines et l'action climatique dans d'autres, ou la conjugaison des deux. Le modèle de « Blietzkrieg » imaginé par certains paléontologues, dressant les humains contre de paisibles grands mammifères végétariens, ne relèverait alors que d'un fantasme, alimenté il est vrai par des personnages tristement célèbres comme Buffalo Bill !

Mais on entre là dans la période actuelle, marquée par l'explosion démographique d'une seule espèce et la réduction inquiétante du nombre des autres formes de vie, tant animales que végétales. Le nouvel équilibre qui en résultera constitue encore une énigme.

CHAPITRE II

La forme des fossiles

Comment évoluent les formes des espèces

Nous avons vu qu'une large majorité de fossiles étaient conservés parce que, de leur vivant, le corps comportait des parties dures minéralisées ou un squelette. Ce dernier peut avoir été externe, comme la coquille du nautile ou de l'escargot, ou interne, comme les os des vertébrés ou les articles des tiges de lys de mer. De manière surprenante, ces squelettes, comme l'ensemble des caractères morphologiques des espèces vivantes, varient très peu.

Au sein d'une même espèce, le spécialiste est en effet toujours surpris par la faible variation de la plupart des caractères morphologiques. Cette ressemblance entre individus d'une même espèce, plus grande qu'avec aucune autre espèce connue, constitue le principal critère d'identification d'une espèce fossile. Il repose sur un principe simple, mais qui a fait ses preuves : plus la ressemblance entre deux individus est grande, plus l'identité entre leurs patrimoines génétiques est élevée. Cette règle est vérifiée par chaque couple de jumeaux vrais. La ressemblance entre les individus d'une même espèce, généralement issus d'un œuf fécondé, résulte du contrôle étroit qu'exercent les gènes de développement sur le programme de développement embryonnaire. Ce fonctionnement commence à être connu chez des organismes assez simples comme les mouches drosophiles.

Toutefois, l'homogénéité morphologique au sein des espèces n'est pas systématique. Certaines variations, par exemple, ne sont pas contrôlées par les seuls facteurs héréditaires.

LES ÉCOPHÉNOTYPES OU L'INFLUENCE DU MILIEU SUR LA MORPHOLOGIE

La forme de certaines espèces varie en fonction directe du milieu. La forme de la colonie de *Cladocora caespitosa*, un madréporaire marin, sera arborescente ou encroûtante en fonction de la luminosité, donc la profondeur, et de l'agitation de l'eau. Autre exemple, le foraminifère planctonique, *Globorotalia (Turborotalia) pachyderma*, possède une microcoquille en spirale hélicoïde qui s'enroule tantôt dans le sens des aiguilles d'une montre, tantôt dans le sens opposé. Les proportions des deux catégories sont déterminées par la température de l'eau de l'océan dans laquelle elles se développent. Bien que le mécanisme biologique n'en soit pas vraiment compris, certains paléontologues ont utilisé cette particularité pour étudier ces variations de proportions au cours du temps et en tirer des indications relatives aux variations de température des eaux de surface des océans au cours des derniers cent mille ans. La comparaison avec les résultats des variations de composition isotopique de l'oxygène $^{18}O/^{16}O$, qui dépend des variations climatiques, a confirmé la validité de ces données.

La morphologie d'un organisme est donc souvent affectée par le milieu dans lequel il se développe. J.-P. Peypouquet, de l'université de Bordeaux, a montré que l'ornementation des coquilles de certains ostracodes actuels de mer profonde varie en fonction de la quantité de matière organique produite en surface qui s'accumule sur les fonds marins où ils vivent. Cette découverte offre l'intérêt de pouvoir être

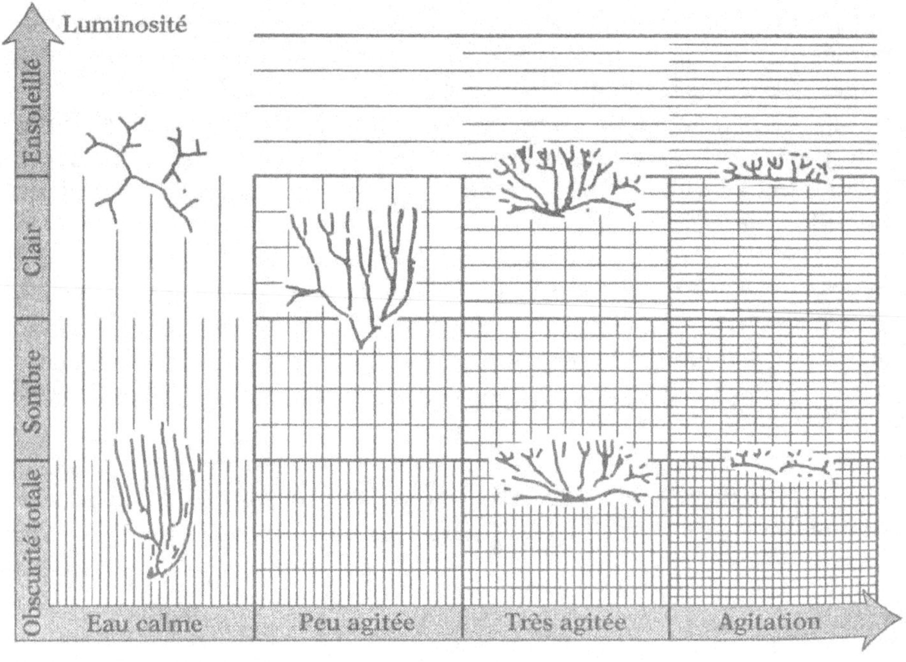

Figure 2.1. *Variation écophénotypique de la forme chez le cnidaire actuel* Cladocora caepitosa *(d'après O. Abel).*

extrapolée à tous les représentants fossiles de ces formes, en s'appuyant sur le principe des causes actuelles, jusqu'à leur première apparition il y a environ 80 millions d'années.

Ces variations morphologiques non héréditaires présentent donc un intérêt considérable pour l'étude des milieux anciens et de leurs variations. Elles offrent aux spécialistes des paléoenvironnements un champ d'investigation illimité qui leur permet de réaliser des observations qualitatives et quelquefois quantitatives, sans passer par un matériel analytique sophistiqué et fragile. Elles sont d'autant plus intéressantes qu'elles peuvent être conduites simultanément sur plusieurs espèces.

La variation morphologique contrôlée par le génome

Mais ces variations non héréditaires et liées au milieu de développement et de croissance ne sont pas la règle générale, sans quoi les individus d'une même espèce ne seraient pas aussi ressemblants. En fait, l'immense majorité des traits morphologiques est héritée, donc transmise des parents aux enfants. Si ces derniers héritent la morphologie de leurs parents, ils héritent également de sa variation. Celle-ci peut être artificiellement décomposée en variation discrète, désignée par les biologistes sous le nom de « polymorphisme », et en variation continue, pour les caractères mesurables.

Les formes d'une espèce

Dimorphisme sexuel et polymorphisme

Chez la plupart des espèces animales, les mâles et les femelles se distinguent par des caractères sexuels facilement repérables, qui peuvent être des différences ténues ou bien des morphologies très distinctes. Le cerf et la biche se distinguent aisément, même sur des fossiles, pour peu que le crâne soit conservé. Lorsqu'on a affaire à des groupes éteints et qui n'ont plus de proches parents actuels, la situation est plus difficile.

L'exemple du dimorphisme sexuel des ammonites illustre bien ce problème. Certaines ammonites de l'ère secondaire, comme les kosmocératidés du Jurassique moyen d'Europe, sont presque toujours représentées dans les gisements d'une même époque par deux formes, possédant les mêmes caractères intimes issus de la même histoire. Mais elles diffèrent par leur taille et par la morphologie de leur ouverture. Les formes de petite taille possèdent une apophyse étroite, de chaque côté de l'ouverture de la coquille. L'explication la plus simple les considère comme le mâle et la femelle d'une même espèce. La petite forme, à l'ornementation plus marquée, correspondrait au mâle, la plus grande à la femelle. Hypothèse vraisemblable, mais qui conduit certains spécialistes de ce groupe à affirmer qu'il est nécessaire, avant de poursuivre l'étude de l'évolution de ce groupe, d'apprendre à distinguer les mâles des femelles de toutes les espèces d'ammonites. Et elles sont très nombreuses au Secondaire. Cette position est sans doute exagérée, mais situe bien l'ampleur des difficultés rencontrées pour reconnaître le dimorphisme sexuel chez des organismes éteints.

À l'inverse, certains paléontologues persistent à penser que les australopithèques robustes sont les mâles d'une espèce dont les australopithèques graciles sont les femelles, bien qu'il ait été largement démontré que les structures des dents de lait des deux espèces sont différentes, de même que les proportions des membres de ces deux formes qui pratiquaient des types de locomotion distincts. Tous les anthropologues compétents considèrent que ces deux formes d'australopithèques appartiennent à des genres distincts qui occupaient des niches écologiques différentes, résultant d'une évolution divergente de plusieurs millions d'années.

Si le dimorphisme sexuel pose autant de problèmes, que penser du polymorphisme ? Le moyen le plus simple d'appréhension du poly-

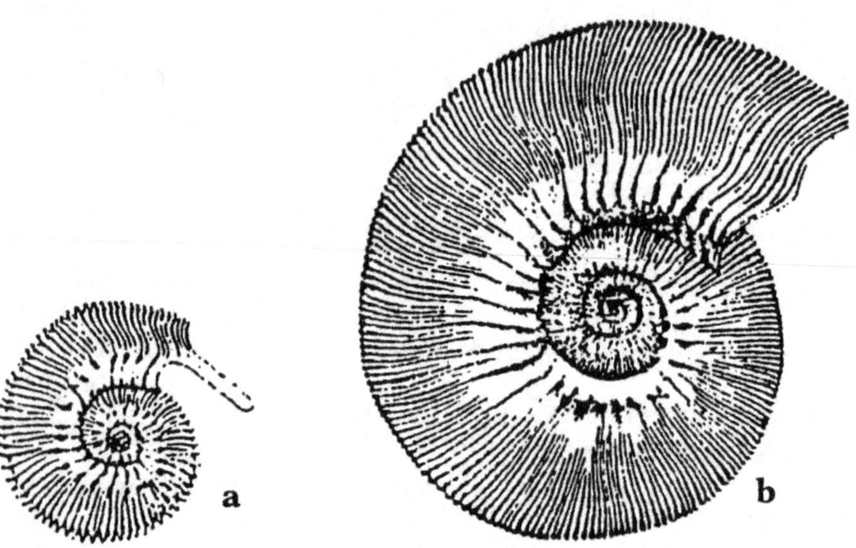

Figure 2.2. *Dimorphisme sexuel probable chez les ammonites jurassiques du genre* Kosmoceras. *(a) est la forme supposée mâle. (b) est la forme supposée femelle (d'après Brinkmann et Callomon).*

morphisme d'une espèce actuelle est son expression biochimique. On peut réaliser une électrophorèse en faisant migrer des protéines – par exemple extraites du sang – dans un champ électrique de faible tension. Généralement, différents variants d'une même protéine, fabriqués par des allèles distincts, ont des compositions chimiques différentes et donc des charges différentes. Ils sont révélés immédiatement parce qu'ils ne migrent pas à la même vitesse, en raison de charges électriques légèrement différentes. Sous l'action de réactifs appropriés, ces isozymes apparaissent sous forme de bandes colorées. Cette méthode nous a appris que le polymorphisme des gènes de structure qui codent la plupart des enzymes est très important et constitue la règle générale.

En est-il de même pour les gènes qui orchestrent et régulent le développement, et que l'on qualifie quelquefois de gènes régulateurs ? Sans doute, mais, à l'heure actuelle, les données relatives à cette partie du génome ne sont pas très nombreuses. Reste donc l'observation directe de la morphologie des êtres vivants actuels, qui révèle de nombreux exemples de polymorphisme. C'est le cas, par exemple, de la coloration de la coquille de l'escargot des haies, *Cepaea nemoralis*, une forme de petit escargot terrestre abondante en Europe. On trouve dans une même population des individus à coquilles rose, jaune ou brune dont le dernier tour est orné d'un zéro à cinq bandes noires. Chez d'autres, l'ouverture de la coquille est bordée de noir. Chacun de ces caractères est déterminé génétiquement.

Même dans la morphologie des molaires d'un petit campagnol de nos forêts d'Europe, le campagnol roussâtre, on peut observer un polymorphisme. La structure de la troisième et dernière molaire supérieure de cette espèce peut être simple, intermédiaire ou complexe. Il en est de même pour les groupes sanguins de l'homme, A, B et O, pour lesquels on ne trouve que des individus A, B, AB ou O, sans jamais d'intermédiaires. On parle de variation discrète pour ce polymorphisme, car il n'y a pas d'intermédiaires. On imagine les difficultés rencontrées par les paléontologues pour identifier ces cas de polymorphisme que certains trouvent plus commode de masquer en attribuant chaque morphe à une espèce distincte, falsifiant ainsi toutes les analyses quantitatives qui utilisent le nombre d'espèces et sa variation au cours du temps.

Une autre variation s'ajoute à la précédente, celle des caractères quantitatifs, comme la taille des adultes. La répartition du nombre de côtes extérieures de la coquille d'une population de pétoncles ou la répartition des tailles d'une population humaine d'une classe d'âge forment un histogramme qui, si le nombre d'observations est important, ne diffère pas significativement de la distribution théorique appelée par les mathématiciens « distribution gaussienne ». Que représente réellement une telle distribution ? Les mathématiciens nous expliquent qu'elle résulte d'un grand nombre de variables indépendantes, intervenant chacune pour une petite part du résultat d'ensemble. Traduit en langage génétique, cela signifie simplement qu'un caractère mesurable présentant, à l'intérieur d'une population, une distribution gaussienne ou normale est déterminé par de nombreux allèles et de nombreux gènes indépendants, chacun intervenant pour une toute petite part dans l'élaboration du caractère considéré. Ainsi, lorsqu'un paléontologue met en évidence, dans une même classe

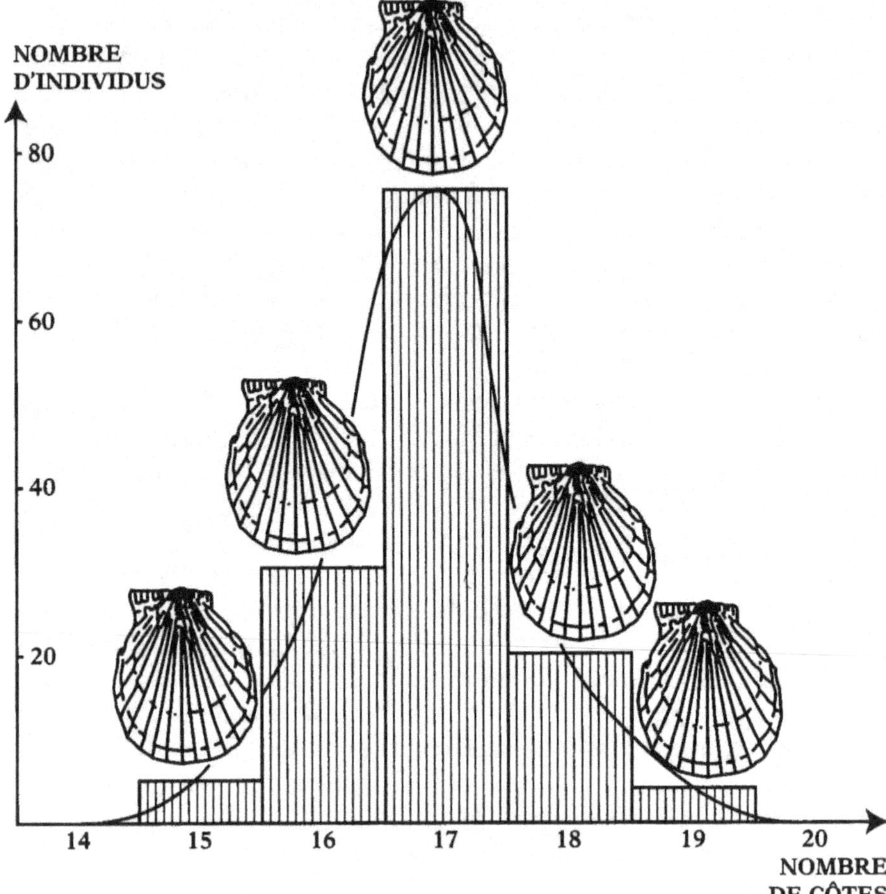

Figure 2.3. *Distribution normale d'un caractère morphologique :
le nombre de côtes chez* Chlamys (Aquipecten) irradians.
*L'histogramme correspond aux valeurs observées.
La courbe de Gauss aux valeurs théoriques extrapolées
à partir de la moyenne et de l'écart type de la distribution observée
(modifié d'après Ziegler).*

d'âge d'une espèce fossile, la distribution gaussienne d'un caractère mesurable, cela signifie qu'il s'agit d'un caractère hérité mesurable.

Une difficulté supplémentaire vient de ce que le milieu dans lequel se développe la population agit lui aussi sur ces caractères quantitatifs. Chacun sait que les adolescents européens des générations d'après guerre ont une taille plus élevée que ceux de la génération de leurs parents. Ces derniers ont en effet souffert de restrictions alimentaires plus ou moins importantes pendant leur développement, durant la Seconde Guerre mondiale. La variation liée aux conditions de milieu influence la variation des caractères quantitatifs hérités. Heureusement, il est possible, en mesurant les caractères quantitatifs des parents et des enfants, sur un grand nombre de cas, d'établir statistiquement la part de l'hérédité et la part du milieu dans le déterminisme d'un caractère quantitatif. Les généticiens des populations désignent cette mesure sous le nom d'« héritabilité ». La taille des mammifères, par exemple, a une forte héritabilité. On pourrait espérer que les paléontologues ne mesurent que les variables qui connaissent, chez les espèces actuelles, l'héritabilité la plus forte. Hélas, c'est surestimer considérablement les connaissances acquises par les généticiens ! Mis à part l'homme, la souris, les animaux domestiques et certaines plantes cultivées dont les variétés gagnent à être améliorées, la connaissance des valeurs d'héritabilité des caractères quantitatifs est balbutiante, et, sur des organismes comme la seiche, l'huître ou l'oursin, les données sont quasiment inexistantes.

On pourrait penser que le rapport entre la variation héréditaire discrète et la variation des caractères quantitatifs est très faible, mais ce serait inexact. Ces deux cas correspondent au même phénomène de variation contrôlée par le génome. Mais, alors que le premier cas implique un petit nombre d'allèles et de gènes, déterminant un nombre limité de catégories discrètes, le nombre d'allèles et de gènes impliqués dans le second cas est important, augmentant considérablement le nombre des catégories et induisant de nombreuses catégories intermédiaires.

La réalité est souvent plus complexe. Chez le cochon d'Inde, qui possède quatre doigts, il existe une mutation à trois doigts. En croisant deux souches pures, l'une à trois doigts, l'autre à quatre doigts, on obtient à la première génération des individus (F1) qui ont tous trois doigts. En croisant ces hybrides entre eux (F2), on obtient une variation génétique considérable mais qui ne s'exprime que par trois types morphologiques : quatre doigts, trois doigts et une catégorie intermédiaire. Les limites entre les types morphologiques sont abruptes et, malgré le déterminisme multigénique, l'expression du caractère est discrète car elle est contrôlée par les gènes du développement. C'est ce que certains auteurs appellent parfois du nom ésotérique de « contraintes du développement ». Les variations dans la structure des troisièmes molaires du campagnol roussâtre sont à ranger dans cette même catégorie plus complexe de variation morphologique discrète et de contrôle génétique multigénique.

Ainsi, au sein d'une même population, à l'intérieur d'une même espèce, à un même endroit, on trouve des individus morphologiquement différents. Cette situation n'est pas pour faciliter la tâche des paléontologues, qui ne disposent souvent que de fragments et d'un effectif limité pour reconstituer l'histoire d'un groupe. D'autant plus

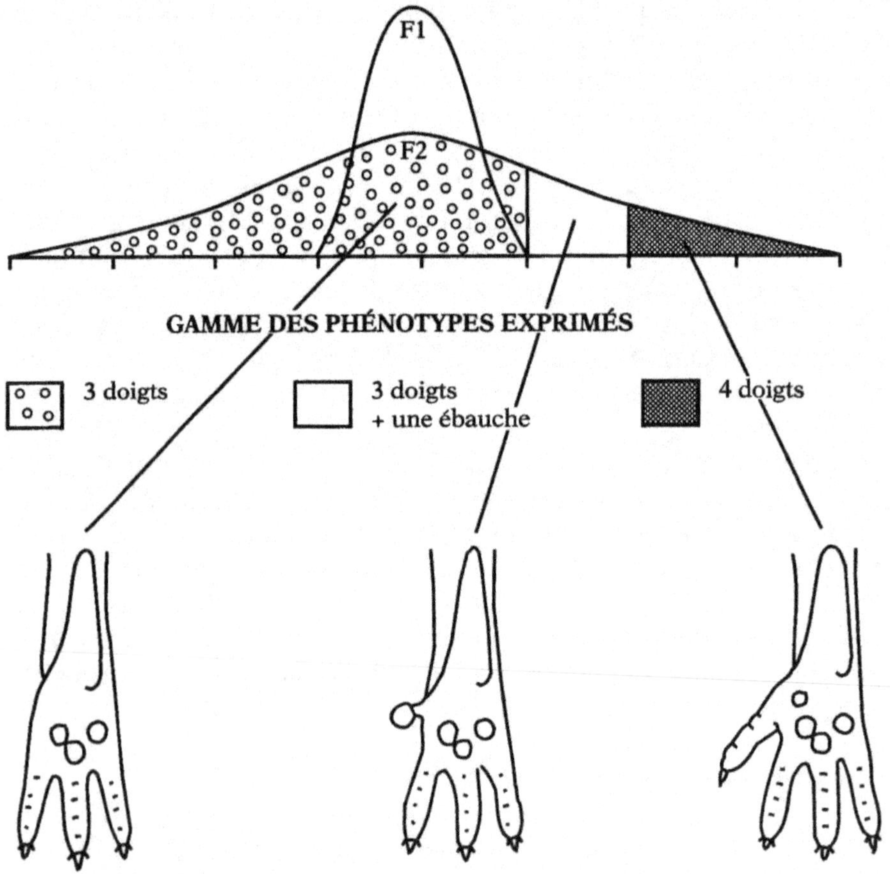

Figure 2.4. *Exemple d'expression discontinue d'un caractère multigénique : le croisement d'une souche à trois doigts avec une souche normale à quatre doigts de cochon d'Inde ne donne en F1 que des individus à trois doigts. Le croisement des individus F1 entre eux va donner une population F2 génétiquement très variée. Mais il n'y aura néanmoins que trois catégories morphologiques, et pas tous les intermédiaires supposés. Cela est dû à des contraintes imposées par les lois du développement ontogénique.*

que viennent s'ajouter à ces sources de variation deux sources supplémentaires : les mutations et le développement embryonnaire.

Les mutations, une difficulté supplémentaire mais peu fréquente

Pour chaque caractère, un individu sur un million (parfois un individu sur cent mille) est porteur d'une mutation. La probabilité de découvrir un fossile porteur d'une mutation est donc infime. Néanmoins, cela arrive quelquefois et des mutants fossiles ont été décrits. Mais ils n'ont pas les caractéristiques spectaculaires de certains mutants connus des espèces actuelles et, surtout, ils ne nous apprennent pas grand-chose.

De nombreux événements qui ont affecté notre planète sont régulièrement mentionnés comme étant susceptibles d'avoir provoqué une augmentation du taux de mutation. C'est le cas, par exemple, des périodes d'inversion de la direction du champ magnétique terrestre supposées induire une augmentation du rayonnement cosmique. Cependant, jamais personne n'a encore observé une augmentation du taux de mutation chez des fossiles, même lorsqu'ils sont abondants, comme c'est le cas pour les constituants du plancton fossile.

Le développement embryonnaire et la croissance

Une dernière cause majeure de variation concerne le développement embryonnaire et la croissance. Chez les formes vivantes, ce problème n'existe pas, car on reconnaît aisément les relations de filiation entre les parents et leurs descendants. Chez des groupes qui n'ont pas de représentants actuels, cette reconnaissance est plus délicate, et il est nécessaire de trouver des embryons ou des larves associés à leur géniteur pour prouver leurs affinités. Et encore, il peut s'agir alors de nourriture engloutie et confondue avec des petits.

Chez les êtres vivants actuels comme chez les fossiles, le développement et la croissance induisent une variation morphologique très importante, qu'il est nécessaire d'évaluer. L'une des méthodes consiste à étudier les lois de croissance de chaque espèce. Pour cela, on établit la relation entre la taille d'un caractère – ou de l'individu – et l'âge de l'individu. Mais celle-ci ne peut être établie que si l'on connaît effectivement cet âge..., ce qui est généralement impossible avec les fossiles. Dans certains cas, toutefois, les stades de croissance sont marqués par des dépôts minéralisés. Ainsi, on observe à la surface de certaines coquilles des stries d'accroissement qui témoignent des changements de taille et de forme. Malheureusement, il a été montré que, sur certaines formes actuelles, cette striation n'était pas bien corrélée aux cycles annuels. Le nautile et les ammonites fabriquent des cloisons successives. Les poissons osseux, comme le saumon ou la daurade, montrent sur leurs écailles et dans leurs otolithes – concrétions carbonatées situées à l'intérieur de leurs organes d'équilibration – des stries d'accroissement concentriques dont le nombre est proportionnel à l'âge de l'individu. Des anneaux de croissance sont visibles sur les racines de certaines dents chez les mammifères. Toutes ces structures correspondent généralement à une croissance par accrétion.

Il est de ce fait plus simple de décrire les lois de croissance qui lient deux paramètres, sans faire intervenir l'âge. Dans de rares cas, cette relation est linéaire. On parle alors de croissance isométrique. Mais, dans la plupart des cas, la croissance est non linéaire. On dit alors qu'elle est allométrique. Elle correspond plus généralement à une relation mathématique, connue sous le nom de « relation d'allométrie », de forme $Y = bX^\alpha$ où α correspond au coefficient d'allométrie. Cette croissance accompagnée d'un changement de forme est aisée à comprendre. Un fémur de grand dinosaure sauropode, par exemple, est appelé, au cours de sa croissance, à supporter des contraintes mécaniques de plus en plus fortes. Lorsque sa longueur s'accroît, sa section croît en fonction du carré de l'augmentation de longueur. La croissance d'une telle structure doit répondre à une demande fonctionnelle. La loi de croissance de cet os est donc étroitement programmée par les gènes de développement. Mais la variation induite par la croissance est considérable, comme en témoigne l'exemple de la croissance relative de l'orbite chez un reptile volant du Jurassique, *Pterodactylus*, du calcaire lithographique de Solenhofen, en Bavière, gisement rendu célèbre surtout par la découverte de plusieurs restes d'archéoptéryx, le premier oiseau. Chez la forme juvénile, l'orbite est très grande par rapport à la longueur du crâne, mais la longueur de ce dernier s'accroît plus vite que celle de l'orbite. La forme du crâne change et l'on se demande quelle aurait été l'interprétation proposée si deux stades de croissance seulement avaient été découverts dans ce gisement. Les aurait-on attribués à une seule espèce ou à deux formes distinctes ?

L'utilisation des relations d'allométrie pour étudier les changements de forme liés à la croissance reste assez limitée parce que l'on ne peut prendre en compte les caractères que deux à deux. Il est donc intéressant de prendre en compte d'autres méthodes qui permettent de traiter plusieurs caractères simultanément, offrant une approche plus globale.

Les méthodes morphométriques modernes

L'une des approches les plus simples, celle correspondant aux grilles de déformation, a été proposée par le zoologiste anglais D'Arcy-

Thompson dès 1917. Elle consiste à appliquer sur une forme bidimensionnelle juvénile ou larvaire une grille de coordonnées cartésiennes de telle sorte que les coordonnées d'un nombre maximal de points puissent être définies avec précision. À partir d'une forme adulte, on reconstruit une autre grille des points homologues. En faisant coïncider les points homologues de la forme juvénile avec la forme adulte correspondante, on provoque des déformations de la grille qui trahissent les différentes lois de croissance relative qui régissent cette forme.

Cette méthode simple apporte une formidable compréhension aux phénomènes de changement de forme, dans la mesure où elle montre qu'un petit changement dans les modalités de fonctionnement d'un gène contrôlant le développement, comme la durée de fonctionnement par exemple, est susceptible d'induire des modifications morphologiques majeures. On commence ainsi à comprendre pourquoi

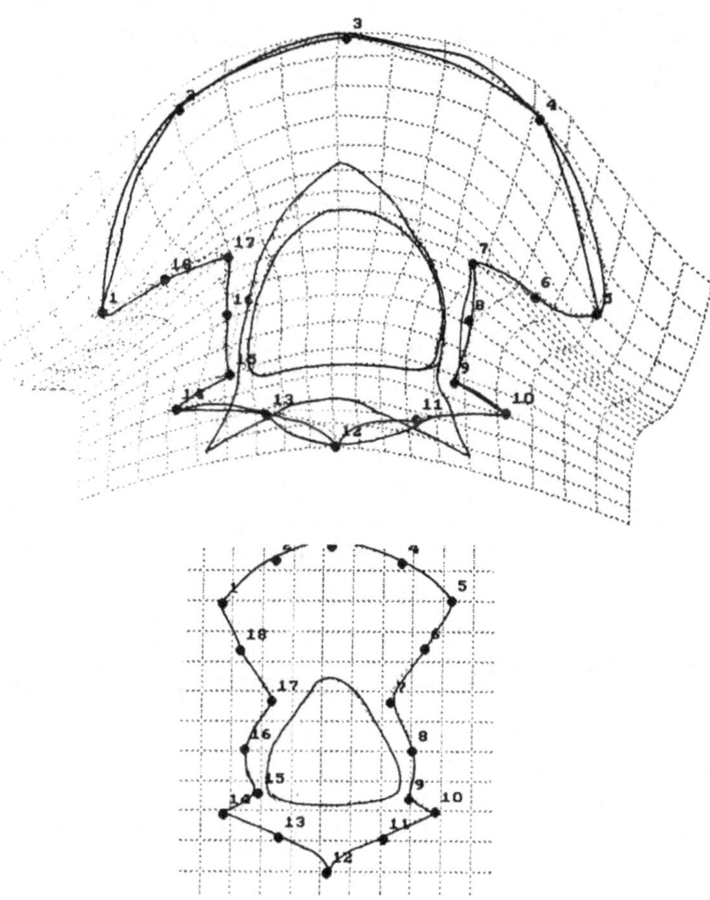

Figure 2.5. *Évolution d'une grille de déformation.*

l'homme et son plus proche parent, le chimpanzé, ont des morphologies et des comportements si différents, avec un indice de ressemblance enzymatique de l'ordre de 99 % ! On peut penser en effet que les différences qui se sont accumulées dans le génome depuis leur ancêtre commun ont concerné surtout les gènes responsables du développement et très peu ceux qui contrôlent le métabolisme cellulaire. Cela montre bien que, si la morphologie est bien contrôlée par le génome, ce ne sont toutefois pas par les mêmes gènes que ceux qui régissent le métabolisme cellulaire. Quel dommage que les généticiens aient consacré autant de temps et de créativité à étudier des compartiments du génome aussi conservateurs et qui contribuent aussi peu à l'évolution.

Malgré son apport, la méthode de D'Arcy-Thompson présente l'inconvénient de ne pas permettre de quantifier la différence entre plusieurs morphologies dérivées d'un stade initial commun. De plus, elle n'exprime bien que des déformations globales extrêmement simples et non pas les déformations plus complexes, qui sont plutôt la règle au cours de l'évolution des organismes complexes. C'est la raison pour laquelle certains morphostatisticiens, comme R. Reyment, de l'université d'Uppsala, ou F. Bookstein, de l'université du Michigan, ont développé plusieurs approches distinctes permettant de quantifier, et pas seulement de visualiser, les différences de formes. F. Bookstein s'est plutôt orienté vers l'utilisation de points homologues qui se rapproche de la démarche suggérée par D'Arcy-Thompson. Dans cette méthode, connue sous le nom d'« analyse de "splines" », on compare deux morphologies en s'appuyant sur la reconnaissance précise de points homologues aussi nombreux que possible. Chez les poissons, par exemple, on compare les yeux, la base de la bouche, le point le plus distal de l'opercule, la base du premier rayon de la nageoire dorsale, etc. Des algorithmes permettent ensuite de calculer les tenseurs de déformation qui décrivent les changements intervenus dans les positions de ces points homologues. Le plus difficile est alors la reconnaissance de ces points homologues, quelquefois dépourvus de toute signification biologique précise. La méthode permet toutefois de décrire et de quantifier la déformation ponctuelle avec beaucoup de détails. Mais la quantification des différences morphologiques n'est pas directement corrélée aux différences génétiques entre les organismes ainsi comparés. Cela s'explique par la connaissance encore très limitée des gènes responsables du développement, et c'est une entreprise qui devra absolument être tentée à l'avenir.

Une autre méthode consiste tout simplement à modéliser l'ensemble de la structure morphologique concernée. L'exemple le plus simple est offert par les coquilles de mollusques. Ce groupe d'invertébrés contient en effet une grande diversité d'organismes dont le corps

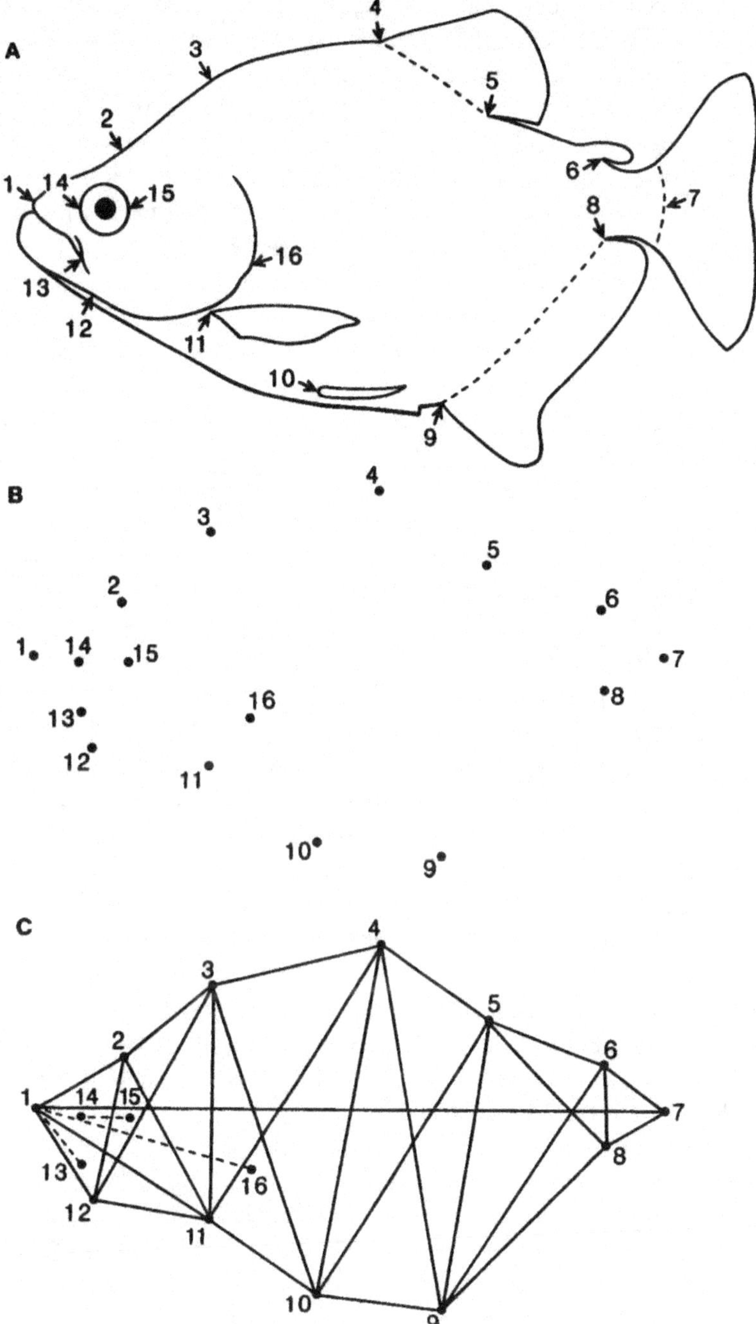

Figure 2.6. *Méthode des points homologues (d'après Bookstein) :
un exemple des données utilisées pour comparer des formes. Les nombreux
points définis sur chaque forme doivent être homologues.
(A) Les coordonnées cartésiennes sont définies pour tous les points (B).
Un réseau de distances calculées permet de reconstituer la forme analysée et,
par comparaison, de quantifier les différences de formes (CC).*

est protégé par une coquille, sécrétée par le manteau qui enveloppe le corps. La diversité des architectures est considérable, car elle s'étend de la spirale plane de la coquille du nautile à la coquille Saint-Jacques constituée par deux valves inégales, par l'intermédiaire de la coquille en spirale hélicoïde de l'escargot. En étudiant les données zoologiques et paléontologiques, on s'aperçoit que tous ces groupes dérivent d'un ancêtre commun très ancien, sans doute pourvu d'une simple coquille conique, il y a plus de 570 millions d'années.

Le paléontologue américain D. M. Raup, la tête de file de l'école de Chicago, a utilisé les facilités offertes par les ordinateurs pour réaliser un modèle mathématique permettant de produire des modèles en trois dimensions de la plupart des coquilles de mollusques connus. L'intérêt essentiel de ce type de recherche consiste à arriver à reconstruire ces coquilles apparemment si diverses à l'aide d'un algorithme faisant appel à un nombre aussi limité que possible de variables.

Le logiciel réalisé, qui a été récemment amélioré par E. Savazzi, de l'université d'Uppsala, répond tout à fait à cet objectif. La construction de la coquille s'effectue à partir du contour de l'ouverture de la loge, qui doit être défini d'abord. Cette disposition n'est donc pas celle suivie au cours du développement de ces organismes qui s'accroissent par accrétion à partir de l'apex ! Pour l'ensemble des formes diverses que l'on peut générer, cinq variables principales suffisent pour exprimer l'éventail des formes rencontrées dans la nature. Ces variables correspondent aux paramètres qui contrôlent les spirales. Ainsi, la variable Z exprime la valeur de la translation de la spire à chaque tour : la valeur zéro correspond à une spirale plane du type de celle d'une ammonite ; un escargot aura une valeur de Z voisine de quatre, et, au-delà de cinq ou six, les spires se décollent. La variable K correspond au rapport hauteur sur largeur de la spire. Lorsque sa valeur s'éloigne de un, l'ouverture augmente plus rapidement en hauteur ou en largeur. L'angle θ détermine l'obliquité de l'axe d'enroulement. Il est exprimé ici en radian. S'ajoutent encore deux variables supplémentaires, I et H.

I exprime la longueur de l'intervalle entre deux points de la spire. H exprime la vitesse de croissance de la spire. Si H est grand, la coquille connaîtra une croissance exponentielle. Un H grand conduit donc facilement d'un plan de base d'escargot à un plan de base de moule ou d'huître (avec la différence que ces dernières possèdent deux valves symétriques, gauche et droite).

On peut donc programmer la plupart des plans de base des coquilles de mollusques connus actuels et fossiles et conclure qu'il suffit d'un petit nombre de variables pour produire toutes sortes de formes distinctes de coquilles. En outre, pour passer d'une forme à une autre, un petit changement concernant l'une quelconque de ces

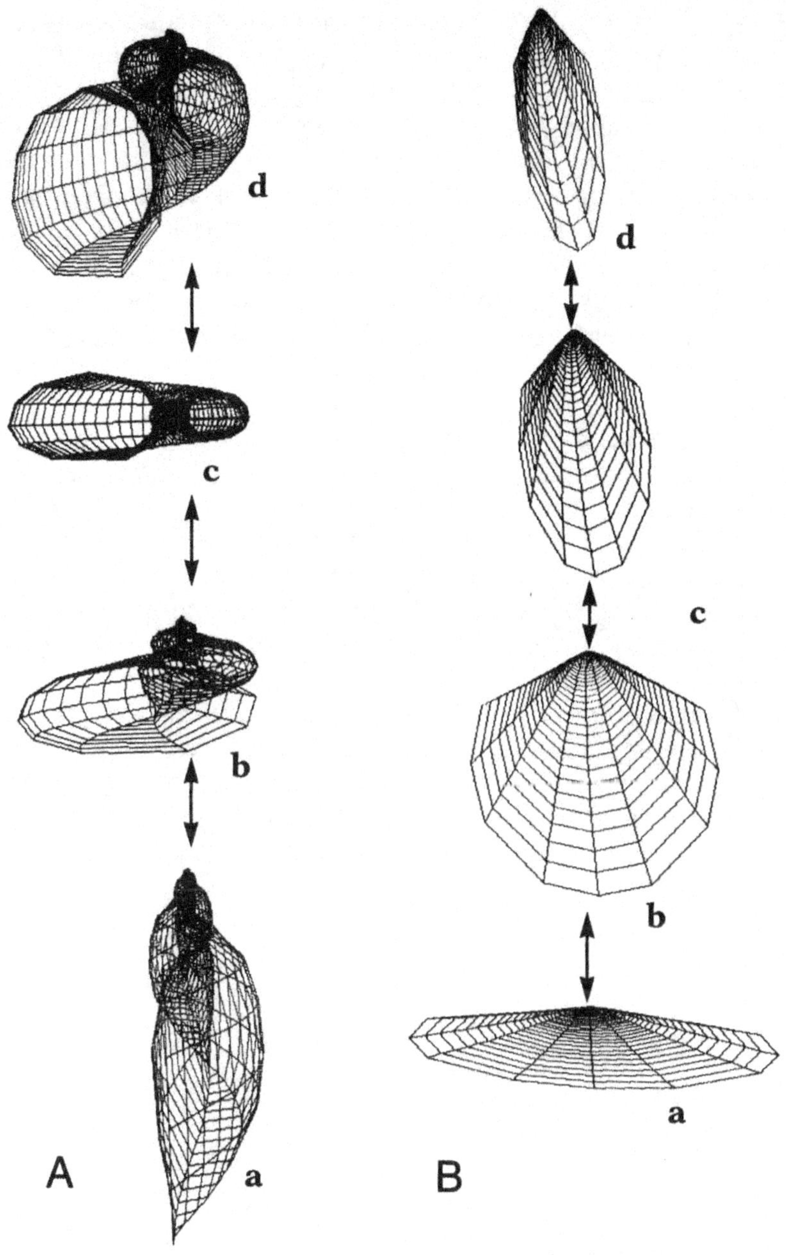

Figure 2.7. *Modélisation mathématique de la forme de coquilles chez les mollusques grâce au logiciel « Shell ».*
(A) Série morphologique construite à partir de la forme (c), qui correspond à une coquille spirale plane de type nautile, en faisant varier un seul paramètre (d) ou deux seulement (b), (a).
(B) Série de formes différentes de mollusques bivalves qui ne diffèrent que par la variation d'un seul paramètre compris entre 0,9 (a) et 1,15 (d).

variables pourra quelquefois induire un changement considérable de la morphologie. Traduit en termes de génétique, cela signifie qu'une petite modification affectant les gènes responsables du développement pourra considérablement modifier la morphologie. Peut-on, dans ces conditions, imaginer que des modifications majeures du plan de base des organismes puissent être causées par ce que certains auteurs désignent sous le nom de macromutation ? Nous verrons plus loin que la réponse à cette question ne peut être apportée que par l'étude de séries de transformations morphologiques temporelles chez des fossiles puisque aucun généticien n'a jusqu'à présent observé l'apparition d'un plan d'organisation nouveau et avantageux dans ses élevages de laboratoire.

L'ensemble des données exposées au cours de ce chapitre conduit à se demander comment il est possible que des morphologies aussi peu variables et aussi étroitement contrôlées par des mécanismes génétiques intégrés puissent se transformer, quelquefois aussi radicalement au cours du temps, comme lorsque l'on est passé d'un organisme unicellulaire à un métazoaire, d'une espèce de plante primitive ressemblant à une mousse à un platane, d'un dinosaure à un oiseau ou d'un singe à un *Homo sapiens*.

Nous examinerons cette question dans le chapitre suivant, en analysant la manière dont ces transformations s'effectuent et les éléments d'explication qui peuvent être tirés des fossiles en ce qui concerne ces transformations, leur nature, leur vitesse et leurs relations avec les modifications des milieux dans lesquels ils ont vécu.

CHAPITRE III
Les grandes transformations

La recherche des espèces

COMMENT DÉFINIR UNE « ESPÈCE » EN PALÉONTOLOGIE ?

Pour étudier les transformations des fossiles au cours du temps, il faut savoir identifier les individus qui appartiennent à une même unité, c'est-à-dire à l'espèce. La majorité des biologistes considère l'espèce comme la plus importante des unités d'évolution. Les genres, les familles, les ordres ne sont la plupart du temps que des constructions de l'esprit humain. Pour être précis, lorsqu'un groupe comme les ammonites s'éteint à la fin de l'ère secondaire, il y a 65 millions d'années, cela signifie qu'à un moment donné la dernière espèce d'ammonite disparaît sans laisser de descendants. De même, lorsqu'un groupe nouveau apparaît, cela débute par la naissance d'une seule espèce ancêtre.

Dans la nature actuelle, la notion d'espèce est étroitement liée au critère d'interfécondité qui peut être rapportée à un principe simple à énoncer : appartiennent à une même espèce toutes les populations constituées d'individus interféconds ou potentiellement interféconds. Ce critère simple est quelquefois difficile à appliquer, car on trouve dans la nature des espèces nouvelles en train de naître et donc tous les stades intermédiaires. Lorsque l'on croise ces organismes entre eux, les résultats varient en fonction du degré d'isolement génétique atteint : de totalement stérile, à partiellement stérile, suivant la nature des croisements.

Malheureusement, le paléontologue ne peut utiliser ce critère auquel il doit substituer une autre approche.

L'approche la plus commune consiste à s'appuyer sur la conséquence de ce critère : les différents individus d'une même espèce se ressemblent plus entre eux qu'à aucun autre individu d'une autre espèce, puisqu'il partagent un même bagage de gènes. En outre, lorsque la variation morphologique est importante, ce qui constitue une stratégie évolutive particulière à certaines espèces, la variation est souvent continue, d'un extrême à l'autre.

Un deuxième critère, souvent appliqué avec une grande légèreté, concerne les caractères mesurables. Nous avons vu que, dans une population, leur distribution est gaussienne, ce qui a une signification biologique précise. Les écologistes ont montré, c'est le principe d'exclusion, que l'on ne trouve presque jamais deux espèces à la fois très proches et de même taille dans une même communauté. Certains paléontologues sont donc convaincus qu'une distribution gaussienne pour une population fossile démontre la présence d'une seule espèce en ce lieu. Malheureusement, une telle distribution pour un ou plusieurs caractères quantitatifs chez un fossile ne signifie pas forcément que l'on a affaire à une seule espèce. D'autres facteurs peuvent produire des distributions gaussiennes pour un caractère donné. Un ensemble de fossiles peut ainsi résulter du tri des cadavres par un courant marin ou fluvial. La distribution gaussienne est alors la conséquence du tri suivant la taille des particules transportées, et chaque classe associe des fossiles de taille identique pouvant provenir de classes d'âge ou même d'espèces distinctes.

Une autre méthode consiste à utiliser les lois de croissance pour caractériser les espèces. Ces lois sont étonnamment peu variables entre les individus, mais elles nécessitent, pour être établies, la découverte de populations de fossiles abondantes, ce qui est exceptionnel.

L'identification d'un dimorphisme sexuel ou d'un polymorphisme chez des espèces fossiles pose quelquefois des problèmes. Les chauves-souris actuelles présentent un dimorphisme sexuel net qui concerne la hauteur de leurs canines, déjà présent chez des espèces d'il y a 14 millions d'années. Cet exemple simple à interpréter ne doit pas masquer les difficultés rencontrées chez des groupes qui n'ont pas d'équivalents actuels. Les cas de polymorphisme sont encore plus complexes à interpréter. L'exemple des molaires de rongeurs, trouvées associées dans un gisement fossilifère vieux de 13 millions d'années au Maroc, illustre bien ce problème. Plusieurs types morphologiques distincts sont identifiables et peuvent être codifiés par des sigles. On peut interpréter la coexistence de ces formes comme autant d'espèces. Mais on est alors en contradiction avec le principe de compétition énoncé plus haut. Dans cet exemple, deux arguments permettent d'opter en faveur du polymorphisme. Le premier est le grand nombre de catégories. Il serait tout à fait déraisonnable de supposer qu'une telle multiplicité d'espèces puisse résider au même endroit. Le second s'appuie sur le devenir dans le temps d'une telle variation, qui a été suivie sur plusieurs millions d'années dans une succession de gisements ordonnée dans le temps. Ces catégories s'y réduisent et l'une d'elles devient dominante. Dans des niveaux encore plus récents, on n'en trouve plus qu'une seule. Cet exemple de fort polymorphisme transitoire est assez unique et documente de manière exceptionnelle l'apparition et la sélection d'un ensemble de caractères au cours de l'évolution.

Nous verrons plus loin que ce type de phénomène se produit habituellement à une vitesse tellement rapide qu'elle ne peut être suivie dans la documentation fossile. Peut-être l'interprétation précédente n'est-elle d'ailleurs qu'un artefact dû à la discontinuité des données paléontologiques. C'est tout le problème des disciplines historiques lorsque la documentation est discontinue et incomplète. Il est donc indispensable, pour voir comment se transforment les espèces, d'avoir une documentation paléontologique la plus complète possible. Cela se produit quelquefois et permet alors de se rendre compte que certains êtres vivants changent de forme au cours du temps. Mais toutes les espèces ne se transforment pas et certaines restent étonnamment stables pendant plusieurs millions d'années, à tel point qu'on les qualifie de fossiles vivants.

LES FOSSILES VIVANTS : DES OUBLIÉS DE L'ÉVOLUTION ?

Les fossiles vivants posent un véritable problème. Leur particularité est de témoigner de plans d'organisation morphologiques stables et quelquefois très anciens, parfois inchangés pendant des dizaines, voire des centaines de millions d'années. Or l'absence de changements morphologiques chez les fossiles est une règle plutôt générale. En suivant le détail des transformations morphologiques dans des séries fossilifères bien documentées, on observe que la plupart des espèces apparaissent, généralement par immigration, survivent quelque temps – à l'échelle géologique, c'est-à-dire quelques centaines de milliers ou quelques millions d'années –, puis s'éteignent. Dans la plupart des cas, entre 70 et 90 % des espèces chez les mammifères fossiles, groupe considéré comme ayant eu une évolution rapide, il ne se produit pas de transformation évolutive significative avant l'extinction. Tout au plus un caractère se transforme-t-il un peu au cours du temps, les informations disponibles étant généralement très partielles, on a la plupart du temps une impression de stase, d'autant plus importante que l'organisme concerné est simple, c'est-à-dire qu'il présente peu de caractères morphologiques susceptibles d'être fossilisés.

Un fossile vivant pourrait donc correspondre à une espèce en stase morphologique qui a échappé à l'extinction. Nous verrons plus loin, dans le chapitre consacré aux extinctions, quelles explications peuvent être proposées pour ce phénomène. Pour le moment, il est important de considérer qu'à une époque donnée et pour une communauté donnée seules quelques espèces fossiles se transforment rapidement. L'évolution morphologique n'est donc pas un processus universel et permanent qui affecte systématiquement toutes les espèces.

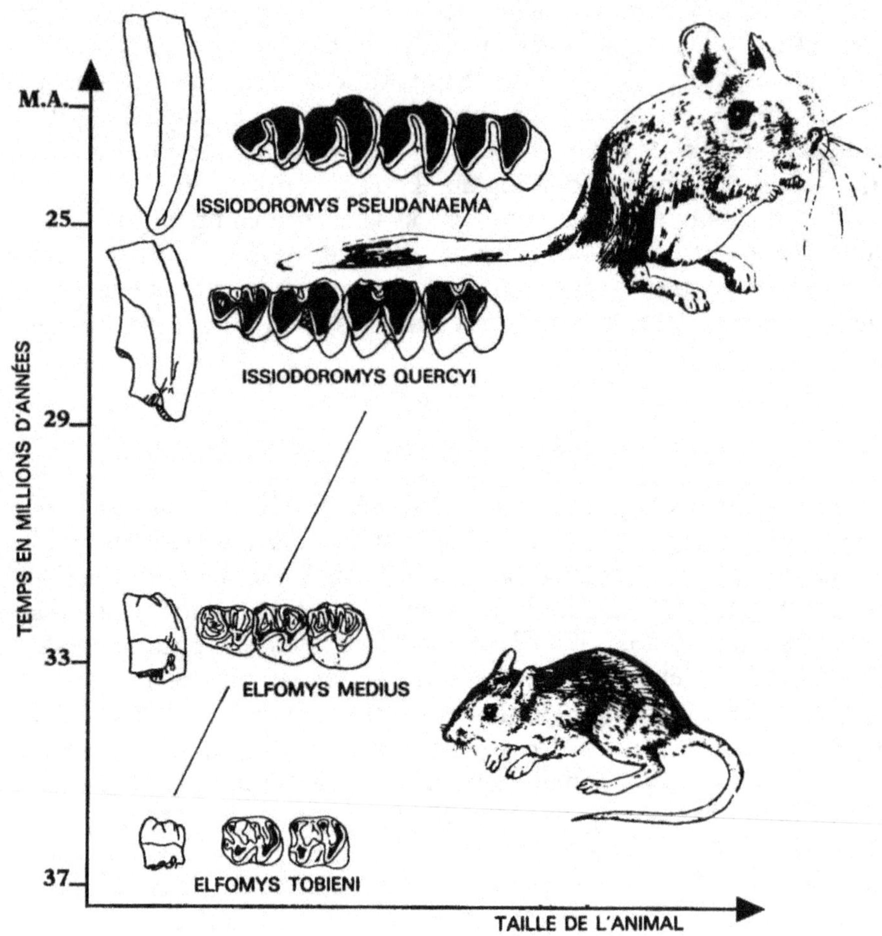

Figure 3.1. *Évolution de la lignée* Elfomys-issiodoromys *à l'Oligocène (entre 34 et 25 millions d'années).*
La surface occlusale des molaires change en rapport avec l'augmentation en hauteur de la couronne. L'adaptation locomotrice change avec le passage progressif à une locomotion bipède du type gerboise actuelle. Cette évolution résulte de l'invasion par un rongeur généraliste et omnivore d'une nouvelle niche écologique, celle d'un végétarien strict dans un environnement semi-aride. La transformation dure environ 12 millions d'années (modifié d'après Hartenberger, 1983).

À LA DÉCOUVERTE DES LIGNÉES ÉVOLUTIVES

Pour mieux analyser ce phénomène, nous allons suivre la démarche classique du paléontologue dans ses recherches quotidiennes.

L'action se déroule entre l'Éocène et l'Oligocène, un étage de l'ère tertiaire qui a commencé il y a 34 millions d'années et qui a duré jusqu'à –25 millions d'années. Elle se déroule en Europe occidentale et concerne un groupe de rongeurs limité à cette région du globe, les théridomyidés. Comme la plupart des rongeurs, ce sont des mammifères de la taille d'un rat, de régime plutôt omnivore et à taux de reproduction élevé. De ce fait, dans la plupart des gisements fossilifères de cette époque, on trouve d'abondants restes de ces organismes mais surtout des mâchoires et des dents isolées, qui constituent les parties les plus résistantes et donc le plus fréquemment conservées. Toutefois, exceptionnellement, on peut trouver des crânes ou des portions de crânes, et des éléments du squelette postcrânien, comme des fémurs, des humérus, des os du carpe et du tarse, des phalanges, qui aident à comprendre la signification des transformations morphologiques de l'évolution. Le genre issiodoromys se différencie en Europe occidentale il y a environ 31 millions d'années. Son apparition ne résulte pas d'une immigration à partir d'un autre domaine géographique, mais de la lente transformation morphologique d'un ancêtre installé en Europe depuis une dizaine de millions d'années, le genre elfomys.

On peut retracer cette évolution grâce aux dents. Chez la plupart des mammifères, les dents se développent à l'intérieur de la mâchoire, dans un alvéole. Lorsqu'elles se mettent en place sur la mâchoire, leur croissance est définitivement arrêtée. Elles peuvent s'user, mais non s'accroître, car leurs dimensions ne se modifient pas, d'autant plus que le foramen qui laisse entrer dans chaque racine un vaisseau sanguin et un nerf est alors extrêmement réduit. Chez certaines espèces toutefois, la hauteur de la couronne de la dent est plus élevée que chez d'autres. Ce caractère résulte du prolongement de la croissance en hauteur de la couronne pendant la différenciation de cette dent dans son alvéole, c'est-à-dire au cours du développement. Chez d'autres espèces encore, la couronne est très élevée et l'on s'aperçoit alors que les racines de ces dents restent largement ouvertes pendant toute la vie de l'animal, ce qui correspond au passage d'un vaisseau sanguin nourricier de grande taille. Pendant que la dent s'use au niveau de la couronne, cette dernière s'accroît au niveau du collet, c'est-à-dire au point de jonction des racines et de la couronne, et la croissance de la dent vers le haut est alors illimitée. Une telle dent est qualifiée d'« hypsodonte », alors que les dents à croissance limitée et à couronne basse sont qualifiées de « brachyodontes ». La plus récente des espèces ancestrales d'issiodoromys se distingue bien des espèces plus anciennes par la plus grande hauteur de la couronne de ses molaires.

Ce qui caractérise le premier issiodoromys, c'est une couronne encore un peu plus haute et un dessin de la surface d'usure des molaires caractéristique. La distinction entre l'ancêtre elfomys et son descendant issiodoromys est entièrement arbitraire puisque le passage de l'un à l'autre est progressif.

C'est à partir de ce stade, vers la fin de l'Oligocène moyen, il y a environ 31 millions d'années, que l'on observe une transformation rapide et spectaculaire de la morphologie de ces rongeurs. Au début, leur taille augmente rapidement, comme le montrent les dimensions linéaires des molaires – il a été démontré que, chez les mammifères, elles sont proportionnelles à la taille. P. D. Gingerich a consacré un travail important à ce problème et a établi les relations mathématiques qui relient les tailles des dents et la taille générale des mammifères. En outre, la hauteur des couronnes des molaires augmente. Celle-ci peut être mesurée sur la face externe pour un même stade d'usure. Chez les formes de l'Oligocène supérieur, vers –25 millions d'années, les dents sont devenues entièrement hypsodontes, et leur croissance est continue. Les surfaces d'usure des molaires se modifient également. Elles deviennent de plus en plus simples, et les premiers stades, observables sur les dents en éruption, sont de plus en plus fugaces. Les derniers stades, en revanche, apparaissent à des hauteurs de couronne de plus en plus élevées, c'est-à-dire de plus en plus tôt au cours de l'usure. Une analyse des muscles masticateurs, qui laissent des rugosités sur les os des mâchoires, révèle des modifications dans l'importance des différents muscles. M. Vianey-Liaud, de l'université de Montpellier, qui a consacré plusieurs années à l'étude de ce groupe, en a déduit que les mouvements masticatoires s'étaient également modifiés. D'obliques, ils sont devenus antéro-postérieurs.

Le plus important est que chacun des gisements fossilifères compris entre –31 et –23 millions d'années dans lesquels on a recueilli des restes de rongeurs comportait des restes d'issiodoromys. Lorsque ces populations fossiles (certains gisements ont livré jusqu'à six mille dents) sont replacées dans le temps, grâce aux autres fossiles ou grâce à diverses méthodes géologiques de datation indépendantes des fossiles, on constate que leur degré d'évolution (dimensions des dents, hauteur des couronnes, simplification du schéma occlusal) est étroitement corrélé avec l'âge du gisement d'où ils proviennent. En outre, dans chacun des gisements, on ne trouve qu'une seule population homogène de dents, qui relèvent toutes d'un même stade. On dit dans ce cas qu'elles se situent au même stade évolutif. Dans le cas présent, cela a pu être vérifié depuis l'Espagne jusqu'en Allemagne du Sud. L'interprétation la plus raisonnable consiste à admettre que l'on a affaire à une espèce qui se transforme uniformément au cours du temps, c'est-à-dire qui évolue progressivement d'un état primitif à un état spécialisé pour un grand nombre de ses caractères.

LES LIGNÉES ÉVOLUTIVES, UN OUTIL DE DATATION RELATIVE EXCEPTIONNEL

On désigne une telle succession de formes sous le nom de « lignée évolutive ». Le mécanisme qui contrôle ce type d'évolution est appelé « anagenèse » ou « gradualisme phylétique ». Ce type d'évolution n'est pas rare et a affecté de nombreux organismes, et notamment la lignée humaine avec le développement du cerveau depuis 2 millions d'années. Les paléontologues recherchent activement ces phénomènes qui permettent d'ordonner les niveaux fossilifères dans le temps et de construire une échelle biochronologique. En effet, si l'on dispose d'un abaque reliant l'âge géologique avec un degré de transformation morphologique au sein d'une lignée évolutive, les caractéristiques d'une population fossile de cette lignée nouvellement découverte permettront de déterminer l'âge relatif des niveaux géologiques dont elle est issue.

Si, en outre, l'échelle chronologique a été étalonnée avec des âges absolus, tels que ceux que l'on obtient à partir des isotopes radioactifs comme le potassium, on pourra même proposer une fourchette d'âges absolus. On dira ainsi que telle population de fossiles, par son degré d'évolution, indique un âge absolu compris entre −30 et −28 millions d'années. La précision de cette méthode de datation dépend évidemment de la vitesse d'évolution des organismes considérés. On arrive aujourd'hui à reconnaître des intervalles de temps d'environ deux cent mille à cinq cent mille ans, quelle que soit l'ancienneté des couches géologiques, à la seule condition qu'elles contiennent des fossiles nombreux. On peut même améliorer cette méthode en appuyant les datations non pas sur une seule lignée évolutive, mais sur trois, quatre ou davantage. Dans ce cas, la cohérence des résultats devient de plus en plus élevée. Les paléontologues ont consacré une énergie considérable au cours de ces dernières décennies à décrire les lignées évolutives. De ce fait, des échelles biochronologiques existent maintenant pour tous les niveaux et pour toutes les régions du globe, et la biochronologie est devenue la base de la chronologie géologique.

Comment se forment les espèces

L'ÉVOLUTION PHYLÉTIQUE EXPLIQUE-T-ELLE
LES INNOVATIONS MORPHOLOGIQUES ?

Dans le détail cependant, ces lignées évolutives posent de nombreux problèmes. Le premier concerne la vitesse des transformations morphologiques. Peut-elle être considérée comme constante ? Grâce à un petit nombre d'exemples très bien documentés, on sait maintenant qu'elle est très variable et qu'admettre un taux constant entre les différents stades n'est qu'une première approximation grossière. L'exemple de l'évolution de la taille du foraminifère planctonique *Globorotalia tumida*, espèce qui vit encore, est à cet égard très significatif. Une évolution très rapide s'est produite il y a environ 5,5 millions d'années et depuis cinq cent mille ans, alors qu'entretemps on observe surtout une stase. De son côté, la lignée du rongeur issiodoromys n'a pas connu un taux d'évolution constant. Dans un premier temps, l'accroissement de taille a été rapide, puis il s'est ralenti. Il en est de même pour la hauteur des couronnes, que l'on peut mesurer et exprimer par rapport à la longueur de la dent, sous forme d'indice d'hypsodontie. Malheureusement, une fois le stade d'hypsodontie totale atteint, les racines ne se ferment plus et alors la mesure de cet indice n'a plus de sens.

Un autre problème concernant ces lignées évolutives est celui des limites que l'on peut établir entre les différentes espèces constituant un tel continuum. Si l'on se fonde sur la définition biologique de l'espèce, il est impossible de savoir si l'ancêtre aurait eu quelque possibilité d'être interfécond avec son descendant. Le problème doit donc être abordé d'une autre façon. Les espèces de rongeurs actuelles présentent, dans leurs caractères morphologiques et dans leurs dimensions, des variations qui peuvent être mesurées. On peut donc, en se fondant sur l'amplitude de la variation au sein d'une espèce actuelle, découper une lignée évolutive, sur les mêmes critères, en autant d'unités. Si la différence est grande entre les extrêmes de la lignée évolutive, on peut la découper en un nombre assez important d'espèces. Si cette variation est faible et correspond, par exemple, au double de la variation rencontrée chez une espèce actuelle, on peut découper la lignée en seulement deux espèces. Tout cela est relativement arbitraire et ne se pose guère dans la pratique, car l'identification d'une lignée se fait de manière séquentielle, dans le temps, souvent après que les espèces qui la constituent ont été décrites par des auteurs différents. Néanmoins, on voit apparaître ainsi des espèces qui n'ont pas vraiment d'équivalent strict dans la nature actuelle, puisque ce sont des espèces qui s'étendent dans le temps avec des coupures le plus souvent arbitraires. C'est la raison pour laquelle on les désigne quelquefois sous le nom d'« espèces chronologiques » ou « chronoespèces ». Mais revenons une fois de plus à la lignée du rongeur issiodoromys. Sept espèces y ont été définies pour un intervalle de temps correspondant à 6 millions d'années. En examinant les mâchoires, les crânes et le squelette postcrânien, M. Vianey-Liaud s'est rendu compte que ces structures se transformaient en même temps que les dents. En particulier, les bulles auditives des issiodoromys deviennent de plus en plus volumineuses au cours du temps. Ces structures correspondent à l'oreille moyenne, sorte de cavité osseuse dans laquelle on trouve trois petits osselets : le marteau, l'enclume et l'étrier, qui transmettent les vibrations entre le tympan et l'oreille interne. Une augmentation, au cours de l'évolution, du volume de ces bulles auditives correspond en fait à un élargissement de la caisse de résonance : un mammifère à grandes bulles aura une ouïe susceptible de percevoir un spectre de longueur d'onde plus large que celui qui a de petites bulles. Quel rapport avec l'augmentation de l'hypsodontie des molaires ? La réponse se trouve chez les représentants actuels de rongeurs qui vivent dans les semi-déserts et les déserts. L'augmentation de l'hypsodontie correspond à un régime végétarien plus exclusif et plus orienté vers les parties vertes des plantes. Les bulles tympaniques de grande taille sont pour les rongeurs désertiques une compensation à leur faible densité, car dans ces grands espaces la nourriture est rare. Ces derniers présentent donc une densité de peuplement très faible. Mais se pose alors le problème de la survie de l'espèce : les individus du sexe opposé doivent pouvoir se rencontrer le moment venu. Une ouïe très fine peut être un avantage dans ces conditions. En même temps, les prédateurs sont plus acharnés puisque leurs ressources sont également plus limitées. D'après les spectres de fréquence auxquels les rongeurs à bulles hypertrophiées se montrent sensibles, on a suggéré que cette adaptation permettait de détecter plus finement encore le bruissement d'aile pourtant imperceptible du rapace qui fond sur sa proie. Quoi qu'il en soit, les bulles hypertrophiées sont fréquentes chez les petits mammifères du désert. Les caractéristiques du squelette postcrânien confirment d'ailleurs cette interprétation. Les issiodoromys avaient des pattes postérieures très allongées et des pattes antérieures très courtes. Il s'agissait donc vraisemblablement d'un rongeur végétarien sauteur comparable aux gerboises du Sahara, capable d'effectuer des déplacements importants pour trouver une nourriture suffisante et des partenaires sexuels éloignés.

LE RÔLE DU MILIEU DANS L'ÉVOLUTION PHYLÉTIQUE

Devant un tel scénario, on peut rester sceptique, mais on peut également essayer de le confronter constamment aux informations apportées par d'autres méthodes des sciences de la Terre.

Ainsi, l'étude des variations du rapport isotopique $^{18}O/^{16}O$ du squelette carbonaté des foraminifères vivants dans les océans exprimé par rapport à un standard s'est révélé être un excellent paléothermomètre. On connaît maintenant, grâce à des mesures effectuées sur des carottes extraites du fond des océans, l'histoire détaillée de la température des océans depuis environ 65 millions d'années. Pour la période qui nous intéresse, la courbe des variations du rapport isotopique indique une baisse de température importante autour de –29 millions d'années. Cette baisse commence déjà dans des niveaux antérieurs. La courbe tend ensuite vers un optimum thermique autour de –26,5 millions d'années avant d'être marquée par une nouvelle décroissance brutale autour de –25 millions d'années. En outre, depuis quelques années, les géologues pétroliers portent un intérêt exceptionnel aux variations passées du niveau de la mer. En combinant toutes sortes d'observations, ils ont proposé une courbe des variations relatives du niveau des mers, prenant la situation actuelle pour référence. Cette courbe indique une formidable baisse du niveau général des mers autour de –30 millions d'années. Cette baisse pourrait-elle avoir causé le refroidissement observé vers –29 millions d'années et avoir eu pour conséquence l'aridification au niveau de la France et de l'Allemagne du Sud dont témoigne l'évolution des issiodoromys ? Le décalage observé est-il dû à l'inertie du système ou à des datations imprécises ?

On touche ici du doigt l'un des problèmes majeurs des sciences de la Terre. Pour démontrer les liens de cause à effet entre ces différents phénomènes, il est indispensable de disposer d'un cadre chronologique absolu extrêmement précis. Or celui-ci n'existe pas, et tous les âges évoqués jusqu'à présent sont affectés d'une erreur d'au moins 1 à 2 millions d'années, toujours dans le meilleur des cas.

Mais qu'est devenu le dernier des issiodoromys devant toutes ces vicissitudes climatiques ? A-t-il disparu en même temps que son milieu de vie en raison d'un retour à des conditions plus humides et d'un changement de végétation correspondant ou bien à cause de l'arrivée d'autres espèces, mieux adaptées aux nouvelles conditions de milieu ?

Quelles qu'en soient les causes, cette forme s'est éteinte il y a 23 millions d'années, sans laisser de descendants. Que peut-on alors déduire de cette extraordinaire évolution des issiodoromys ? Le plus important est de constater qu'un phénomène d'évolution de ce type paraît être la conséquence d'une invasion d'une nouvelle zone adaptative. L'ancêtre d'issiodoromys devait être préadapté à vivre dans les semi-déserts et, dès lors qu'il a colonisé ceux-ci, ses descendants n'ont pas cessé de perfectionner leurs adaptations et même quelquefois d'innover dans cette voie. Les transformations ainsi réalisées ont été importantes et progressives et elles ont conduit à la différenciation d'un nouveau plan d'organisation de rongeur adapté aux semi-déserts. Ce type d'évolution peut donc être considéré comme un mécanisme majeur de transformation des espèces au cours du temps et d'acquisition de nouvelles adaptations complexes. Ce sont précisément ces derniers points qui ont été réfutés avec véhémence par N. Eldredge et S. J. Gould lorsqu'ils ont proposé, en 1972, leur célèbre modèle des équilibres ponctués.

UN MODÈLE ALTERNATIF, LES ÉQUILIBRES PONCTUÉS

Pour ces auteurs, l'essentiel des évolutions morphologiques ne résulte pas de transformations progressives, comme dans l'exemple d'issiodoromys, mais d'un autre mécanisme, la spéciation géographique. À partir de l'étude des espèces actuelles, il est en effet possible de connaître l'un des principaux mécanismes par lequel sont créées les nouvelles espèces. Ce mécanisme principal, au moins chez les organismes supérieurs où il est aisément observable, est le résultat de l'isolement géographique d'une population pendant une durée suffisante pour que son génome puisse accumuler un nombre suffisant de différences et établir une barrière génétique, c'est-à-dire l'impossibilité de se reproduire avec d'autres populations. Celles-ci constituent alors autant d'espèces nouvelles. L'isolement de ces populations est la conséquence d'une modification permanente, à l'échelle géologique, de la géographie. Formation d'un bras de mer, changement du cours d'un fleuve, formation d'un désert, disparition d'une forêt, etc. sont autant de causes possibles.

Pour Eldredge et pour Gould, les lignées évolutives ne sont donc pas à l'origine de la plupart des innovations morphologiques, qui seraient plutôt acquises au cours de la spéciation et liées à ce phénomène. De plus, les phénomènes de spéciation documentés s'avérant très rapides par rapport au temps géologique (quelques milliers à quelques centaines de milliers d'années), ces auteurs ont suggéré que la spéciation était instantanée à l'échelle à laquelle travaille le paléontologue et qu'elle ne concernait qu'une toute petite population, souvent géographiquement marginale par rapport à la population principale de l'espèce ancestrale. Bref, un événement instantané à l'échelle géologique, localisé dans une aire réduite et concernant un petit effectif, autant de paramètres qui rendent ce processus totalement inaccessible aux paléontologues. C'est la raison pour laquelle ces deux auteurs ont suggéré le terme d'équilibres ponctués. Selon eux en effet, au cours du temps, la plupart des espèces sont en état de stase évolutive. Les espèces filles apparaissent brutalement et remplacent quelquefois l'espèce qui leur a donné le jour dans toute son aire de répartition. Les « pseudo-lignées évolutives » correspondraient à une suite d'espèces successivement remplacées par des espèces filles qui auraient amélioré ou développé un peu plus le caractère acquis par l'ancêtre. La stase est donc pour eux un phénomène majeur, et les discontinuités apparentes dans la documentation paléontologique correspondraient souvent à la réalité du mécanisme de l'évolution et non pas à une lacune de la documentation. Ce débat peut être illustré par un exemple relatif à une étude détaillée de l'évolution des ammonites du genre kosmocéras du Jurassique moyen d'Europe par Brinkmann.

Une des différences fondamentales avec le modèle du gradualisme phylétique concerne le nombre d'individus affectés par ces transformations. Pour les gradualistes, c'est l'ensemble des populations d'une espèce, dans toute son aire de répartition, qui se transforme. Pour les ponctualistes au contraire, c'est une fraction minime d'une population périphérique qui se transforme et qui, connaissant le succès, remplace l'espèce ancestrale en provoquant même éventuellement son extinction par compétition.

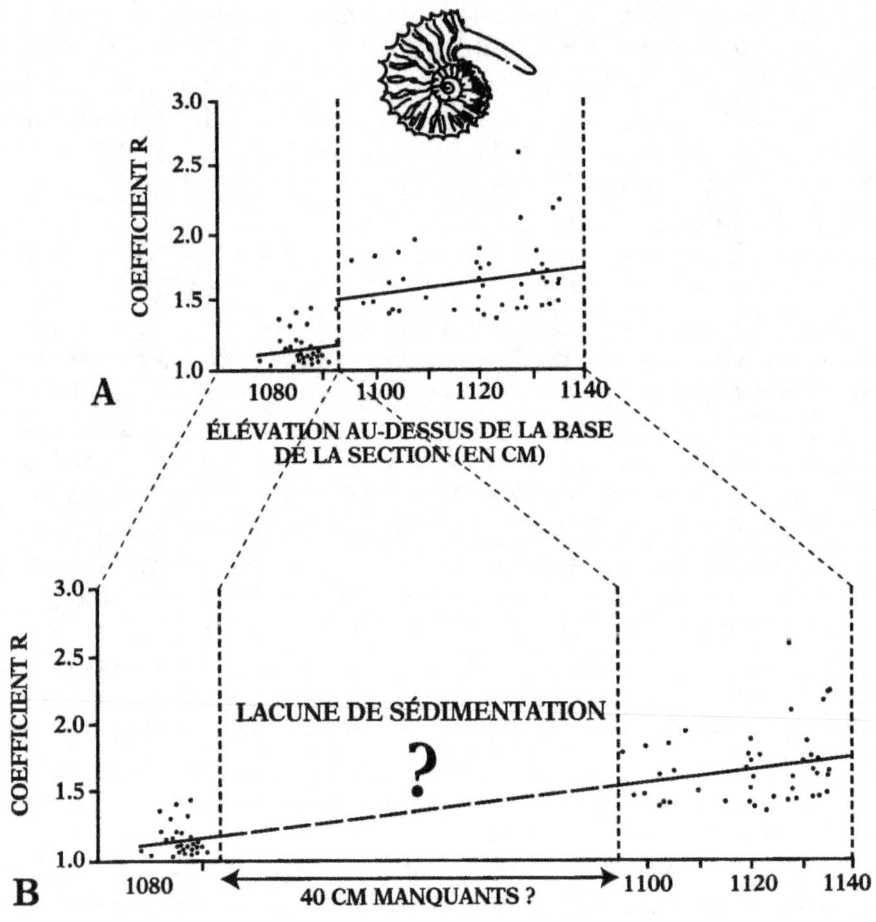

Figure 3.2. *Exemple de débat opposant les partisans du gradualisme phylétique à ceux des équilibres ponctués. Le coefficient R correspond au nombre moyen de côtes rayonnant à partir des tubercules externes sur la face latérale de la coquille de* Spinikosmoceras. *Pour Brinkmann (1929), la discontinuité (trait pointillé de la figure A) était due à une lacune de sédimentation. En ajoutant hypothétiquement quarante centimètres de dépôts, on pourrait éliminer cette discontinuité (B).*

En réalité, le scénario proposé par Eldredge et par Gould n'est récusé par personne. De nombreuses espèces ont évolué suivant le modèle proposé par ces auteurs, et nous avons vu précédemment que la stase était la règle chez plus de 80 % des espèces pour ce qui concerne les caractères accessibles au paléontologue, qui ne constituent en fait qu'une partie de la morphologie d'une espèce. Ces espèces apparaissent en effet souvent brutalement, la plupart du temps par immigration depuis un domaine géographique où elles sont connues antérieurement, puis finissent par s'éteindre. Le véritable conflit entre les deux écoles concerne les modalités suivant lesquelles se font les innovations morphologiques importantes.

La contribution essentielle d'Eldredge et de Gould ne réside pas dans le modèle des équilibres ponctués, qui n'a biologiquement rien de bien nouveau, mais dans la critique extrêmement incisive des lignées évolutives. En effet, pour ces auteurs, la plupart des lignées évolutives décrites par les paléontologues ne résisteraient pas à une analyse critique.

COMMENT DISTINGUER LA VARIATION GÉOGRAPHIQUE DE L'ÉVOLUTION PHYLÉTIQUE

L'une des critiques majeures concerne l'étude de la variation géographique. Dans la nature actuelle, il existe quelquefois entre les populations d'une même espèce réparties dans un domaine géographique très étendu une variation continue de certains caractères. On désigne ce phénomène sous le nom de « cline ». Un exemple classique concerne la taille adulte des renards qui augmente régulièrement entre le sud de l'Italie et le nord de l'Europe. On attribue généralement cette variation à une meilleure adaptation au froid : plus un animal à sang chaud est grand, plus le rapport de la surface sur le volume est petit. Or la déperdition de chaleur est proportionnelle à la surface de radiation, et la production de chaleur au nombre de cellules vivantes, donc au volume. Un tout petit animal est ainsi très sensible au froid. L'augmentation de taille, provoquant une augmentation du carré de sa surface de radiation et du cube de son volume, diminue par conséquent la valeur du rapport. L'augmentation de la taille moyenne adulte chez les populations de renards du nord de l'Europe traduit simplement une meilleure adaptation au froid de ces populations. Imaginons maintenant que la Terre connaisse une nouvelle glaciation. Pour un observateur situé dans la vallée du Rhône, en France, l'avancée de la calotte glaciaire provoquerait un décalage vers le sud de toutes les populations de renards. Vont alors se succéder dans la vallée du Rhône diverses populations de tailles de plus en plus grandes, qui témoignent du déplacement progressif vers le sud de l'ensemble des

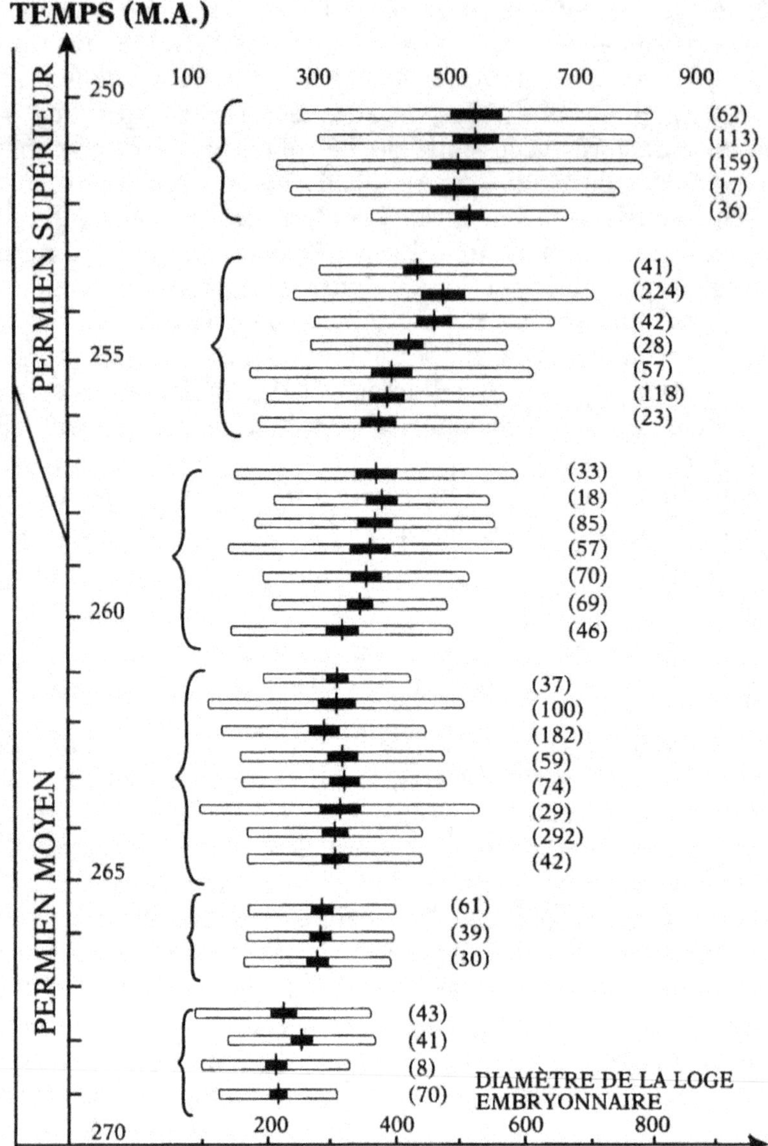

Figure 3.3. *Évolution du diamètre de la loge embryonnaire d'un foraminifère géant du Permien moyen et supérieur,* Lepidolina multiseptata. *Les barres verticales indiquent les moyennes ; les rectangles noirs les intervalles de confiance à 95% de ces moyennes. Les rectangles blancs correspondent à un intervalle de deux écarts types. Chaque ensemble regroupé par une accolade correspond à des populations contemporaines provenant de domaines géographiques distincts. Les chiffres entre parenthèses signalent l'effectif. On constate que la variation géographique pour chaque époque est très faible, et que l'évolution phylétique est importante, puisqu'elle double le diamètre de la loge embryonnaire dans un intervalle de temps de vingt millions d'années. Le taux d'évolution correspond ici à 46 millidarwins (d'après Eldredge et Gould, modifié).*

populations de ce cline. Si chaque génération laisse des fossiles au fond d'une grotte, l'étude de la succession des renards fossilisés au fond de cette grotte va suggérer une augmentation de taille au cours du temps alors qu'il ne s'agit en fait que de modifications relatives à la répartition géographique des différentes populations d'une même espèce.

Pour réfuter les accusations portées par Eldredge et par Gould, il est donc indispensable de connaître, à toutes les époques, l'ampleur de la variation géographique dans toute l'aire de répartition des fossiles impliqués dans une lignée évolutive. Cela est quasiment impossible, et l'on a envie de renoncer à la notion même de lignée évolutive.

Heureusement, le Japonais Ozawa a sauvé l'honneur des paléontologues gradualistes en étudiant la variation à l'intérieur d'une lignée évolutive dans toute son aire de répartition, c'est-à-dire dans tout le Sud-Est asiatique et le Pacifique.

Au cours du Permien moyen et supérieur, entre environ –270 et –250 millions d'années, la taille de la loge embryonnaire d'un foraminifère calcaire géant, cousin des fusulines, n'a cessé d'augmenter. Ozawa, qui a effectué deux mille cinquante-quatre mesures, a montré qu'à chaque intervalle de temps la variation géographique clinale de ce caractère était insignifiante par rapport à la variation dans le temps. La réponse à cette démonstration ne se fit pas attendre, mais fut très décevante. Nos champions des équilibres ponctués répondirent qu'ils reconnaissaient la lignée étudiée par Ozawa comme une véritable lignée évolutive mais que, néanmoins, l'essentiel des innovations morphologiques se faisait à l'occasion des phénomènes de spéciation.

Une autre critique, émanant des partisans des équilibres ponctués, est que les paléontologues qui présentent des lignées évolutives interprètent les faits avec des idées préconçues qu'ils ne testent pas avec des méthodes objectives. S'appuyant sur quelques lignées boiteuses, ils purent facilement démontrer que ce qui était considéré comme une droite de pente significative n'était pas, en termes strictement mathématiques, significativement différente d'une droite horizontale, de pente nulle. Cette critique, mathématiquement correcte, n'est pas très objective. Il est toujours souhaitable d'obtenir des résultats nombreux et appuyés sur des données statistiques, mais les fossiles sont généralement rares.

Une dernière critique visait également la façon de présenter les données. En l'absence de données chronologiques précises, certains paléontologues avaient tendance à présenter les données relatives à ces lignées en anticipant la démonstration. Ils ordonnaient les fossiles selon un vecteur temps découlant d'un ordre inspiré par une éventuelle lignée évolutive. Il est vrai que ce n'est qu'exceptionnellement que l'on trouve les mêmes fossiles dans des couches superposées au même endroit. En ordonnant les fossiles suivant un ordre inscrit dans la logique de l'évolution, par exemple une taille croissante, on peut construire une pseudo-lignée qui n'a plus qu'à être confrontée aux âges géologiques des différents niveaux fossilifères. Dans la pratique cependant, c'est bien ainsi que les lignées sont établies au départ, mais rarement à partir d'un seul caractère. À une variable quantitative s'ajoutent généralement des caractères morphologiques. La complexité croissante d'un caractère constitue une indication fiable du sens de l'évolution, la simplification d'un caractère complexe étant plus rare. En outre, les gisements renferment souvent plusieurs organismes distincts, si ce n'est une communauté complète, parmi lesquels on peut reconnaître quelques autres lignées évolutives. On arrive ainsi peu à peu à une telle quantité d'informations que les lignées évolutives deviennent bien plus que des hypothèses, et leurs indications peuvent même servir à vérifier de manière croisée la polarité des différentes transformations évolutives. Dans ces conditions, l'évolution des organismes et son irréversibilité suffisent à établir une chronologie relative, sans aucune connaissance des indications géologiques. Le meilleur chronomètre, le plus sûr, est celui de l'évolution. Si les âges proposés par les géologues pour les couches fossilifères confirment ceux déduits des lignées, c'est que ces lignées constituent une réalité biologique. Ce qui apparaît ainsi comme un point faible des lignées évolutives constitue en réalité le point le plus fort à l'appui de la réalité, de la fréquence et de l'importance de cette modalité de l'évolution.

Néanmoins, piqué au vif par les critiques acerbes des ponctualistes, P. D. Gingerich et ses collaborateurs de l'université du Michigan ont réagi en reprenant les récoltes de mammifères fossiles du Tertiaire ancien (entre –57 et –50 millions d'années) dans les riches gisements du Montana. À cet endroit, des empilements de couches fossilifères à peine affectées par la tectonique, sur des kilomètres d'épaisseur, permettent de réaliser des collectes de fossiles en abondance et sur une même verticale. L'échelle de temps est cette fois-ci totalement garantie. Une telle approche confirme la réalité de l'évolution phylétique et permet en outre de démontrer que, dans certains cas, l'accumulation des différences (la divergence morphologique) entre deux espèces filles issues d'un même ancêtre n'est pas forcément instantanée, comme le prétendent les ponctualistes, mais progressive et qu'elle se fait au même rythme que l'évolution phylétique.

LA CONFRONTATION ENTRE DEUX MODÈLES

Que nous apporte cette polémique, après vingt ans de débats ? Était-elle inutile ? Certainement pas, car elle a conduit à une analyse plus rigoureuse des concepts d'évolution phylétique et d'équilibre ponctué. Lorsque la documentation paléontologique est vraiment serrée, sans discontinuité majeure et sans lacune de sédimentation, comme c'est quelquefois le cas dans les carottes de sédiments prélevées sur les fonds des océans, ou même sur les continents, on retrouve des exemples de gradualisme phylétique et des exemples d'équilibres

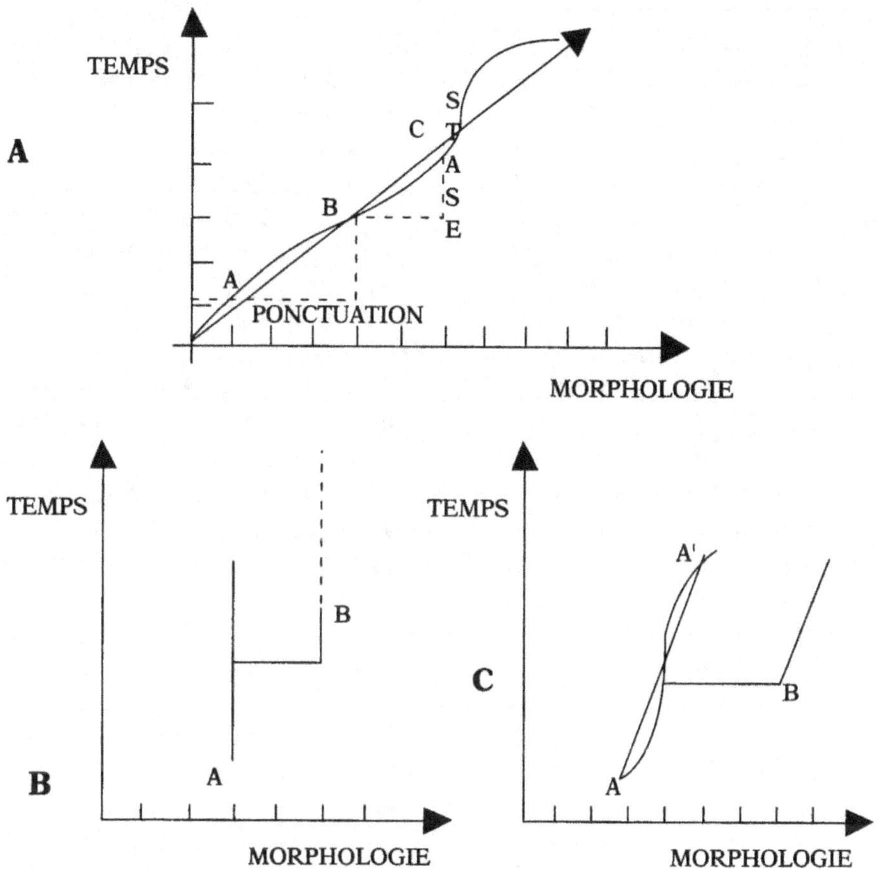

Figure 3.4. *(A) Schématisation des différences entre les modèles d'évolution phylétique et d'équilibres ponctués au cours de l'évolution d'un stade morphologique A en B puis C. Passage progressif à vitesse variable pour l'évolution phylétique et en marches d'escaliers pour les équilibres ponctués, avec une alternance de stases et de modification brutales quasi instantanées à l'échelle géologique.*
(B) et (C) deux modèles d'évolution transspécifique :
(B) une espèce ancestrale A donne naissance à une espèce nouvelle par spéciation et divergence morphologiques brutales ;
(C) une espèce ancestrale A se transforme par évolution phylétique en A' puis donne brutalement naissance à une nouvelle espèce par spéciation et divergence morphologiques.

ponctués, avec des périodes de stase alternant avec des périodes de remplacement rapide, par une nouvelle espèce, d'une espèce déjà installée. Paradoxe de l'histoire, au fur et à mesure que davantage de fossiles sont recueillis, notamment dans les océans, grâce aux forages profonds, ce sont les exemples de ponctualisme qui s'avèrent maintenant résulter parfois d'un enregistrement sédimentaire incomplet !

Sur un autre point également, les tenants du ponctualisme n'ont pas été suivis par la communauté scientifique : l'acquisition des nouveaux caractères morphologiques. Pour cette école, ils sont acquis presque instantanément à l'échelle géologique au cours du phénomène de spéciation, lui-même provoqué par un isolement géographique. Les mesures de distance génétique entre des espèces proches d'animaux et de plantes révèlent qu'il suffit d'un très petit nombre de changements dans la structure de certains gènes, ceux qui induisent l'apparition d'une barrière génétique, pour provoquer l'isolement génétique. Ce dernier peut donc être acquis sans que la morphologie ait changé. L'existence, dans la nature actuelle, de nombreuses espèces jumelles, c'est-à-dire d'espèces bien isolées génétiquement mais morphologiquement quasi identiques, plaide dans ce sens. De plus, lorsque de telles espèces sont en contact, on s'aperçoit que c'est dans la zone de contact que la divergence morphologique est la plus importante.

La divergence morphologique serait donc plutôt la conséquence de la compétition entre l'ancêtre et son descendant et de la nécessaire spécialisation qui en résulte. C'est donc cette spécialisation qui permet à plusieurs espèces proches parentes de coexister dans un même milieu.

Deux autres observations mettent également en cause cet aspect du modèle des équilibres ponctués. Tout d'abord, on connaît, dans la nature actuelle, des espèces qui descendent toutes d'un ancêtre commun. Les groupes ainsi constitués sont appelés groupes monophylétiques. Pour des ancêtres communs d'ancienneté identique, certains de ces groupes sont constitués d'un grand nombre de descendants, d'autres d'un petit nombre de descendants. Si, comme le soutiennent Eldredge et Gould, la divergence morphologique se produit au moment des phénomènes de spéciation, les groupes constitués d'un grand nombre d'espèces résultent d'un nombre élevé de telles spéciations et devraient donc présenter une divergence morphologique et génétique considérable. Le seul examen du groupe très diversifié des drosophiles des îles Hawaii, par exemple, ne confirme pas cette hypothèse.

Mais en considérant uniquement les données biochimiques, qui constituent une autre mesure de la divergence, et en s'appuyant sur la comparaison entre les représentants actuels de deux groupes de poissons, l'un très diversifié et l'autre pauvre en nombre d'espèces, mais ayant chacun un ancêtre commun de même ancienneté, il est apparu à M. E. Douglas et à J. C. Avise qu'il n'y avait pas de relation entre la diversité et la divergence génétique maximale mesurée à l'intérieur d'un groupe. M. Slatkin a abordé ce problème de manière plus théorique, en généticien des populations. Il a estimé que pour réaliser la même évolution morphologique, par le biais des spéciations ou par le biais de l'évolution phylétique, il fallait que les forces de sélection en jeu soient six cent vingt-cinq fois plus importantes pour la spéciation que pour l'évolution phylétique. Même si de tels modèles sont sujets à caution car trop schématiques, leurs données viennent s'ajouter aux précédentes contre l'une des implications, sans doute erronée, du modèle des équilibres ponctués, à savoir le lien entre l'accumulation des différences morphologiques et les spéciations.

LA SÉLECTION D'ESPÈCES, UN AUTRE MODE DE SÉLECTION ?

Une conséquence majeure du modèle des équilibres ponctués est l'importance conférée à la sélection d'espèces. Puisque les différentes espèces qui viennent d'apparaître sont perpétuellement en compétition, et qu'une seule survivra en un endroit donné, des espèces très proches sont en compétition farouche. Pourquoi l'espèce la plus évoluée pour le caractère morphologique considéré serait-elle systématiquement le vainqueur de la compétition, et cela pendant toute la durée de la lignée évolutive, entre cinq cent mille ans et quelques millions d'années ? Cela pose le problème majeur des mécanismes qui déterminent ce type de sélection. Il en est de même pour le gradualisme phylétique : comment expliquer qu'une adaptation puisse se perfectionner pendant plusieurs millions d'années alors que l'on sait que le milieu change constamment à l'échelle d'une dizaine de milliers d'années ? Peut-on admettre que, dans le passé, les fluctuations du milieu aient été moins nombreuses ? Aucun argument sérieux ne vient étayer cette hypothèse. Quelle que soit l'interprétation relative aux modalités de l'évolution au sein des lignées évolutives, on se heurte donc dans les deux cas à une difficulté d'explication quant aux mécanismes invoqués.

Certains ponctualistes, comme Steve Stanley, de l'université John Hopkins, ont proposé un modèle astucieux qui fait appel à cette sélection entre les espèces. En admettant que les spéciations se produisent en nombre équivalent dans un sens morphologique donné et dans le sens inverse (par exemple, une taille adulte de 15 % plus grande ou plus petite pour chaque nouvelle espèce) mais en admettant que les nouvelles espèces qui ont une taille plus grande de 15 % aient une longévité accrue et un taux de spéciation plus élevé, on va voir apparaître, au cours du temps, une multitude d'espèces de taille de plus en plus grande. Dans un tel système, l'ensemble des gammes de tailles va aller en augmentant, produisant une tendance évolutive au sein d'un groupe d'espèces. Ce modèle explique peut-être certaines tendances évolutives mais n'explique certainement pas les lignées évolutives, car il implique l'existence simultanée de plusieurs espèces de taille distincte. Or nous avons insisté sur le fait que les véritables lignées évolutives étaient, à chaque époque de leur existence, constituées d'une seule espèce homogène.

En ce qui concerne le gradualisme phylétique, il apparaît que, dans la plupart des cas, les lignées dans lesquelles se produisent des changements morphologiques importants caractérisent des organismes qui ont envahi une nouvelle zone adaptative, c'est-à-dire une nouvelle niche écologique. Les causes peuvent en être variées : celle-ci était inoccupée, soit parce qu'elle était nouvelle, soit parce que le précédent occupant s'était éteint. On peut penser également qu'un milieu nouveau s'est considérablement agrandi, offrant une quantité importante de ressources alimentaires nouvelles. Enfin, parce que les nouvelles adaptations acquises au cours de l'évolution phylétique ont permis l'occupation d'une niche nouvelle. Des exemples de ces différents types sont à la base de la multiplication explosive des espèces, provoquant ce que les paléontologues désignent sous le nom de « radiation adaptative ». Dans le cas d'issiodoromys, les analogues actuels suggèrent le passage d'un régime omnivore à un régime végétarien strict, peut-être herbivore. Un tel changement nécessite une profonde transformation de la morphologie de l'appareil masticateur, et surtout un changement majeur des enzymes responsables de la digestion. Il est donc vraisemblable que cette invasion dans la nouvelle zone adaptative s'est faite alors que les enzymes digestifs étaient déjà acquis. Une fois cette zone adaptative occupée, on assiste au perfectionnement progressif de l'adaptation, l'évolution des ensembles fonctionnels de caractères morphologiques complexes nécessitant plus de temps que l'acquisition des adaptations biochimiques. La seule certitude concernant ce modèle est que des gènes différents produisent les enzymes du métabolisme et déterminent les caractères morphologiques. Mais les lois de la nature sont complexes, et il ne serait pas étonnant que, par le biais de la pléiotropie, c'est-à-dire les diverses formes d'expression d'un gène, des relations plus étroites soient un jour mises en évidence entre les deux types de gènes.

LA SYNTHÈSE DES CAUSES DE L'ÉVOLUTION
MORPHOLOGIQUE EST-ELLE POSSIBLE ?

Est-il possible de résumer brièvement l'interprétation actuelle des mécanismes de l'évolution transspécifique ? Tout d'abord, il est certain qu'apparaissent constamment des espèces nouvelles par isolement géographique. Ces isolats ne sont pas forcément de petites populations périphériques vivant dans des milieux marginaux. Il semble même plutôt qu'ils aient une durée de survie brève et constituent surtout une sorte de bruit de fond de l'évolution. De très grandes populations, séparées géographiquement par une barrière, conduisent en général plus lentement mais plus sûrement à deux espèces nouvelles. L'isolement génétique nécessaire pour atteindre le statut d'espèce n'implique pas forcément une révolution génétique et encore moins l'acquisition de divergences morphologiques importantes. Celles-ci s'acquièrent surtout ultérieurement au moment de la compétition avec d'autres espèces pour les mêmes ressources. Mais les différences accumulées au moment de la spéciation ne sont absolument pas de nature distincte de celles qui s'accumulent au cours de l'histoire des lignées évolutives.

Dans les deux cas, la vitesse peut être très lente à très rapide. Lorsqu'une espèce ne se transforme pas au cours du temps, on dit qu'elle est atteinte de stase. Curieusement, cette stase pose un véritable problème, lorsque l'on sait que le génome, de son côté, mute constamment. Peut-être même découvrira-t-on un jour que la stase morphologique implique paradoxalement une évolution du génome encore plus importante que la transformation ! Aujourd'hui, toutefois, on préfère expliquer la stase comme un phénomène de préservation de gènes avantageux. Au sein des lignées évolutives, des caractères et même des complexes de caractères se transforment au cours du temps, de manière plus ou moins rapide. La vitesse de transformation n'est pas constante, et les causes de ces variations de vitesse ne sont pas connues. Certains évoquent les variations de l'effectif, l'évolution étant d'autant plus rapide qu'il est réduit, d'autres, des changements concomitants de l'environnement. Ces lignées évolutives, lorsqu'elles durent plusieurs millions d'années, conduisent à des modifications très importantes de la morphologie des organismes. Les gradualistes pensent que le cerveau humain, l'aile des oiseaux, l'œil des vertébrés sont apparus de cette manière. Dans ces lignées, les êtres vivants se transforment progressivement ; les descendants divergent fortement de leurs ancêtres, et les paléontologues attribuent les différents stades à des espèces différentes.

LES PERSPECTIVES DE GÈNES FOSSILES

Ces espèces chronologiques n'ont pas la même signification que les espèces issues de la spéciation, et les biologistes ont du mal à intégrer ce concept dans leurs modèles. Du moins pour le moment, car les formidables progrès de la biologie moléculaire permettent maintenant d'extraire, en s'appuyant sur la méthode du PCR (*Polymerase Chain Reaction*), des portions de gènes extraits de fossiles.

Un tel exploit technique a été réalisé récemment à partir d'une feuille de magnolia fossile vieille de 16 à 20 millions d'années environ par sept chercheurs américains issus de quatre laboratoires distincts, sous l'autorité d'Edward M. Golenberg, de l'université de Californie. La différence avec l'espèce actuelle descendante, s'il s'agit bien de la même lignée, ce qui ne semble pas être le cas, concerne dix-sept nucléotides sur une séquence d'environ huit cent vingt, soit une différence d'environ 2 % pour 18 millions d'années. De même, une fraction de l'ADN d'un charançon vieux de 130 millions d'années, et conservé jusqu'à nos jours dans l'ambre, a pu être extraite et analysée. Ces résultats spectaculaires permettent d'espérer que, dans un avenir proche, il sera possible de comparer de larges fractions du génome entre les ancêtres et leurs descendants.

En ce qui concerne les ossements, Catherine Hänni et quatre autres chercheurs ont extrait et amplifié un fragment de gène d'une côte humaine vieille d'environ cent cinquante mille ans et ont enregistré un signal dans un os encore plus vieux, daté de −5 000 à −5 500 ans. Utilisant des séquences de certains gènes bien précis, ils ont même pu identifier le sexe des humains auxquels avaient appartenu les squelettes. De même, des morceaux de séquences de gènes extraits d'ossements de mammouths et d'ours des cavernes, vieux de quarante à cinquante mille ans, ont pu être récemment obtenus, éclairant de manière décisive l'évolution de ces formes aujourd'hui éteintes.

Grâce à ces méthodes prometteuses, on peut espérer que, bientôt, on en saura davantage sur la signification biologique de ces espèces chronologiques qui caractérisent les lignées évolutives. Les squelettes d'hommes anciens pourront également nous apporter des informations décisives sur l'origine et l'évolution de certaines maladies génétiques.

La mesure des vitesses d'évolution

Si les caractères morphologiques se transforment progressivement au cours du temps dans ces lignées évolutives, il devient intéressant de mesurer les vitesses de ces transformations, ne serait-ce que pour comparer entre elles ces différentes valeurs ainsi que leur variation au cours du temps. C'est le généticien J. B. S. Haldane qui proposa, dès 1949, d'exprimer la vitesse de transformation morphologique, c'est-à-dire le taux d'évolution morphologique, sous la forme de « darwins ». Cette unité est définie par un changement de valeur e (la base des logarithmes naturels : 2,718) par million d'années pour des caractères mesurables. Pendant un intervalle de temps Δt, une structure peut passer de la valeur X_1 à la valeur X_2. Le taux de transformation morphologique correspondra donc à $(Ln\ X_2 - Ln\ X_1)/t$.

Une compilation des données existantes a révélé à P. D. Gingerich des conclusions surprenantes qui lui ont permis d'inventorier quatre catégories distinctes de taux d'évolution.

La première, très élevée, avec des taux compris entre douze mille et deux cent mille darwins, correspond aux résultats des expériences de sélection artificielle en laboratoire.

La deuxième, correspondant à une moyenne d'environ quatre cents darwins, correspond à des évolutions rapides survenues à l'échelle historique comme, par exemple, la colonisation de territoires nouveaux par certaines espèces. Ainsi, pour les moineaux d'Europe qui ont colonisé l'Amérique il y a un peu plus de cent ans, Johnston et Selander ont trouvé des valeurs comprises entre cinquante et trois cents darwins pour des modifications des dimensions des os du squelette. Des valeurs encore plus faibles, de l'ordre de quelques darwins seulement, ont été observées chez des mammifères postglaciaires. B. Kurten, de l'université d'Helsinki, avait remarqué en 1959 que les taux d'évolution étaient vingt à vingt-cinq fois plus élevés pour les mammifères du Quaternaire que pour ceux du Tertiaire. Enfin, les taux les plus bas sont ceux mesurés dans les lignées évolutives les plus anciennes. Ainsi, on trouve pour l'augmentation de la hauteur des couronnes d'issiodoromys une valeur de 51 millidarwins et pour la longueur de la surface occlusale une valeur de 32 millidarwins. La plupart des valeurs observées en paléontologie pour cette catégorie se situent autour de 0,07 à 0,08 darwin.

Cette distribution bizarre a conduit P. D. Gingerich à analyser les facteurs susceptibles d'expliquer ce phénomène. Il a montré qu'il existait une corrélation directe entre la durée de l'intervalle de temps pris en compte pour mesurer le taux d'évolution et la valeur de ce taux. Une analyse plus approfondie devait révéler une cause tout à fait surprenante ; en analysant le rapport entre les valeurs X2 et X1 de plus de cinq cents taux, il s'est aperçu que cette valeur se situait presque toujours autour de 1,2, quel que soit l'intervalle de temps considéré ! Tout se passe comme si le cerveau humain prenait surtout en compte une certaine gamme de différences morphologiques pour base de calcul de ces taux d'évolution. Lorsque les organismes sont trop différents ou s'ils ne le sont pas assez, personne ne songe à calculer les taux d'évolution. La conséquence de ce comportement humain est que c'est l'intervalle de temps pendant lequel s'effectue la transformation qui déterminera le taux d'évolution !

Une autre cause susceptible d'expliquer cette anomalie tient au fait que, pour les organismes anciens, les intervalles de temps pris en compte sont considérables et intègrent les périodes de stase et les périodes d'évolution rapide, voire quelquefois les périodes pendant lesquelles la direction de la transformation peut s'inverser.

On retiendra donc, pour conclure, que des phénomènes évolutifs majeurs sont le résultat de l'accumulation au cours du temps de changements mineurs, à des taux extrêmement variables, mais sans commune mesure avec les phénomènes de sélection artificielle réalisée en laboratoire.

Néanmoins, certains généticiens, comme R. Lande, ont calculé que, compte tenu des taux d'évolution très faibles indiqués par les mammifères fossiles, par comparaison avec ce qui se passait en laboratoire, il suffisait d'un décès par million d'individus et par génération pour expliquer l'évolution de ces caractères par la sélection naturelle. Il suggère aussi qu'une évolution aussi lente aurait tout aussi bien pu être causée par une dérive génétique aléatoire, pour peu que l'effectif de ces populations ait été compris entre dix mille et cent mille individus. Une sélection aussi faible sur une période aussi longue, alors que l'environnement est aussi instable, ne permet pas de retenir ce modèle pour comprendre les mécanismes qui contrôlent l'évolution des lignées, pas plus que le hasard. Il faut donc reconnaître qu'une assez large zone d'ombre plane encore sur les mécanismes génétiques de l'évolution phylétique.

Chapitre IV
Les relations de parenté

Certaines formes vivantes se ressemblent

Parmi les êtres vivants actuels, certaines formes possèdent de nombreux caractères morphologiques communs et semblent pouvoir être regroupées naturellement, quels que soient les niveaux d'organisation considérés. Tous les vertébrés tétrapodes, par exemple, possèdent des membres antérieurs et postérieurs, mais la plupart des serpents en sont dépourvus. Certaines espèces de serpents possèdent toutefois des rudiments de membres, ce qui permet de penser qu'ils sont issus d'ancêtres tétrapodes. Certains tétrapodes partagent la structure de l'œuf amniotique, c'est-à-dire d'un œuf qui permet le développement d'un embryon sans faire appel au milieu aquatique, caractère qui dénote une libération définitive du milieu aquatique. C'est la cas des reptiles, des oiseaux et des mammifères. Au sein des mammifères, on peut encore distinguer trois groupes caractérisés par des modes de reproduction distincts : les monotrèmes, comme l'ornithorynque, pondent des œufs et allaitent leurs petits à l'aide de glandes mammaires rudimentaires ; les marsupiaux, dont l'embryon, qui débute son développement dans l'utérus, migre très tôt dans une poche ventrale pour l'y poursuivre tout en s'allaitant ; les placentaires, qui possèdent le même mode de reproduction que l'homme.

La présence de caractères complexes identiques chez des formes par ailleurs distinctes est l'un des arguments importants en faveur de l'évolution. Elle suggère que toutes ces formes ont pu hériter ces caractères d'un ancêtre commun qui les possédait déjà, complètement ou à l'état d'ébauche. Notons en passant que la présence de caractères biochimiques, génétiques et cellulaires communs constitue un argument tout aussi important à l'appui de la réalité des processus d'évolution.

Les regroupements faits par l'homme pour établir des relations de parenté entre les êtres vivants s'appuient essentiellement sur ces carac-

115

tères commun. Afin de mieux comprendre la nature de ces relations de parenté, nous allons examiner un exemple élémentaire, qui nous permettra de préciser la méthode, ses difficultés mais aussi ses faiblesses.

La taxinomie numérique ou phénétique

Considérons trois formes distinctes de vertébrés actuels : la grenouille, le cheval et l'homme. Au lieu d'entamer une description de leurs caractères morphologiques, restreignons-nous à quelques caractères de leurs squelettes. C'est un procédé classique en paléontologie où les restes sont plutôt rares et souvent très fragmentaires. Pour bien se mettre dans la situation du paléontologue, nous allons prendre en compte trois caractères seulement :
– (A) le nombre de doigts au pied (cinq pour la grenouille et l'homme, un pour le cheval) ;
– (B) le nombre d'os constituant la mandibule (supérieur à un pour la grenouille, égal à un pour le cheval et l'homme) ;
– (C) la présence ou l'absence d'un appendice caudal (absent chez la grenouille et chez l'homme, présent chez le cheval).
On peut constater que le nombre de caractères communs à l'homme et à la grenouille (deux) est supérieur au nombre de caractères partagés par le cheval et l'homme (un) ou par le cheval et la grenouille (aucun). En se basant donc uniquement sur le nombre de caractères communs, on rapprocherait la grenouille de l'homme et l'on considérerait que le cheval est plus éloigné de ce groupe.
Cette méthode, qui se fonde sur le nombre de caractères quelle que soit leur qualité, est appelée « phénétique », ou encore « taxinomie numérique ». Elle a connu sa période de gloire dans les années soixante, avec le perfectionnement des méthodes d'analyses statistiques. Le plus grand nombre possible de caractères – plus d'une centaine – doit être utilisé, tous étant considérés au départ comme ayant le même poids. Les relations entre les diverses formes seront alors exprimées sous la forme d'indices de similarité, calculés à partir d'un algorithme spécifique tiré du tableau des caractères et des formes.
Un travail considérable a été effectué dans ce domaine pour les êtres vivants actuels, mais avec peu de résultats convaincants pour ce qui est des fossiles, car le nombre de caractères disponibles est presque toujours insuffisant. Le point faible de cette méthode est qu'elle ne distingue pas les caractères primitifs, appelés également « plésiomorphes », des caractères évolués, que l'on désigne aussi sous

le nom de « caractères dérivés » ou « apomorphes ». Un caractère primitif est un caractère qui n'a pas évolué entre les ancêtres et les descendants. Ainsi, la présence de cinq doigts chez l'homme, observée chez un grand nombre de primates primitifs, et même de mammifères primitifs, est considérée comme un caractère primitif. Elle correspond à un état ancestral conservé chez un grand nombre de mammifères, comme, par exemple, les hérissons, les carnivores ou leurs ancêtres. Par opposition, la perte des deux premières prémolaires chez l'homme, alors que les mammifères placentaires primitifs et les premiers primates les possédaient, permet de considérer ce caractère comme une spécialisation de la lignée des singes catarhiniens, dont l'une des branches devait conduire à l'homme.

La méthode cladistique de W. Hennig

Depuis ces vingt dernières années, une méthode plus élaborée a pris le relais dans ce domaine, et a connu un immense succès. Il s'agit de la méthode cladistique, mise au point par un entomologiste allemand, W. Hennig, dès 1950. Selon Hennig, comme l'évolution est un processus irréfutable à la base de la hiérarchie entre les êtres vivants actuels, il doit être possible d'extraire l'information contenue dans ces êtres vivants à l'aide d'une méthode appropriée. La méthode cladistique repose sur quelques principes : seuls les caractères spécialisés partagés, hérités de l'ancêtre commun qui les a acquis (synapomorphies), doivent être pris en compte pour l'établissement des relations de parenté, les caractères primitifs, même partagés (symplésiomorphies), n'apportant aucune information. Les résultats de l'analyse des caractères dérivés communs sont exprimés graphiquement sous la forme d'arbres dichotomiques. Pour chaque groupe monophylétique, on recherche le groupe frère, c'est-à-dire le groupe le plus proche parent.

En s'appuyant sur le développement embryonnaire, les observations statistiques dans les groupes plus éloignés (comparaisons extra-groupe) et les données paléontologiques, notamment la connaissance des lignées évolutives, on peut analyser les caractères évoqués précédemment.

Nous avons déjà vu que la présence de cinq doigts est un caractère primitif ; la présence d'un seul doigt chez le cheval est donc un caractère dérivé. Lorsque l'on se penche sur l'extraordinaire documentation paléontologique relative à l'évolution du cheval, on constate que les fossiles de ce groupe témoignent de la réduction du nombre de doigts au cours du temps. Le représentant le plus ancien des équidés remonte à environ 57 millions d'années. Il avait la taille d'un renard et possédait encore cinq doigts à ses pattes postérieures. Au cours du temps, on observe une réduction progressive du nombre de doigts au sein d'un véritable buissonnement évolutif, comprenant de nombreux événements de spéciation et d'évolution phylétique qui aboutissent, il y a 2,6 millions d'années seulement, à la différenciation de la plus noble conquête de l'homme.

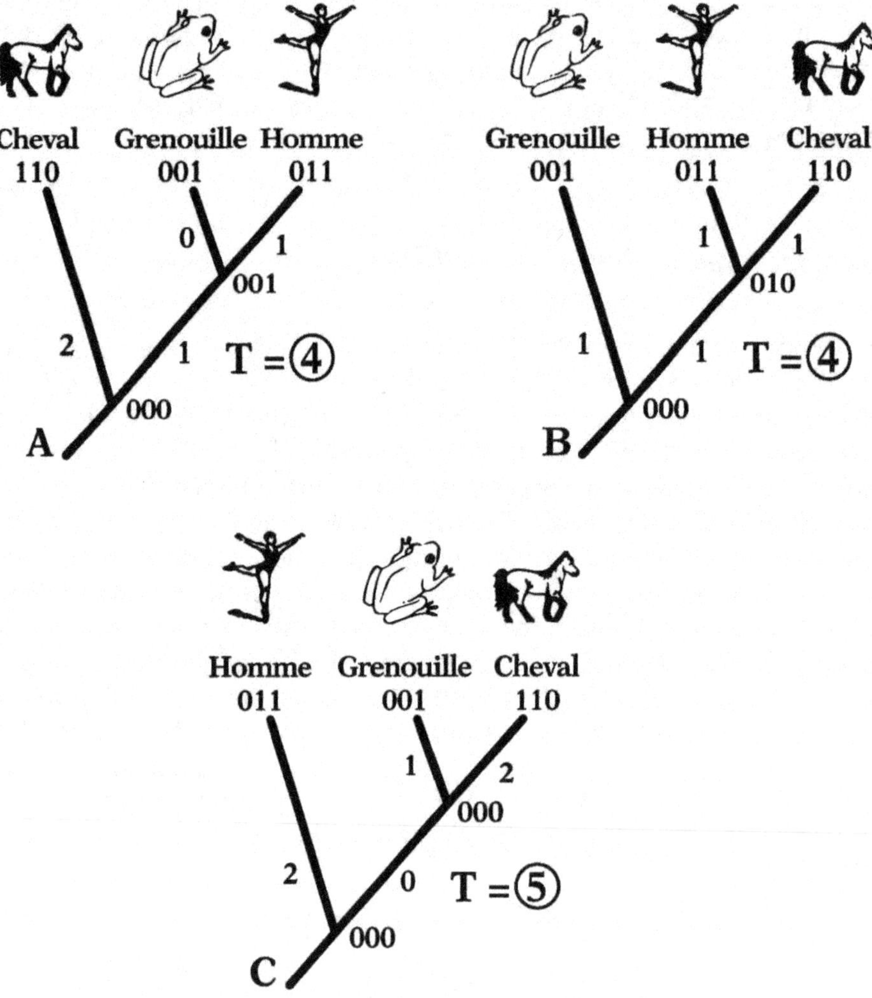

Figure 4.1. *Analyse cladistique des relations de parenté entre trois espèces distinctes, en utilisant seulement trois caractères. Dans cet exemple, seules les modifications allant d'un caractère primitif à un caractère spécialisé (0 à 1) sont acceptées, ce qui est généralement vrai pour les caractères morphologiques. On obtient au maximum trois arbres distincts A, B et C. On reconstitue pour chacun l'état des caractères de l'ancêtre commun de chaque dichotomie. Le nombre de changements d'état (de 0 vers 1) est déterminé pour chaque arbre (T). Les arbres A et B sont les plus économiques.*

Ces stades successifs sont plus ou moins récapitulés au cours du développement embryonnaire du cheval actuel, qui possède, au début, des ébauches des cinq doigts, puis dont le développement des doigts latéraux se ralentit par rapport à celui du doigt fonctionnel unique, le doigt III.

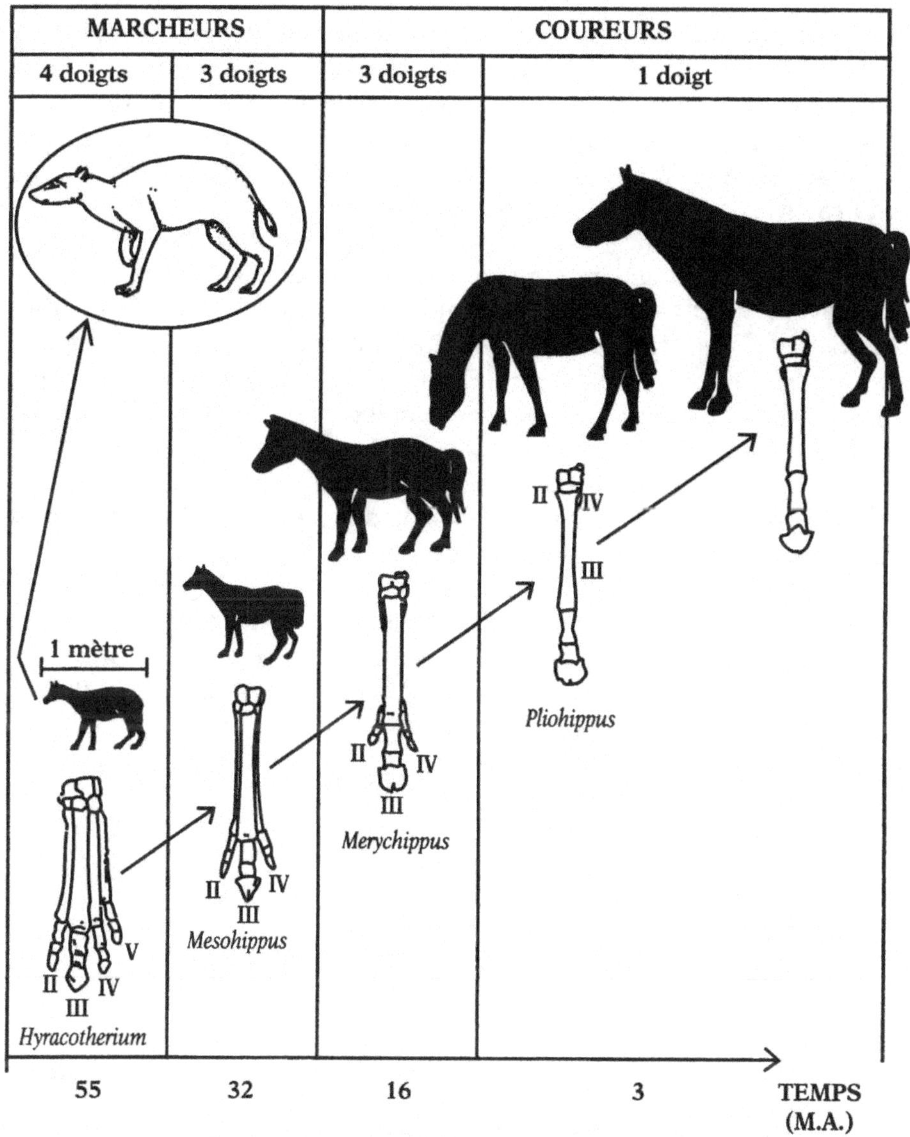

Figure 4.2. *Évolution de la taille et du nombre des doigts au cours des temps géologiques (en millions d'années), dans la lignée des équidés qui conduit au cheval.*

Ainsi, les trois démarches préconisées par Hennig pour définir la polarité du caractère convergent pour considérer comme dérivé, ou spécialisé, la présence d'un seul doigt chez le cheval.

Un deuxième caractère pris en compte est le nombre d'os de la mâchoire inférieure. Tous les tétrapodes primitifs – comme les crocodiles – possèdent plusieurs os à la mâchoire inférieure, dont celui qui porte les dents, le dentaire. Chez les « reptiles mammaliens », groupe ancêtre de celui des mammifères, le dentaire devient de plus en plus important tandis que les autres os régressent considérablement puis changent de fonction ou disparaissent. L'os unique de la mâchoire inférieure est donc un caractère spécialisé commun à tous les mammifères. L'étude du développement embryonnaire récapitule un stade à plusieurs os, dans lequel on peut reconnaître la disposition qui existe chez certains « reptiles » actuels.

Quant à l'appendice caudal, tout le monde sait que l'homme en est dépourvu et partage ce caractère avec les grands singes. Mais la plupart des primates et des mammifères possèdent un appendice caudal, et, là encore, on constate que l'embryon humain possède, au cours des premiers stades de développement, une ébauche d'appendice caudal qui régresse considérablement par la suite. Il en va de même de la grenouille dont la larve, ou têtard, possède un appendice caudal important qui disparaît au moment de la métamorphose.

La perte de l'appendice caudal peut donc être considérée comme un caractère dérivé ou apomorphe.

L'état primitif et dérivé d'un caractère pouvant être exprimé sous la forme binaire 0 et 1, 0 pour caractériser un état primitif et 1 pour caractériser un état dérivé, on peut dès lors construire un tableau des caractères indiquant les états des différents caractères de chaque organisme, qui se présente comme suit :

CARACTÈRES

	A	B	C
GRENOUILLE	0	0	1
HOMME	0	1	1
CHEVAL	1	1	0

L'homme partage donc un caractère dérivé avec la grenouille et un autre avec le cheval, ces deux derniers taxons ne partageant aucun caractère dérivé.

À partir de trois taxons, on peut théoriquement construire trois arbres distincts qui rendent compte de toutes les relations de parenté possibles. Le nombre d'arbres possibles augmente très rapidement si l'on multiplie le nombre de taxons. Pour quatre taxons on pourra déjà obtenir quinze arbres distincts et pour neuf, plus de quatre millions. Sur les trois arbres ainsi obtenus, on reporte le code des caractères de chaque taxon et l'on reconstitue l'ancêtre commun correspondant à chaque dichotomie. Ce faisant, on considère que seules les modifications allant de 0 à 1 sont possibles, c'est-à-dire d'un état primitif vers un état dérivé. On exclut donc la possibilité d'une réversion de l'évolution. Les états des caractères ancestraux établis (110 et 011 dérivant alors d'un ancêtre commun 010), il est nécessaire de compter le nombre de caractères qui changent d'état dans chaque branche de l'arbre. En additionnant ces changements d'état, on s'aperçoit que l'un des arbres entraîne cinq changements d'état (C), alors que les deux autres n'en entraînent que quatre (A et B). Si l'on n'avait pas fixé la règle précédente, on aurait obtenu trois arbres identiques aux précédents et ne nécessitant chacun que trois changements d'état.

Si l'on ne retient que les arbres les plus économiques en nombre de changements d'état des caractères, comme le recommande W. Hennig, si l'on exclut l'inversion des caractères (1 vers 0), deux arbres (A et B) très différents demeurent ; ils nécessitent chacun quatre changements d'état. Compte tenu de l'information disponible, aucun choix justifié n'est possible. Il ne nous reste alors qu'à recommencer la même démarche en ajoutant un caractère supplémentaire, D.

CARACTÈRES

ESPÈCES	A	B	C	D
GRENOUILLE	0	0	1	0
HOMME	0	1	1	1
CHEVAL	1	1	0	1

Ce quatrième caractère, qui pourrait être la présence d'une denture complexe, avec incisives, canines, prémolaires et molaires, caractère spécialisé partagé par l'homme et le cheval mais absent chez la grenouille, va contribuer à rapprocher ces deux mammifères, et l'arbre le plus économique (cinq changements d'état) devient celui dans lequel le plus proche parent de l'homme est le cheval, c'est-à-dire l'arbre que l'on pense être exact ! Ce serait différent si l'on négligeait la règle du nombre minimal de transformations, ce qui reviendrait à considérer que tous les caractères de mammifères partagés entre l'homme et le cheval sont apparus indépendamment au cours de l'évolution.

Une analyse plus approfondie révèle toutefois un problème important. Les données paléontologiques et ontogénétiques montrent que la disparition de l'appendice caudal chez la grenouille et chez l'homme

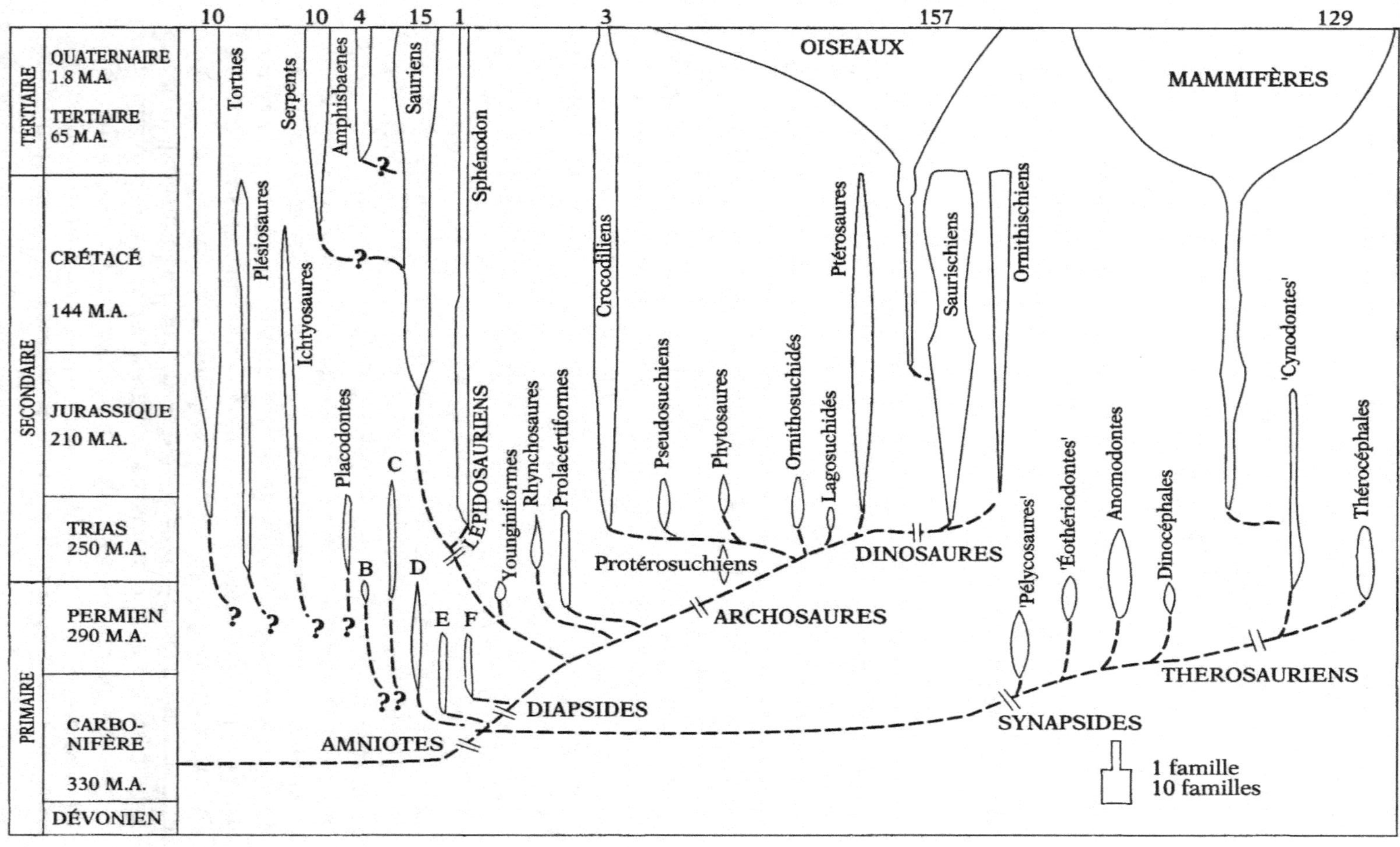

PRIMAIRE
SECONDAIRE
TERTIAIRE
DÉVONIEN
CARBONIFÈRE 330 M.A.
PERMIEN 290 M.A.
TRIAS 250 M.A.
JURASSIQUE 210 M.A.
CRÉTACÉ 144 M.A.
TERTIAIRE 65 M.A.
QUATERNAIRE 1.8 M.A.
10
10
4
15
1
3
157
129
Tortues
Plésiosaures
Ichtyosaures
Placodontes
Serpents
Amphisbaenes
Sauriens
Sphénodon
B
C
D
E F
?
?
?
?
?
?
?
AMNIOTES
DIAPSIDES
LÉPIDOSAURIENS
Younginiformes
Rhynchosaures
Prolacértiformes
Crocodiliens
Pseudosuchiens
Phytosaures
Ornithosuchidés
Lagosuchidés
Protérosuchiens
Ptérosaures
ARCHOSAURES
DINOSAURES
Saurischiens
Ornithischiens
OISEAUX
'Pélycosaures'
'Éothériodontes'
Anomodontes
Dinocéphales
'Cynodontes'
Thérocéphales
SYNAPSIDES
THEROSAURIENS
MAMMIFÈRES
1 famille
10 familles

n'est pas un caractère hérité par les deux taxons à partir d'un ancêtre commun, mais qu'elle s'est produite deux fois, indépendamment, à des époques distinctes, constituant un exemple d'évolution convergente d'un caractère. Les grenouilles perdent leur appendice caudal avant la fin du Trias (–190 millions d'années), lors de la différenciation du groupe des anoures. La perte de l'appendice caudal de l'homme s'est produite chez l'ancêtre commun à tous les hominoïdes, au cours du Miocène inférieur (–25 à –16 millions d'années). Ces phénomènes d'évolution convergente ou parallèle des caractères constituent la principale limite à l'utilisation de la méthode cladistique. Cela nous conduit à rejeter l'arbre A. De même, en augmentant le nombre de caractères (anatomiques, physiologiques, biologie de la reproduction), l'arbre B se serait de toute façon imposé comme le plus probable car nécessitant le moins de changements d'état des caractères, à moins d'admettre que les caractères mammaliens soient apparus plusieurs fois indépendamment au cours de l'évolution.

LES ARBRES PHYLÉTIQUES, UNE VISION PALÉONTOLOGIQUE DES RELATIONS DE PARENTÉ

Le cladogramme n'est pas l'équivalent de l'arbre phylétique des paléontologues. Ce dernier est essentiellement établi en fonction de l'ordre chronologique, ce qui évite déjà la confusion possible entre l'ancêtre et le descendant! Ensuite, les relations de parenté ne sont exprimées que de manière probabiliste : si un seul caractère spécialisé empêche de considérer la forme A comme l'ancêtre de B, on estime qu'il n'est pas ridicule de considérer la forme A comme très proche parente de l'ancêtre de la forme B. En fait, plusieurs arbres phylétiques, se distinguant par la position sur l'échelle de temps des différents fossiles, peuvent correspondre à un même cladogramme. Dans un arbre phylétique, l'ancienneté de chaque forme est considérée comme une caractéristique majeure.

Ce type de représentation a longtemps satisfait la majorité des paléontologues, à l'exclusion de ceux qui étudiaient des fossiles provenant de meubles de collections, où les indications chronologiques

Figure 4.3. *Arbre phylétique conventionnel des vertébrés amniotes.*
Les différents groupes sont représentés par des fuseaux dont la hauteur
correspond à la répartition précise dans le temps, et la largeur au nombre
de familles. Les liens entre fuseaux sont définis à partir des méthodes
traditionnelles, mais aussi, pour une part, à partir de l'analyse cladistique.
En haut : le nombre actuel de familles. B=Paréiausaures ; C=Procolonphoniens ;
D=Captorhinidés. E=Protothyrididés. F=Aéroscélididés
(d'après M. J. Benton).

étaient soit inexistantes soit extrêmement imprécises. De nombreux fossiles récoltés au siècle dernier appartiennent à cette dernière catégorie. C'est également parmi eux que l'on rencontre les spécimens les plus complets, car ils proviennent de l'exploitation manuelle des carrières et des mines. On comprend donc que les premiers à avoir saisi l'intérêt de la cladistique soient les spécialistes de groupes dépourvus de fossiles, pauvres en fossiles ou pauvres en information chronologique : elle leur a permis d'analyser les relations de parenté de leurs fossiles sur la seule base des caractères observables.

Les points faibles de la méthode cladistique

En pratique, la méthode cladistique comporte néanmoins plusieurs points faibles. Le premier concerne la réversion de la polarité des caractères. Un caractère dérivé peut-il se transformer en caractère primitif ? Présenté ainsi, certainement pas. Mais un caractère morphologique complexe peut se simplifier au cours de l'évolution. La surface occlusale des molaires du rongeur issiodoromys devient de plus en plus simple durant l'Oligocène. Les serpents ont perdu leurs membres et développé un autre mode de locomotion. Pour l'analyse cladistique, la perte des membres ou la présence de rudiments constituent un caractère spécialisé. Les dents des dauphins sont toutes identiques alors que ce sont des mammifères, qui ont comme ancêtre une forme voisine d'un cochon primitif, avec des molaires complexes à plusieurs tubercules. Les exemples où la simplicité morphologique est secondaire, et doit être interprétée comme une spécialisation, ne sont pas rares. C'est également le cas de nombreux parasites internes, qui, en s'adaptant de plus en plus étroitement au milieu intérieur de leur hôte, perdent progressivement leur morphologie ancestrale.

La connaissance de la succession des formes au cours du temps, c'est-à-dire de la lignée évolutive, est le moyen le plus sûr de reconnaître que l'aspect simple d'un caractère résulte en fait d'une transformation évolutive à partir d'une forme complexe plus ancienne.

Une meilleure adaptation au milieu se traduit souvent par un ensemble de modifications morphofonctionnelles. C'est ainsi que tous les vertébrés exclusivement marins ont acquis une forme hydrodynamique et que les membres des tétrapodes de cette catégorie se sont transformés en palettes natatoires ou en nageoires. Les contraintes du milieu ont, sur la morphologie, une action déterminante. Mais un organisme ne peut y répondre qu'en fonction des possibilités de son génome. Les vertébrés des exemples précédents ont hérité d'un ancêtre commun un très grand nombre de gènes, et il n'est pas étonnant que, subissant les mêmes contraintes du milieu, ils se transforment de manière sinon identique, du moins très semblable. C'est ce que l'on appelle le parallélisme, réservant le terme de convergence pour une ressemblance entre deux formes qui n'ont hérité de leur ancêtre aucun trait relatif à cette adaptation. Ce phénomène de parallélisme représente une difficulté majeure pour l'analyse cladistique, et il est important d'en connaître la fréquence. La paléontologie seule permet de démêler l'histoire et les relations de parenté entre les fossiles, et fournit une estimation qui montre le parallélisme comme très fréquent.

On enregistre parfois la réponse des organismes sans connaître le moins du monde la nature des changements intervenus. Ainsi, il y a 543 millions d'années commençaient les temps fossilifères. Ce repère a été choisi parce que de nombreux invertébrés marins, comme les échinodermes, les mollusques, les brachiopodes, les arthropodes, ont acquis à ce moment précis de leur histoire un squelette minéralisé externe, en carbonate de calcium ou en phosphate de calcium. Or personne ne sait quelle modification du milieu a induit cette acquisition de boucliers. Certains proposent l'apparition d'un groupe de prédateurs particulièrement voraces, mais cette explication reste une hypothèse.

Les phénomènes d'évolution parallèle ne sont pas tous aussi spectaculaires. De nombreux rongeurs, par exemple, acquièrent une molaire à cinq crêtes, adaptation à un régime herbivore, alors que les formes primitives ont des molaires à tubercules arrondis, caractéristiques d'un régime omnivore. Les quatre crêtes principales ne correspondent qu'au renforcement des crêtes préexistantes chez les ancêtres. La cinquième, par contre, est néoformée suivant des modalités distinctes selon les groupes. Les paléontologues suisses H. G. Stehlin et S. Schaub avaient supposé que tous les rongeurs à cinq crêtes dérivaient d'un ancêtre unique. On a pu démontrer depuis, grâce à l'étude des lignées évolutives de rongeurs, que cela était faux et que ce caractère était apparu plusieurs dizaines de fois au cours de l'évolution de ce groupe. Le prétendu caractère dérivé commun était en fait apparu plusieurs fois indépendamment.

Un parallélisme peut aussi s'exprimer simultanément dans deux lignées évolutives très proches ; on parle alors de parallélisme synchrone. Il très difficile à mettre en évidence, sauf si se manifeste un léger décalage chronologique, ou un ordre différent dans l'acquisition des caractères, qui permet de le déceler.

Une troisième difficulté de la méthode cladistique est la détermination de l'état primitif ou dérivé d'un caractère. Lorsque l'on dispose d'une abondante documentation paléontologique, sans lacune significative, et d'un fil conducteur permettant d'identifier des lignées évolutives, il est relativement facile de déterminer sans risque d'erreur la polarité d'un caractère dont on a suivi, au cours du temps, le changement progressif. Ces exemples sont malgré tout assez rares, et s'il fallait se limiter à eux, la méthode ne serait pas applicable. Par ailleurs, pour nombre d'organismes vivants au corps mou, il n'existe pas d'information paléontologique.

W. Hennig préconise alors deux autres moyens d'investigation, déjà mentionnés. Le premier consiste à examiner l'état du caractère chez tous les cousins, proches et éloignés, de la forme considérée et d'en déduire une information statistique. Plus un caractère est fréquent, plus il a de chances d'être primitif. Plus il est rare, plus il a de chances d'être dérivé. Il est évident qu'une telle approche comprend un risque d'erreur assez significatif, mais que faire d'autre ?

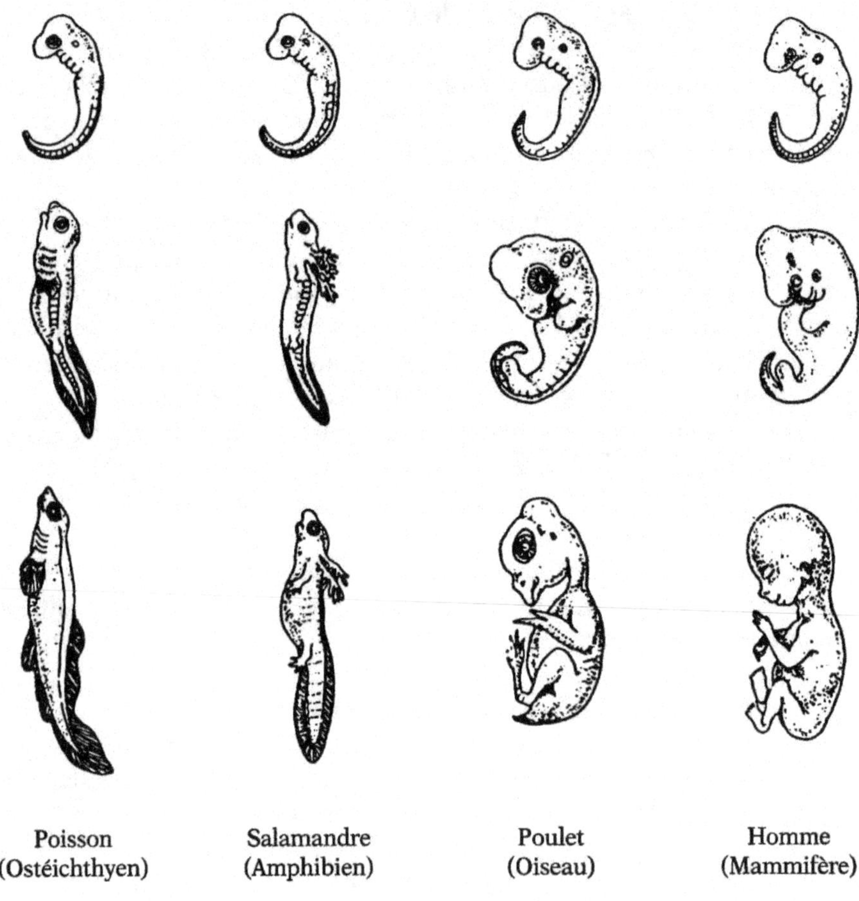

Figure 4.4. *Succession des stades embryonnaires chez les vertébrés, illustrant la loi de von Baer. On notera la présence, sur l'embryon humain au premier stade représenté ici, d'ébauches de fentes branchiales et d'un appendice caudal.*

Un autre moyen préconisé par l'entomologiste allemand consiste à s'inspirer des données embryologiques relatives au développement du caractère examiné. Nous avons déjà mentionné une telle approche pour la détermination de la polarité du nombre de doigts chez le cheval et l'absence d'appendice caudal chez l'homme et chez la grenouille. L'embryologiste allemand Haeckel a formulé, dès 1866, la fameuse loi : « l'ontogénie récapitule la phylogénie », qui s'est avérée d'une manière générale plutôt inexacte. Peut-on considérer en effet l'asticot comme une bonne image de l'ancêtre de la mouche ? Certainement pas, et il faut prendre en compte le fait que l'embryon lui-même doit s'adapter à un milieu quelquefois très différent de celui de l'adulte. La loi formulée par un autre embryologiste, von Baer, en 1828, est moins éloignée de la réalité : les premiers stades de développement chez plusieurs espèces issues d'un ancêtre commun tendent à être plus semblables entre eux que les stades ultimes. Cette assertion se révèle quelquefois exacte pour les vertébrés, mais ne saurait être généralisée à outrance. Au contraire, de nombreux embryologistes, s'appuyant sur leur expérience, recommandent de ne pas utiliser inconsidérément les données ontogénétiques pour déterminer la polarité des caractères.

LES OISEAUX SONT-ILS LES PLUS PROCHES PARENTS DES MAMMIFÈRES ?

L'un des exemples les plus spectaculaires des faiblesses de la méthode cladistique concerne les relations de parenté entre les oiseaux et les autres groupes de vertébrés amniotes. Un réexamen décisif des restes du plus ancien oiseau, l'archéoptéryx, découvert dans le célèbre gisement de Solenhofen, en Allemagne, devait permettre à J. H. Ostrom d'établir, en 1976, qu'il avait comme plus proche parent, ou groupe frère, un groupe de dinosaures carnivores, les théropodes. Par la suite, il devait être démontré que les ptérosauriens (ou reptiles volants) constituaient le groupe frère de l'ensemble dinosaures plus oiseaux, et les crocodiles, le groupe frère de tout l'ensemble précédent. Tous ces groupes peuvent être rassemblés au sein d'un ensemble monophylétique de reptiles appelés « archosaures ». Le groupe frère des archosaures est représenté par les lépidosauriens (qui incluent les lézards et les serpents). Tous ces reptiles constituent à leur tour un autre ensemble monophylétique, qui contient les précédents, et que les paléontologues appellent « diapsides ». Le groupe frère de ce grand ensemble est lui-même représenté par les reptiles mammaliens et les mammifères. En résumé, les oiseaux et les mammifères sont deux groupes très éloignés, les oiseaux étant plus proches, dans l'ordre, des dinosaures, puis des crocodiles, puis des lézards et des serpents, avant de partager un ancêtre commun très ancien avec les mammifères.

Or le zoologiste anglais B. Gardiner, en 1982, dans un travail retentissant qui se voulait iconoclaste, a démontré à l'aide d'une analyse cladistique que le groupe le plus étroitement apparenté aux oiseaux n'était autre que celui des mammifères. Pour cela, Gardiner n'a tra-

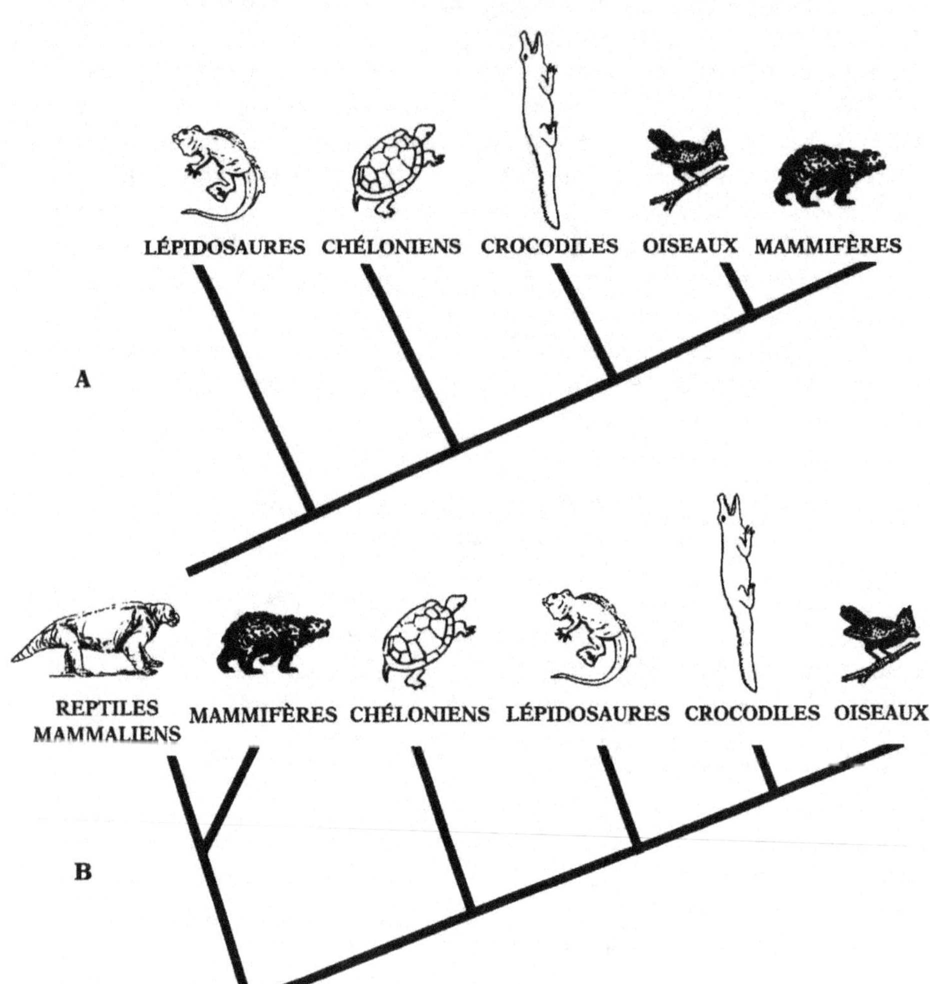

Figure 4.5. *Cladogramme des vertébrés amniotes. A : arbre proposé par Gardiner, avec les oiseaux comme groupe frère des mammifères. Aucun groupe éteint n'est pris en compte. B : arbre obtenu après révision des caractères utilisés par Gardiner et introduction des reptiles mammaliens, groupe fossile ancêtre des mammifères. Cet arbre très différent du précédent, est aussi économique mais en accord avec les observations paléontologiques. L'adjonction des autres groupes fossiles ne change pas cette topologie.*

vaillé que sur des groupes vivants et s'est refusé à prendre en compte les données paléontologiques.

Il s'est appuyé dans sa démonstration sur trente-sept caractères d'anatomie molle, d'anatomie osseuse, ainsi que sur des caractères physiologiques et biochimiques. Le plus extraordinaire est que ce résultat a été confirmé ultérieurement au niveau moléculaire par l'extrême ressemblance décelée entre les myoglobines, les alpha-hémoglobines, les alpha-cristallines et les cytochromes C d'oiseaux et de mammifères. De manière plus surprenante encore, les génomes de mammifères et d'oiseaux présenteraient, aussi bien au niveau des exons (les portions de gènes qui s'expriment) que des introns (les portions muettes), une proportion plus élevée que la normale de nucléotides de type guanine (G) et cytosine (C).

À l'occasion d'un réexamen du problème des relations de parenté à l'intérieur des vertébrés amniotes, J. Gauthier, A. G. Kluge et T. Rowe ont mis en évidence plusieurs erreurs dans les données de base utilisées par Gardiner. Mais malgré les corrections, ils ont obtenu, en 1982, le même résultat que celui de Gardiner.

Ils ont alors recommencé leur analyse phylogénétique en y introduisant les fossiles connus. Grâce à cette démarche, ils ont enfin trouvé un arbre à la fois économique et en accord avec les données paléontologiques. Ils expliquent ce résultat par le fait que les fossiles, qui ont disposé de moins de temps que les survivants actuels, ont moins de caractères dérivés et plus de caractères primitifs, ce qui permettrait, en les introduisant dans l'analyse, des options plus conformes à la réalité au moment du calcul des arbres les plus économiques. De ce fait, les algorithmes utilisés pour construire ces arbres restent pour le moins suspects.

Les fossiles, qui permettent de déterminer la polarité des caractères avec une grande certitude, sont donc également irremplaçables en analyse cladistique parce qu'ils rendent les arbres qui les intègrent plus cohérents ! C'est l'inverse de ce que souhaitaient démontrer certains ultra-cladistes des années quatre-vingt. Cela n'explique pas pour autant l'extraordinaire similitude, à tous les niveaux d'intégration, entre les oiseaux et les mammifères. La réponse provient vraisemblablement d'une convergence : ce sont les deux seuls groupes d'amniotes à sang chaud. C'est ainsi que l'on interprète actuellement l'abondance des nucléotides G et C dans leurs gènes, qui pourrait favoriser la stabilité des chromosomes et la protection des gènes à des températures du corps plus élevées. La ressemblance entre les protéines mentionnées plus haut peut découler de la convergence des génomes, ou d'une conséquence encore plus directe de l'homéothermie. Quelques-unes de ces protéines sont en effet directement impliquées dans le transport de l'oxygène et dans le métabolisme. Enfin, ce facteur a pu jouer également sur la morphologie et expliquer, par exemple, la remarquable similitude des cœurs des oiseaux et des mammifères. Le fait que tous ces caractères résultent d'une seule adaptation s'oppose à l'un des principes de base de l'analyse cladistique. En effet, cette méthode s'appuie sur le nombre de caractères dérivés communs. Comment prendre en compte une adaptation complexe qui entraîne des modifications nombreuses et génétiquement corrélées ? Le même problème se pose lorsque l'on étudie les lois du développement : dans certains cas, des caractères traités comme autant d'unités discrètes dans l'analyse cladistique se révèlent en fait être étroitement liés par une allométrie de croissance et correspondent biologiquement à un seul caractère.

LES QUALITÉS DE L'ANALYSE CLADISTIQUE

Cette énumération des difficultés inhérentes à la méthode cladistique et ses limites ne doit cependant pas masquer certaines de ses qualités. La première est certainement qu'elle considère la recherche de l'ancêtre direct comme sans intérêt, car elle ne s'intéresse qu'aux groupes frères, c'est-à-dire le plus proche parent. Le second avantage est qu'un bon arbre exprime une classification logique des organismes découlant directement des relations de parenté réelles. Ainsi, en considérant les groupes monophylétiques successifs, c'est-à-dire en lisant l'ordre des dichotomies successives, on peut établir une classification qui exprime vraiment les relations de parenté.

Cette méthode, qui permet donc d'établir une classification des êtres vivants et des fossiles qui tienne compte de leurs relations de parenté, entraîne parfois des conséquences inattendues, comme lorsqu'elle est appliquée à la comparaison de l'homme et du singe.

LES CHIMPANZÉS SONT-ILS DES HOMININÉS ?

En établissant les relations de parenté entre l'homme et les autres grands singes, on s'est aperçu, surtout sur la base des comparaisons moléculaires, que le plus proche parent (groupe frère) de l'homme était le chimpanzé, suivi, dans l'ordre, par le gorille, l'orang-outang et le gibbon. Si l'on applique maintenant les règles de classification établies plus haut, on constate que l'ancien groupe des pongidés, au sein duquel on avait coutume de regrouper les grands singes, n'apparaît plus comme un groupe monophylétique puisqu'il est constitué de formes qui ne partagent pas d'ancêtre commun situé au même niveau hiérarchique. Les pongidés – comme on les appelait jadis –, qui constituent un groupe systématique hétérogène, doivent donc disparaître. Ils forment un groupe paraphylétique. De plus, l'homme et le chimpanzé se retrouvent désormais dans le même groupe : doit-on le désigner sous le terme d'homininé ou de paniné – d'après *Pan*, le nom latin du chimpanzé ? Le choix du nom est évidemment philosophique, mais, quelle que soit la solution qui s'imposera dans l'avenir, elle n'entraînera jamais l'unanimité...

La méthode cladistique appliquée aux relations de parenté entre les différentes formes vivantes a mis en évidence de nombreux groupes paraphylétiques. C'est, par exemple, le cas des « poissons », terme qu'on ne devrait plus employer dans le cadre de l'orthodoxie cladiste, puisqu'il recouvre des groupes paraphylétiques primitifs de vertébrés aquatiques. Et cependant, il est tellement pratique ! Le terme recouvre en fait des degrés d'évolution similaires et devrait donc plutôt être considéré comme un grade.

Ces implications taxinomiques de la cladistique ont été contestées par certains paléontologues. En effet, dans ce système, chaque découverte d'une branche supplémentaire conduit à décaler toute la hiérarchie des catégories taxinomiques. Plus grave, elle provoque l'éclatement de groupes naturels du point de vue écologique. Ainsi, deux espèces fossiles issues d'un même ancêtre, et partageant donc de très nombreuses ressemblances, tant au niveau du génome que de la morphologie, et vivant au même endroit dans des niches écologiques distinctes mais très proches, vont se retrouver, pour peu qu'elles soient chacune à l'origine de groupes nouveaux, classées dans des catégories taxinomiques très différentes.

À cette accusation les cladistes répondent qu'il ne faut pas confondre l'établissement des relations de parenté avec l'étude de la structure, de la composition et de l'évolution des communautés fossiles.

Un autre avantage de l'analyse cladistique est que les arbres qu'elle permet de définir sont construits avec les mêmes principes que certains des arbres établis par les généticiens à partir de la composition en acides aminés des protéines ou de la structure du génome nucléaire, mitochondrial ou chloroplastique. Elle fournit donc un langage commun à deux disciplines scientifiques très éloignées et permet une confrontation constructive de leurs résultats, lorsqu'ils divergent.

La phylogénie moléculaire

La phylogénie moléculaire connaît aujourd'hui un succès foudroyant : le nombre de chercheurs dans ce domaine ne cesse d'augmenter, et la plupart de ces spécialistes établissent les séquences de portions plus ou moins longues du génome. Un grand nombre de travaux concernant les relations de parenté entre les différents êtres vivants actuels sont donc publiés. Ceux-ci sont, la plupart du temps, en assez bon accord avec les données paléontologiques, comme l'ont été, par exemple, les relations de parenté du grand panda de Chine établies à l'aide des molécules.

Comme on l'a montré, ce n'est pas le cas pour les relations de parenté entre les principaux groupes d'amniotes. Dans leur cas, pour une molécule comme la myoglobine, quelle que soit la méthode utilisée pour reconstruire l'arbre, on obtient toujours le même résultat : la myoglobine de l'oiseau est plus proche de la myoglobine de mammifères. L'évolution convergente affecte également le génome. De ce fait, comme en paléontologie, les arbres les plus satisfaisants sont ceux qui établissent les relations de parenté entre des organismes dont l'âge de divergence est assez élevé, suffisamment pour faire apparaître dans la morphologie et dans le génome des différences significatives et sur la base de résultats congruents obtenus par différentes méthodes.

Il y a seulement quelques années, une large majorité de généticiens était convaincue de la réalité de l'horloge moléculaire, et nombreux sont ceux qui y croient encore.

Le principe en est simple. Le génome se modifie inexorablement sous l'action des mutations. Celles-ci sont aléatoires et s'accumulent au cours du temps à un rythme propre à chaque gène. Contrairement à la morphologie, qui peut parfois cesser d'évoluer, par exemple chez les fossiles vivants, le génome ne cesse de se transformer. Certes, quelques gènes et molécules indispensables à la vie se comportent également comme des fossiles vivants et conservent la même structure intime chez des organismes pourtant séparés depuis des centaines de millions d'années. Ce sont généralement des gènes qui contrôlent des enzymes indispensables au métabolisme cellulaire et dont la moindre modification, de composition comme de structure, provoque l'élimination impitoyable de l'œuf. Une implacable sélection naturelle maintient l'orthodoxie de ces gènes exceptionnels. Nous verrons ultérieurement que la même explication ne peut être retenue pour le patrimoine génétique des êtres vivants qualifiés de fossiles vivants.

De nombreux généticiens se rangent à l'avis et à l'autorité de M. Kimura, qui a apporté de nombreux arguments convaincants à l'appui de la théorie du neutralisme. Pour cet auteur, la sélection agit sur certains gènes, mais la grande majorité des mutations qui sont transmises aux descendants sont neutres et ne confèrent ni avantage ni désavantage à leurs porteurs. Cela est évident pour les gènes silencieux ; quant aux autres, le fait que nous ignorions leur fonction ne prouve pas qu'ils n'en ont aucune. On peut citer à cette occasion le cas des séquences répétées du génome des mammifères, dont on s'est longtemps demandé à quoi elles pouvaient bien servir. Des résultats récents suggèrent qu'elles jouent peut-être un rôle important dans l'apparition et le renforcement des barrières génétiques, ces mécanismes qui assurent l'isolement sexuel entre des espèces proches.

Le principe de l'horloge moléculaire repose sur ces mutations neutres, qui s'accumuleraient dans le génome proportionnellement au temps écoulé, comme les produits de désintégration des corps radioactifs naturels dans les roches. L'analyse cladistique des séquences d'acides aminés ou de nucléotides permet de reconstruire les relations de parenté entre les organismes étudiés. Si le taux d'accumulation des mutations est constant, l'âge d'une seule des dichotomies du cladogramme, indiqué par les paléontologues, permet de dater toutes les autres. Une référence souvent utilisée est celle de l'âge de la diversification explosive de la plupart des mammifères placentaires, il y a environ 65 millions d'années, consécutive à l'extinction des dinosaures. Une autre, fréquente, est la divergence entre la lignée humaine et celle menant aux orangs-outangs, généralement située autour de –16 millions d'années. Ces chiffres, utilisés pour étalonner les dichotomies des arbres phylogénétiques de mammifères, conduisent quelquefois à des estimations génétiques des âges de divergence en contradiction flagrante avec les données paléontologiques.

Ainsi, quand V. M. Sarich et A. C. Wilson, de l'université de Berkeley, annoncèrent en 1967 que, d'après leurs analyses comparatives des albumines, la divergence homme-chimpanzé remontait à moins de 5 millions d'années, les paléontologues qui, au même moment, découvraient en Afrique orientale et australe des restes d'australopithèques vieux de 3 à 4 millions d'années, reconnus comme des hommes fossiles à cause de leur locomotion bipède, se demandèrent ce qui avait pu conduire ces illustres généticiens à des résultats aussi différents des leurs.

En réalité, ceux-ci n'avaient fait qu'appliquer le principe de l'horloge moléculaire. Une opposition similaire, mais en sens inverse, devait se manifester quelques années plus tard, au sujet de l'âge de la divergence entre le rat et la souris, deux rongeurs murinés dont le génome et l'histoire paléontologique sont assez bien connus.

UN CONFLIT ENTRE GÉNÉTIQUE ET PALÉONTOLOGIE :
LA DIVERGENCE RAT-SOURIS

Pour certains généticiens, comme V. M. Sarich et J. Cronin, de l'université de Berkeley, la divergence rat-souris doit remonter à plus de 35 millions d'années. Pour E. Brownell, qui a pratiqué un autre type d'analyse, elle doit être située entre 17 et 22 millions d'années. Plus récemment, V. M. Sarich a proposé un âge révisé compris entre 22 et 24 millions d'années. Tout le monde s'accorde à penser que le rat et la souris dérivent d'un ancêtre commun, de type muriné primitif. Mais la documentation paléontologique disponible pour ce groupe révèle que les murinés n'apparaissent qu'à partir de 12 millions d'années, simultanément en Afrique, en Europe et en Asie. Les ancêtres immédiats du plus ancien d'entre eux ont été découverts en Asie du Sud-Est, en Thaïlande et au Pakistan, dans des niveaux vieux de 15 à 16 millions d'années, et les formes de transition sont maintenant bien documentées. Si l'ancêtre du groupe ne se différencie qu'à partir de 12 millions d'années, on voit mal comment il aurait pu donner naissance au rat et à la souris il y a 17, 22 ou *a fortiori* 35 millions d'années. La solution est simple, et des données convergentes ont été accumulées dans le même sens au cours des dernières années : l'horloge moléculaire n'indique pas l'heure exacte, car elle est à vitesse variable.

Une analyse plus complète de plusieurs espèces de murinés et de leurs relations de parenté ont permis à F. Catzeflis, de l'université de Montpellier, de démontrer qu'en étalonnant l'horloge moléculaire des murinés à partir de l'âge de la divergence rat-souris proposé par les paléontologues, c'est-à-dire 10 millions d'années, les âges des autres dichotomies de l'arbre des murinés devenaient cohérents avec l'ensemble des données paléontologiques. Dans ces conditions, on peut établir que les ADN ont divergé de 2,5 % par million d'années. Si l'on effectue maintenant la même démarche chez les hominoïdes, la faible divergence génétique entre les différents taxons, divisée par les âges de dichotomie proposés par les paléontologues, conduit à un taux de changement de 0,23 % par million d'années. On peut donc conclure que les murinés ont évolué dix fois plus vite que les hommes.

On comprend ainsi mieux pourquoi les données moléculaires avaient conduit à conclure, un peu prématurément, que l'homme et le chimpanzé avaient divergé aussi tardivement. Les différences entre les gènes de structure du chimpanzé et de l'homme sont insignifiantes, alors que les différences morphologiques sont très importantes. Il y a sans doute eu ralentissement de l'évolution des gènes de structure des hominoïdes.

Comment expliquer ces changements de vitesse d'évolution du génome ? Les généticiens invoquent deux causes principales. La première est la durée de la génération. Plus le temps qui sépare deux générations successives est court, plus la vitesse d'évolution est rapide. Or, chez les mammifères, il y a une évidente corrélation entre la durée de la génération et la taille adulte. La petite taille des rongeurs expliquerait donc la vitesse d'évolution élevée de leur génome. La seconde cause est liée aux capacités de réparation des mutations des molécules d'ADN. Mais aucun de ces facteurs ne permet d'expliquer l'ampleur des différences observables, et l'énigme reste encore entière.

Les données paléontologiques sont donc indispensables pour étalonner les horloges moléculaires. Alors que penser des extraordinaires résultats récemment acquis sur les relations de parenté dans le monde microscopique des archéobactéries, des protozoaires ou des proto-

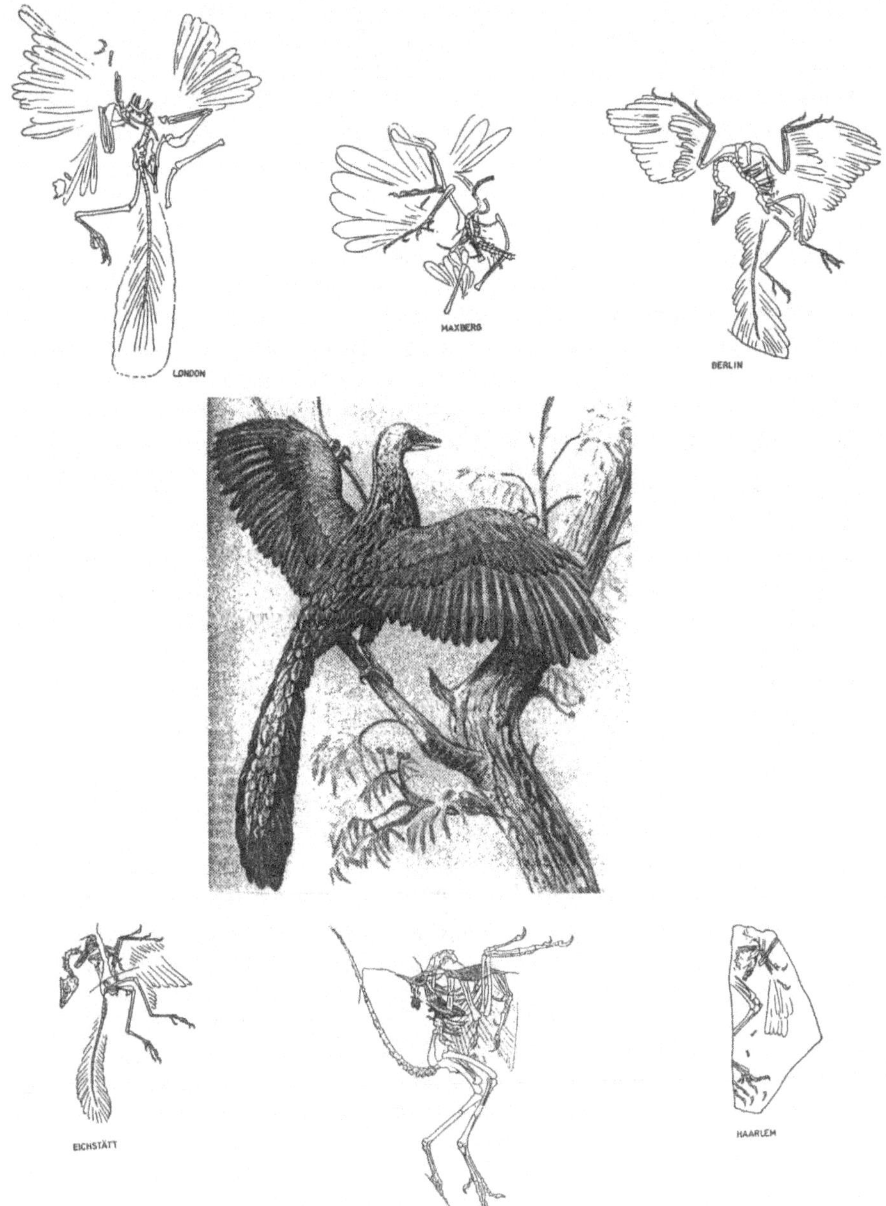

Figure 4.6. *Reconstitution de l'archéoptéryx.*
Au centre, le plus ancien représentant connu des oiseaux, vieux de
150 millions d'années. Autour de lui, six fossiles connus attribués à cette
forme, provenant tous du même gisement.

phytes ? À la lueur de ce qui vient d'être dit, une grande prudence doit être suggérée dans l'interprétation de ces résultats, aussi bien en ce qui concerne la topologie des branches des arbres qu'en ce qui concerne l'étalonnage des dichotomies. La paléontologie, en l'absence de fossiles, ne peut apporter que des informations chronologiques très partielles. En revanche, on peut vivement suggérer aux généticiens de s'intéresser davantage aux organismes possédant des squelettes. Leurs résultats risquent d'être plus contestés, mais c'est au prix de ces multiples conflits que seront révélées un jour les clefs de ce fascinant problème.

LES CHAÎNONS MANQUANTS

Certains fossiles jouent quelquefois un rôle retentissant en phylogénie. On les appelle les chaînons manquants. Le plus célèbre d'entre eux est certainement l'archéoptéryx du gisement bavarois de Solenhofen, petit reptile, vieux de 150 millions d'années, qui possède un squelette de dinosaure théropode et des plumes. La présence des plumes, associées à des caractères de dinosaures qui, en l'état actuel de nos connaissances, doivent être maintenant interprétés comme des caractères primitifs d'oiseaux, en font le plus ancien représentant de ce groupe. Son adaptation au vol n'est pas encore acquise, mais l'essentiel des structures est ébauché. Sa ressemblance avec certains petits dinosaures théropodes est réellement extraordinaire.

Le triadobatrachus de Madagascar, vieux de 210 millions d'années, représente l'ancêtre des grenouilles et il est dépourvu de queue au stade adulte. Des auteurs récents ont démontré qu'il présentait une mosaïque de caractères primitifs et spécialisés. Comme pour les différents compartiments du génome, les caractères morphologiques évoluent à vitesse variable. C'est ce phénomène que G. G. Simpson a qualifié d'évolution en mosaïque.

C'est en effet parce que ces chaînons manquants associent un grand nombre de caractères primitifs à quelques caractères spécialisés qu'ils permettent de reconsidérer des interprétations phylogénétiques classiques jusqu'ici au-dessus de tout soupçon. Pour cela, leur importance est capitale et justifie à elle seule la poursuite et l'intensification des recherches paléontologiques sur le terrain.

CHAPITRE V
Les extinctions

Les extinctions normales, bruit de fond des extinctions

Toutes les espèces s'éteignent. Elles naissent, par évolution phylétique ou par spéciation, leur morphologie se transforme plus ou moins, puis elles finissent toutes, sans exception, par s'éteindre. Aucune espèce n'est connue pour sa longévité infinie, et l'homme n'échappera pas à son destin naturel. Par ailleurs, les ressources alimentaires étant réduites et contrôlées par la quantité d'énergie solaire que reçoit notre planète, la diversification de certains groupes ne peut être illimitée, et une régulation intervient : les extinctions.

Les extinctions permettent à des groupes jusqu'alors discrets, auxquels personne ne pouvait prédire un destin extraordinaire, une diversification quelquefois spectaculaire. Les trilobites au cours de l'ère primaire, les dinosaures au cours de l'ère secondaire, les plantes à fleurs et les mammifères au cours de l'ère tertiaire, sont autant d'exemples de diversifications réussies. Les niches libérées par l'extinction de certains de ces groupes anciens ont permis l'expansion des organismes nouveaux qui, en général, existaient déjà, mais n'avaient pas trouvé de circonstances propices à leur épanouissement.

L'un des intérêts de l'étude paléontologique des extinctions est de permettre la mesure de la durée de vie des espèces, en comparant l'âge de leur apparition et l'âge de leur disparition. Certes, dans le cas d'une lignée évolutive, une espèce ancestrale se transforme en une espèce fille, et l'extinction de l'espèce ancestrale ne correspond pas à un réel événement d'extinction. C'est la raison pour laquelle on ne prend pas en compte ces événements désignés sous le nom de « pseudo-extinctions ». Mais nous avons vu précédemment que les lignées évolutives n'étaient pas très abondantes. On estime à 10 % le pourcentage maximal de pseudo-extinctions par rapport au nombre total d'extinctions. Les 90 % restants correspondent à des espèces fossiles qui

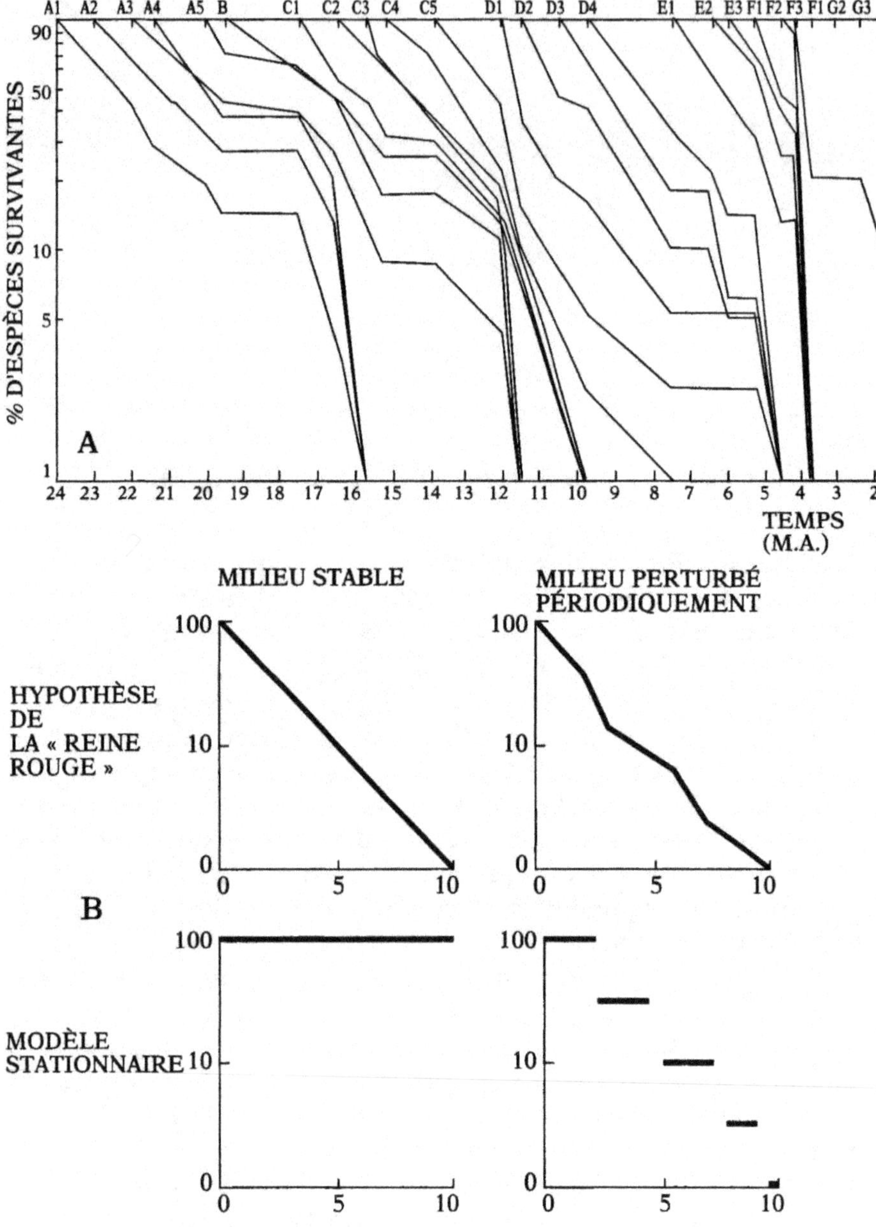

Figure 5.1. *(A) Courbe de survivance des rongeurs en Europe sud-occidentale entre –24 et –2 million d'années. La courbe décrit la survivance dans les communautés successives. Les abrupts correspondent à des taux d'extinction supérieurs à la normale, provoqués par les modifications de l'environnement. Entre les périodes de crises, les taux d'extinction paraissent à peu près constants.*
(B) illustre deux modèles antagonistes de survivance, et leur expression dans des milieux périodiquement perturbés. On constate que les courbes représentées en (A) correspondent plutôt à l'hypothèse de la « reine rouge » en milieu périodiquement perturbé.

apparaissent soudainement à l'échelle locale puis s'éteignent de même. Lorsqu'elles présentent des transformations évolutives, celles-ci sont alors généralement faibles. Ce sont les phénomènes de stase chers à Eldredge et à Gould. Les espèces en stase offrent précisément la meilleure estimation de la durée de vie des espèces.

La compilation de ces chiffres, pour des espèces d'un même groupe, laisse toujours apparaître une répartition identique entre les différentes classes. La plus nombreuse correspond aux espèces d'une durée de vie inférieure à l'unité de temps la plus brève que l'on puisse identifier actuellement à l'aide des fossiles : la biozone, comprise entre 0,2 et 5 millions d'années, suivant les groupes considérés et les époques.

Les autres catégories sont en nombre décroissant. Plus la longévité augmente, plus le nombre d'espèces diminue. Les globigérinidés, groupe dominant de foraminifères calcaires planctoniques du Tertiaire, les petites espèces de brachiopodes de la craie, les rongeurs du Miocène d'Europe sud-occidentale, présentent tous des courbes de survivance de même allure. Seul change l'intervalle de temps correspondant à chaque catégorie, et la valeur maximale des longévités, plus grande dans certains groupes que dans d'autres.

Leigh Van Valen, de l'université de Chicago, a étudié ces courbes de survivance taxinomique, en représentant la fréquence cumulée du nombre d'espèces survivantes, ou d'autres catégories taxinomiques (genres ou familles), sur une échelle logarithmique, en fonction du temps. Si les points sont alignés, la probabilité d'extinction, qui correspond à la pente de la droite, est constante. Cela signifie alors qu'elle est indépendante de l'ancienneté des espèces et qu'à chacun des intervalles de temps considéré une même proportion d'espèces s'éteint. Dans ce cas, il n'y aurait donc pas de rapport entre les transformations évolutives et les probabilités de survie des espèces. Tout se passe comme si l'évolution des espèces ne servait à chaque instant qu'à échapper momentanément à l'extinction. En effet, on aurait préféré obtenir une courbe concave, qui aurait signifié que la probabilité d'extinction décroît au cours du temps ; les espèces survivantes, en petit nombre, correspondant alors à des espèces parfaitement adaptées aux variations de leur milieu et ayant ainsi acquis une plus grande longévité. Une courbe convexe aurait, pour sa part, fait le bonheur de certains paléontologues de la vieille école, qui supposaient que les espèces étaient comme des individus et qu'elles connaissaient une phase juvénile et une phase de sénescence, la probabilité d'extinction augmentant alors avec la longévité de l'espèce.

Van Valen a construit des courbes de survivance de nombreux groupes, à tous les niveaux taxinomiques, pour constater que la plupart étaient d'allure linéaire alors que d'autres avaient une allure distincte, difficile à interpréter. En fait, il a compilé des données de qualité variable et s'est surtout intéressé aux catégories taxinomiques supérieures, comme les genres et les familles. Or ces catégories, très artificielles et subjectives, ne peuvent être comparées aux espèces, surtout quand celles-ci viennent de faire l'objet de travaux récents et sérieux. Quand on se situe dans ce dernier cadre, les relations observées pour les espèces sont bien linéaires, et la probabilité d'extinction des espèces est donc indépendante de leur ancienneté. Il est par conséquent impossible de prédire la durée de vie d'une espèce, et notamment celle de l'espèce humaine, qui nous intéresse plus particulièrement.

Mais ces courbes de survivance taxinomique prennent en compte la somme des spectres de longévité d'un groupe pendant tout l'intervalle de temps considéré, et ce mode de représentation peut, dans certains cas, masquer des aspects particuliers de la longévité des espèces à un instant donné. C'est la raison pour laquelle il est préférable d'étudier ce même phénomène au travers des courbes de survivance des cohortes.

LES COURBES DE SURVIVANCE TAXINOMIQUES DES COHORTES (COURBES DE LYELL)

On appelle cohorte un ensemble d'espèces d'une même communauté, apparues simultanément, c'est-à-dire de même ancienneté. On représente leur taux de survivance en fonction du temps sur un diagramme semi-logarithmique, avec en ordonnée la proportion de survivants exprimée en pourcentage, et en abscisse le temps écoulé depuis l'apparition de ces espèces. Si l'on observe à nouveau une droite, on pourra en déduire une relation mathématique proposée pour la première fois par B. Kurten, du type : $N_t = N_0 e^{-kt}$ dans laquelle N_0 correspond au nombre d'espèces au point de départ de l'observation, N_t au nombre d'espèces survivantes au temps t, et k à la probabilité d'extinction par unité de temps.

L'intérêt de ce type de diagramme réside dans le fait que toute déviation par rapport à la relation linéaire peut être datée, c'est-à-dire que l'on peut suivre, niveau par niveau, les altérations de la linéarité et en rechercher les causes explicatives possibles.

Par ailleurs, la linéarité permet d'estimer la durée de vie moyenne des espèces, qui correspond à l'inverse de la probabilité d'extinction, c'est-à-dire à l'inverse de la pente de la droite. Les durées de vie moyennes des espèces ainsi estimées varient fortement suivant les groupes considérés. Pour les mammifères du Quaternaire, elles se situent autour de 0,6 million d'années, comme pour les ammonites du Crétacé. Elles sont également brèves pendant la période de diversification explosive des mammifères, les 10 millions d'années qui suivent l'extinction des dinosaures. B. Kurten a ainsi trouvé des valeurs de 1,5 million d'années qui mériteraient cependant d'être réévaluées à la lueur des travaux récents. Pour les rongeurs du Miocène d'Europe, nous avons trouvé des valeurs qui changent au cours du temps. Pour les espèces qui ont vécu entre –25 et –11 millions d'années, la valeur moyenne est comprise entre 1,3 et 2,3 millions d'années. Pour les espèces plus récentes, jusqu'à –3 millions d'années environ, elle est comprise entre 0,2 et 1,3 million d'années. Tout se passe comme si la durée de vie des espèces de rongeurs se réduisait au cours du temps, pour une raison encore inconnue. En revanche, la durée de vie des espèces de certains groupes d'invertébrés marins est beaucoup plus importante. S. Stanley a trouvé une durée moyenne de 11 millions d'années pour les espèces de mollusques bivalves (huîtres, pétoncles, etc.). La signification de ces durées de vie différentes n'est pas encore très claire. Il n'est pas impossible que l'espèce, telle qu'elle est perçue par les paléontologues, n'ait pas la même signification suivant les groupes. Il se peut également que le taux d'extinction varie suivant les groupes et suivant les époques. Cette dernière explication est appuyée par de nombreux faits et particulièrement par les variations de ces durées de vie moyenne à l'intérieur d'un même groupe taxinomique.

Un problème beaucoup plus important est celui de la constance des taux d'extinction dans les différentes communautés examinées, pendant des intervalles de temps significatifs. À ce problème, Leigh Van Valen apporte une explication originale, connue sous le nom d'hypothèse de la « reine rouge ». Van Valen suggère simplement que la constance des taux d'extinction à l'intérieur d'une communauté est la conséquence d'un environnement biologique (les autres espèces de la communauté) qui se modifie constamment, par l'arrivée ou l'extinction de prédateurs, de parasites, de virus, etc. À la limite, pour Van Valen, les êtres vivants se transforment au cours du temps uniquement parce qu'ils évoluent au sein de communautés complexes et instables. Dans cette analyse, il n'est pas nécessaire que le milieu change pour faire évoluer les espèces, et, dans un milieu tout à fait stable, elles continueraient de se transformer. Le célèbre écologiste et évolutionniste anglais J. Maynard-Smith ne tarda pas à proposer un contre-modèle, le modèle stationnaire. Selon ce dernier, les extinctions seraient exclusivement dues aux modifications des milieux. Un environnement stable devrait se traduire par un taux d'extinction nul. Sur le plan graphique, l'hypothèse de Van Valen se traduirait par une courbe de survivance linéaire, et celle de Maynard-Smith par une courbe de survivance à pente nulle : une droite horizontale. Ces deux hypothèses ne peuvent être départagées que par l'analyse des données paléontologiques.

Cependant, ces deux modèles doivent prendre en compte le fait réel que notre environnement varie constamment et de manière souvent périodique. Si l'on tient compte de ces modifications périodiques du milieu dans la représentation graphique des deux modèles, celui de la « reine rouge » de Van Valen correspondrait à une ligne brisée, tandis que le modèle stationnaire de Maynard-Smith ressemblerait à une succession de segments horizontaux disposés en marches d'escalier. Il n'existe, dans la documentation paléontologique disponible, que très peu de données permettant de tester ces deux hypothèses au niveau des espèces. L'exemple des cohortes de rongeurs du Miocène d'Europe occidentale illustre cependant particulièrement bien l'état du problème. En construisant les courbes de survivance des espèces de rongeurs qui apparaissent à chaque époque – les cohortes –, jusqu'à leur extinction totale, dans un intervalle de temps compris entre –25 et –3 millions d'années (entre le Miocène inférieur et le Pliocène moyen), on obtient un diagramme complexe qui associe vingt et une courbes de survivance de cohortes. En construisant le même diagramme, mais en prenant à chaque point de départ de la courbe, non plus le nombre d'espèces nouvelles, mais le nombre total d'espèces présentes, on obtient un diagramme qui met en valeur exactement les mêmes phénomènes : pendant des intervalles de temps assez longs, les courbes de survivance peuvent être assimilées à des droites. On peut donc conclure à des taux d'extinction constants pendant ces intervalles. En revanche, à certaines époques, les segments correspondants sont presque verticaux ; ce sont des périodes à fort taux d'extinction. On observe ainsi quatre périodes où les taux d'extinction sont plus élevés que la moyenne : entre –16 et –15 millions d'années, entre –12 et –11 millions d'années, entre –4 et –5 millions d'années et autour de –3,5 millions d'années. Toutes ces époques sont marquées également par des extinctions plus importantes que la normale dans les océans. Elles correspondent à des époques de perturbations climatiques mondiales, qui ont modifié les gradients thermiques, les courants marins, etc. En revanche, à certaines rares époques, on observe des plateaux qui corroboreraient le modèle stationnaire (entre –17,5 et –19 millions d'années).

Les extinctions normales semblent donc se produire à taux constant dans les communautés lorsque le milieu est relativement stable. Les périodes de changements brusques du milieu se traduisent par une augmentation du taux d'extinction. Ces augmentations sont tellement bien identifiées qu'elles peuvent désormais servir de marqueurs supplémentaires, très précis, pour relier les événements qui se déroulent dans les océans avec ceux qui sont mis en évidence sur les continents.

LES FOSSILES VIVANTS, DES RESCAPÉS DE L'EXTINCTION NORMALE ?

Pourtant, quelques rares espèces semblent échapper à la dure loi de l'extinction, ce sont les fossiles vivants. Que ce soient les cœlacanthes, les limules ou les lingules parmi les animaux, ou le ginkgo et les cycas parmi les végétaux, les raisons de leur stase morphologique ont toujours suscité de nombreuses polémiques. En fait, de nombreuses interprétations peuvent être avancées. Pour les ponctualistes, le cas est simple. Les divergences morphologiques s'accumulant au moment des phénomènes de spéciation, les fossiles vivants correspondent à des formes qui n'ont connu que très peu de spéciations au cours de leur histoire. Nous avons vu antérieurement le peu de crédit que l'on peut accorder à cette hypothèse, réfutée par des travaux récents sur le nautile. Pour d'autres auteurs, ils correspondent à un exemple extrême de canalisation des gènes de développement : le développement ontogénétique des fossiles vivants serait bloqué dans une voie bien définie et ne pourrait plus être modifié. Les partisans de ce scénario ne s'appuient sur aucun fait concret, et leur interprétation finaliste ne peut être retenue. Pour d'autres enfin, le milieu de vie des fossiles vivants est très stable et ils y seraient étroitement adaptés. Autrement dit, les fossiles vivants ne seraient jamais affectés par des changements de milieu. Certains généticiens ont pensé que leur variabilité génétique devait alors être faible. L'analyse devait les décevoir. Les lingules, les limules et les nautiles possèdent une variabilité génétique comparable à celle des autres espèces. L'établissement des relations de parenté entre les cinq espèces actuelles de nautiles à l'aide des protéines devait même révéler que ce genre connaissait, depuis quelques millions d'années, une période de diversification.

Les explications relatives aux fossiles vivants sont donc vraisemblablement complexes et multiples. Certains taxons ont une morphologie tellement simple que l'on voit difficilement ce qui pourrait se transformer au cours du temps. Cette remarque revient à suggérer que l'évolution des organismes complexes est forcément plus importante que celle des formes simples, puisque les premiers ont de nombreux caractères fossilisables susceptibles de se transformer au cours du temps. Le nautile pourrait donc être un fossile vivant pour sa coquille, parce que celle-ci correspond à un modèle très simple parmi les mollusques. Comme, en outre, cette coquille fait partie d'un complexe morphofonctionnel déterminant l'hydrodynamique de l'animal, on comprend mieux la stabilité de ce caractère au cours du temps. Ce type morphologique de coquille existe en fait depuis le début de l'ère primaire, mais les animaux l'ayant utilisé n'ont pas tous appartenu à la même espèce ni même au même genre. On peut suggérer la même interprétation pour les lingules. Le cœlacanthe pourrait faire partie d'un autre lot, pouvant être défini comme une espèce en stase, ayant échappé aléatoirement aux extinctions normales. C'est le cas notamment pour toutes les espèces fossiles qui, au sein d'un groupe considéré, ont une durée de vie très grande. Rien ne les distingue des espèces à durée de vie courte, et seul le hasard de la « reine rouge » peut être considéré comme responsable de cette situation. Dans ce cas, il serait vain de rechercher une cause précise à l'exceptionnelle durée de vie de certaines formes et de certains plans d'organisation. D'autres au contraire, qui présentent une stase morphologique et en même temps peu de caractères morphologiques fossilisables, peuvent apparaître comme des fossiles vivants, bien qu'elles ne relèvent pas de cette catégorie.

Les extinctions en masse : l'exemple Crétacé-Tertiaire

Les extinctions normales, qui interviennent comme un bruit de fond, laissent place, à certaines époques, à des extinctions plus importantes affectant préférentiellement certains groupes. Elles sont souvent en rapport avec des modifications brutales ou importantes du milieu. Mais, à d'autres époques, le nombre d'espèces qui disparaissent brutalement devient très élevé, affectant la plupart des groupes taxinomiques, terrestres et marins.

De telles extinctions sont désignées sous le nom d'extinctions en masse.

Devant un tel phénomène, qui se traduit par l'extinction simultanée, dans des milieux différents, de nombreuses espèces et quelquefois même de toutes les espèces d'une même catégorie, la première hypothèse qui vient à l'esprit est celle du hasard. Le hasard pourrait-il expliquer l'extinction simultanée de toutes ces espèces ? La réponse est négative : les calculs de probabilité indiquent que de tels événements ont une probabilité quasiment nulle de se produire sous l'effet du hasard.

D. M. Raup et J.-J. Sepkoski Jr ont proposé une manière élégante d'inventorier ces grandes catastrophes. Elle consiste à calculer le taux d'extinction, c'est-à-dire le rapport du nombre de formes qui s'éteignent et du nombre de formes présentes pendant un intervalle de temps donné. Ces auteurs ont décompté ces différentes catégories de fossiles à l'intérieur des invertébrés marins, pour des intervalles de temps de 6 millions d'années. Le choix des invertébrés marins est justifié, car c'est dans ces groupes que la documentation paléontologique est la plus complète. Ce travail de compilation considérable a abouti à un nuage de points dont chacun correspond à un taux d'extinction calculé pour un intervalle de 6 millions d'années. L'intégration de tous ces points par la méthode des moindres carrés aboutit à une droite de régression qui décrit mathématiquement l'ensemble de ces points, et à deux autres droites parallèles qui correspondent aux limites de l'intervalle de confiance. Toutefois, neuf de ces points sont situés beaucoup trop loin du nuage pour être considérés comme en faisant partie. Ils correspondent à des intervalles de temps de 6 millions d'années qui présentent des taux d'extinction, au niveau familial, très élevés. En regardant à quelles époques ils correspondent, on reconnaît la répartition suivante :

– la limite entre l'ère secondaire et l'ère tertiaire, correspondant à la limite entre les étages Crétacé et Paléocène, il y a 65 millions d'années ;

– la limite entre le Trias et le Jurassique, les deux premiers étages de l'ère secondaire, il y a 210 millions d'années ;

– la limite entre l'ère primaire et l'ère secondaire, correspondant à la limite entre le dernier étage du Primaire, le Permien, et le premier étage du Secondaire, le Trias. Cette crise remonte à 250 millions d'années mais, contrairement aux autres, elle s'étale sur un intervalle de temps plus grand ;

– la limite entre le Frasnien et le Famennien, à l'intérieur de l'étage Dévonien, il y a 370 millions d'années environ ;

– la limite entre l'étage Ordovicien et l'étage Silurien, il y a environ 440 millions d'années.

À ces cinq crises majeures la communauté scientifique est en train d'ajouter une sixième, à la limite Précambrien-Cambrien, qui précéderait l'explosion des invertébrés marins à coquille minéralisée externe qui marque le début de ce que les géologues appellent les « temps fossilifères ».

Il existe une autre façon d'évaluer l'importance de ces crises, également proposée par des chercheurs de l'université de Chicago. Elle consiste à représenter les nombres absolus de groupes présents à chaque époque. Chaque crise se matérialise sur la courbe de diversité par un décrochement d'autant plus important que la crise est importante. Compte tenu de cette façon de mesurer, le décrochement le plus important apparaît être celui qui correspond à la crise Permo-Triassique, au cours de laquelle 56 % des groupes d'invertébrés marins disparaissent. C'est de loin la crise la plus grave que l'histoire de la vie ait connue sur notre planète, mais elle ne correspond pas au pic le plus élevé du diagramme précédent, qui est exprimé en taux d'extinction par unité de 6 millions d'années. Comme cette crise formidable s'étend sur un intervalle de temps assez long, le pic est moins élevé que celui correspondant à la crise Frasnien-Famennien ou Crétacé-Tertiaire. Ces deux dernières crises se caractérisent par une baisse respective de la diversité de 14 % et de 11 %.

Chacune de ces crises coïncide avec un profond changement dans la composition des écosystèmes et a permis à des groupes nouveaux de se diversifier. Ces crises, et notamment la dernière, ont donc joué un rôle majeur dans l'émergence des groupes dominants que sont actuellement les plantes à fleurs, les insectes et les mammifères. Celle qui a permis l'émergence de ces groupes est la crise Crétacé-Tertiaire. C'est la plus récente des grandes crises, mais c'est aussi celle qui a fait l'objet du plus grand nombre d'études et aussi des études les plus poussées.

LA CRISE CRÉTACÉ-TERTIAIRE

Comme les autres crises majeures, la crise Crétacé-Tertiaire, ou K-T, comme la désignent les spécialistes, marque une discontinuité importante dans l'histoire des communautés vivantes, aussi bien terrestres que marines.

Sur les continents, la position dominante des reptiles archosauriens, les dinosaures, et les reptiles volants ou ptérosauriens notamment, sera profondément altérée, et la plupart de leurs niches écologiques occupées par des mammifères et des oiseaux. Contrairement aux autres groupes, les crocodiles ne sont que faiblement affectés par cette crise et E. Buffetaut, de l'université Paris VI, a même montré qu'un groupe de crocodiles marins de l'époque, les dyrosauridés, profitaient de cette crise en augmentant considérablement leur diversité pendant cet intervalle de temps. Les dinosaures sont généralement considérés tous comme des formes gigantesques. D'abord, les dinosaures étaient largement répartis à la surface du globe à la fin du Crétacé, et des recherches récentes ont mis en évidence leur présence sous des latitudes très élevées. Nous verrons plus loin que ces découvertes infirment l'hypothèse qu'ils n'auraient pas survécu à un refroidissement puisqu'ils proliféraient avant la crise sous de très hautes latitudes. Ensuite, ils n'étaient pas tous de très grande taille. À la fin du Crétacé notamment, les dinosaures ne sont représentés en Amérique du Nord que par huit formes distinctes. Parmi celles-ci, on trouve des cératopsiens, des formes qui évoquaient les rhinocéros à plusieurs cornes osseuses, de paisibles ankylosaures et nodosaures, herbivores au corps recouvert par une imposante armure osseuse, des hadrosaures ou dinosaures à bec de canard et pattes palmées et des tyrannosaures, de très grands carnivores bipèdes. Mais il n'y a que très peu de formes connues pour leur taille exceptionnelle, car celles-ci sont pour la plupart des formes du Jurassique supérieur ou du Crétacé inférieur. Par contre, on a décrit plusieurs formes de petite taille, comme le sténonychosaure de la fin du Crétacé, petit carnivore de la taille d'un gros dindon. Les mammifères sont déjà nombreux mais occupent tous des spectres de taille inférieurs à celle d'un chien. Ils sont presque tous insectivores, sauf les multituberculés, groupe très archaïque mais très spécialisé de petits mammifères qui ressemblaient à des rongeurs, et les condylarthres, à la denture trahissant un régime plus omnivore. Parmi ces mammifères, les marsupiaux dominaient largement les placentaires, avec une diversité morphologique plus importante. Une forme frugivore de placentaire, *Purgatorius*, est considérée comme l'ancêtre possible des primates. Dans les airs règnent les reptiles volants, avec également une large gamme de taille, les plus grands pouvant atteindre onze mètres d'envergure. La végétation de l'Amérique du Nord à cette époque, qui constitue le cadre de vie de toutes ces formes, est une végétation tropicale de delta et de marécages, régulièrement inondés. Elle est dominée par des angiospermes et des gymnospermes, bien que les fougères soient représentées en abondance. Pour un profane toutefois, elle ne se distinguerait pas fondamentalement d'une végétation actuelle des marais de Floride. Les plantes supérieures ont d'ailleurs assez peu souffert des extinctions en masse, car elles possèdent de nombreuses formes de régénération : rejets, boutures et graines. Entre ces différentes catégories d'acteurs, il faut signaler une importante communauté de reptiles autres que les dinosaures et les reptiles volants, comme les crocodiles et les tortues. Ces deux derniers groupes ainsi que les lézards ont subi un faible taux d'extinction par rapport aux autres reptiles. L'image de cette communauté est largement empruntée à l'Amérique du Nord, où les documents sont les plus complets, mais elle ne correspond pas forcément à celles des autres régions du globe. En Europe, par exemple, notre connaissance des communautés terrestres de cette époque n'atteint même pas 10 % de la connaissance que nous avons des communautés terrestres nord-américaines.

La composition des communautés marines était tout aussi différente de ce qu'elle allait devenir cinq cent mille ans plus tard. Le plancton végétal marin était dominé par deux grands groupes, les coccolithophoridés et les dinoflagellés. Tous les deux existent encore. Mais alors que les coccolithophoridés, avec leurs parois cellulaires recouvertes de plaques microscopiques de calcaire, ont connu un renouvellement radical, après une phase de disparition quasi totale, les dinoflagellés, capables de s'enkyster lorsque les conditions deviennent mauvaises, devaient être à peine affectés par cette crise. Un autre groupe du plancton a très sévèrement souffert de la crise, les foraminifères planctoniques. Ceux-ci avaient subi une véritable radiation adaptative pendant le Jurassique et le Crétacé. Ils étaient représentés à la fin du Crétacé par cinq genres (*Globotruncana*, *Rugoglobigerina*, *Abathomphalus*, *Globotruncanella* et *Pseudoguembelina*) auxquels correspondaient de nombreuses espèces. Toute cette communauté à coquille carbonatée devait disparaître et être remplacée par une autre au début du Tertiaire. Les organismes nectoniques qui évoluaient dans la couche d'eau superficielle, comme les ammonites et les bélemnites, n'étaient plus aussi diversifiés à l'extrême fin du Crétacé qu'au début de cet étage. Les poissons osseux comprenaient encore une forte proportion d'espèces primitives, à écailles très épaisses et non recouvrantes. Les formes modernes de poissons osseux étaient présentes mais pas dominantes. En haut de la pyramide écologique, on trouvait de très nombreux requins et raies, que la crise a littéralement décimés puisque plus de 90 % des espèces devaient disparaître. Les formes du sommet de cette pyramide, les grands reptiles marins, comme les plésiosaures et les mosasaures, n'ont pas eu de survivants.

Sur les fonds marins, dans le domaine néritique, qui recouvrait alors une surface considérable à cause du haut niveau des mers de cette époque, vivaient des communautés d'invertébrés très différentes de celles qui allaient leur succéder seulement cinq cent mille ans plus tard. Les récifs à madréporaires avaient connu auparavant une large récession pour laquelle deux causes sont invoquées : la première corrèle cette récession au lent et progressif refroidissement des océans ; l'autre est la compétition avec un autre groupe d'organismes constructeurs, les rudistes. Ce sont des lamellibranches à coquilles très inégales et très épaisses qui ont ressemblé à des cônes dont l'ouverture tournée vers le haut était recouverte par un opercule. Vivant de manière grégaire, ils formaient d'immenses constructions calcaires comparables par leur volume aux récifs à madréporaires. Ils se sont mis à proliférer au moment où ces derniers déclinaient. Cependant, ces rudistes n'ont pas atteint la limite K-T et ont disparu environ 1 million d'années avant cette date. Un groupe très particulier d'huîtres géantes, les inocérames, ont disparu à peu près à la même époque. Ces huîtres vivaient posées sur les fonds à boue calcaire des mers de la craie. Cette boue calcaire, connue aujourd'hui sous sa forme compressée et consolidée, est constituée pour l'essentiel par l'accumulation de débris de coquilles de foraminifères et surtout par celles des coccolithes. Les débris carbonatés, la plupart d'origine biologique, étaient enrichis par de fines particules argileuses, résultant de l'érosion des sols et transportées dans les océans par les rivières et les fleuves. La quantité d'argiles présentes dans ces boues et leur nature dépendent donc de la proximité d'une source de transport, de la nature du climat et de la composition des sols et des sous-sols des continents les plus proches. Les estimations qui ont pu être faites suggèrent que cette craie a pu s'accumuler à un taux compris entre 2,5 et 4,5 cm par mille ans, soit 2,5 à 4,5 mètres par million d'années. Comme le climat était tempéré chaud et la surface des mers peu profondes élevée, ce type de dépôt connaissait une extension géographique considérable. Les faunes d'invertébrés qui y vivaient ont également profité de cette extension. Ainsi, de nombreuses espèces d'oursins irréguliers fouisseurs se nourrissaient des particules organiques présentes dans ces boues. De nombreux vers fouisseurs partageaient ces mêmes ressources. Dans une gamme de taille plus réduite, d'abondants petits brachiopodes à coquille calcaire filtraient l'eau pour capturer les micro-organismes en suspension. Certains d'entre eux vivaient également enfouis dans cette boue alors que des gastéropodes nombreux et des bryozoaires complétaient la faune qui se développait à la surface du sédiment.

En conclusion, le contraste entre les communautés du Tertiaire, qui dans leurs grandes lignes anticipent les communautés actuelles, et les communautés de la fin du Crétacé était donc considérable. La transition entre ces deux époques a fait l'objet de très nombreux travaux au cours de ces dix dernières années, sans qu'un accord intervienne en faveur de l'un des trois principaux scénarios. La communauté scientifique reste aujourd'hui encore très divisée.

LES PRINCIPAUX SCÉNARIOS DE LA CRISE

Le premier scénario, qui a prévalu depuis les débuts de la géologie, est un scénario que l'on peut qualifier de graduel. Les anciens auteurs avaient en fait remarqué l'importance de cette crise, puisqu'ils avaient situé la limite entre l'ère secondaire et l'ère tertiaire à ce moment, qui marque bien la fin de la plupart des écosystèmes mésozoïques et en tout cas la disparition progressive de leurs acteurs principaux. Mais ils s'étaient peu préoccupés des causes, car ils avaient une perception beaucoup plus imprécise qu'aujourd'hui de la durée de cette crise et parce que l'inventaire des observations possibles leur paraissait plus important. D'ailleurs, un nombre non négligeable de paléontologues français continuent de penser tout haut que ces crises n'ont rien d'original et correspondent à des phénomènes normaux et classiques, donc d'une ampleur un peu supérieure à la moyenne. Parmi ces derniers figure Léonard Ginsburg, du Muséum national d'histoire naturelle de Paris, qui soutient depuis une vingtaine d'années, que la crise K-T est la conséquence d'une importante régression marine, avec son cortège d'événements associés : diminution de la surface des mers épicontinentales, refroidissements importants sur les continents et, compte tenu de la structure des pentes des marges continentales, très forte réduction du domaine néritique où la plupart des organismes marins se reproduisent. La difficulté inhérente à ce scénario est qu'il n'y a pas de preuve de l'existence d'une régression marine d'ampleur exceptionnelle même si, à certains endroits, notamment en Amérique du Nord, une régression significative a eu lieu. Mais il faut aussi tenir compte des mouvements tectoniques locaux et en particulier du soulèvement des continents. En outre, de grandes régressions marines qui se sont produites avant la crise, immédiatement après ou même à l'Oligocène moyen vers –30 millions d'années, n'ont pas provoqué d'extinctions significatives. C'est la raison pour laquelle d'autres gradualistes, plus nuancés, comme A. Hallam, de l'université de Birmingham, ou S. Stanley, proposent un scénario plus complexe selon lequel plusieurs détériorations de nature différente se sont produites simultanément par hasard. Ils associent en particulier, chacun dans un ordre différent, une régression marine, un refroidissement global de la planète et le développement de niveaux anoxiques dans les océans. Or il existe des méthodes géochimiques, comme l'étude des isotopes stables de l'oxygène qui donne des indications sur les paléotempératures. Dans ce cas précis, il ne semble pas que les résultats aillent dans le sens espéré par ces auteurs, puisque ces isotopes indiqueraient surtout un réchauffement au moment de ces événements.

Les deux autres écoles, en revanche, peuvent être rangées parmi les catastrophistes, dans le sens où elles considèrent qu'il s'est produit une série d'événements d'une ampleur jamais atteinte depuis. La première de ces écoles, dirigée de main de maître par les Alvarez, le père, prix Nobel de physique et professeur à l'université de Berkeley, récemment décédé, et le fils, du Service géologique des États-Unis. Cette école considère la crise K-T comme résultant de la chute d'une météorite géante ou d'un corps extraterrestre, ou même d'un ensemble de météorites de grande taille pendant un intervalle de temps assez court à l'échelle géologique.

L'autre école catastrophiste lie les phénomènes d'extinction à des phénomènes volcaniques d'une ampleur inégalée depuis 200 millions d'années, parmi lesquels figurent les éruptions des *traps* du Deccan, en Inde. Les deux écoles proposent d'ailleurs des scénarios de détérioration des milieux assez similaires, mais qui diffèrent profondément en ce qui concerne la durée des phénomènes incriminés.

L'HYPOTHÈSE DE LA MÉTÉORITE GÉANTE ET SES LIMITES

En 1981, plusieurs auteurs, parmi lesquels L. et W. Alvarez, présentaient leurs résultats relatifs à la présence en grande quantité, dans les niveaux où s'éteignaient un grand nombre d'espèces de foraminifères planctoniques, d'un élément métallique de la famille des platinoïdes, l'iridium. Un enrichissement d'un facteur dix à plus de cent avait été mis en évidence dans trois coupes distinctes, à Gubbio en Italie, à Stevns Klint au Danemark, et en Nouvelle-Zélande. Cet élément est rare dans la croûte terrestre mais abondant dans certaines météorites. Ces auteurs ont donc mis en rapport la concentration anormale d'iridium avec la crise d'extinction et avec la chute d'une météorite. Très rapidement, il s'est révélé que, dans toutes les séries sédimentaires marines où l'on pouvait déterminer la position de la crise d'extinction à l'aide de microfossiles ou de macrofossiles, on retrouvait cette concentration anormale d'iridium. Aujourd'hui, celle-ci a été retrouvée dans une centaine d'endroits à travers le monde, répartis dans les océans et sur leurs marges. À partir de ces données, et connaissant la teneur moyenne en iridium des météorites, on peut extrapoler assez approximativement le volume de la météorite qui en fut à l'origine. Celle-ci aurait eu un diamètre de dix kilomètres au minimum, et son impact aurait dû provoquer un cratère d'environ deux cents kilomètres de diamètre. Un tel impact, que ce soit sur terre ou dans la mer, aurait provoqué la projection de particules et d'aérosols dans la haute atmosphère et la stratosphère. Parmi ces particules, des gouttelettes de roches fondues connues sous le nom de tectites seraient retombées plus vite que les aérosols qui auraient tourné autour de la Terre en obscurcissant le ciel. Ce phénomène aurait provoqué un refroidissement de courte durée mais sensible de la planète. Au sein de ces aérosols, des gouttelettes d'oxyde d'azote auraient produit, en se combinant avec la vapeur d'eau, des pluies chargées d'acide nitrique. Une grande quantité de gaz carbonique, produit par cet impact sur des roches carbonatées, aurait provoqué un effet de serre et donc un réchauffement succédant alors au refroidissement. Ces auteurs ont fait largement appel aux scénarios d'hiver nucléaire alors à l'ordre du jour pour décrire l'évolution du climat consécutif à un tel impact. Pour eux, l'obscurcissement aurait provoqué la mort du plancton végétal marin, puis, par réaction, celle de nombreux constituants des chaînes alimentaires marines. Sur les continents, des feux de forêt allumés par des orages déclenchés par ces nuages brûlèrent les végétaux morts des suites de l'obscurcissement prolongé. Les pluies acides, en dissolvant les carbonates des sols et en mettant en solution des ions métalliques normalement fixés par la matière organique du sol, contribuèrent à empoisonner la vie dans les fleuves et les océans. Ce scénario catastrophe devait trouver l'appui inespéré de trois découvertes inattendues. Tout d'abord la présence, dans les niveaux à forte concentration d'iridium, de petits cristaux de quartz dont le réseau cristallin présente de très fortes déformations. Or ce type de déformations nécessite des pressions formidables, tout à fait du type de celles qui peuvent être mises en jeu au moment et sur le lieu d'un impact. La deuxième était la mise en évidence, dans les rares niveaux terrestres enrichis en iridium, d'une forte proportion de spores de fougères. Tout le monde sait en effet que les fougères s'accommodent fort bien dans les zones sombres des sous-bois. On sait aussi qu'elles recolonisent en premier les forêts détruites par le feu. La troisième est relative à la présence d'acides aminés extraterrestres, différents de la plupart de ceux qui sont connus dans la matière vivante, associés à ce célèbre niveau. Malheureusement, ceux-ci ne sont pas précisément situés dans la couche à iridium, mais plutôt soixante-dix centimètres au-dessus.

LES PALÉONTOLOGUES FONT DE LA RÉSISTANCE

Devant une telle concordance de faits, on pourrait penser que la cause était entendue. Malgré cela, un certain nombre de paléontologues continuaient d'exprimer leurs réticences par rapport à ce scénario, en se référant à diverses observations paléontologiques inexpliquées.

La première et certainement la plus importante était qu'un tel impact aurait dû entraîner une extinction instantanée à l'échelle géologique, ce qui est loin d'avoir été le cas, en particulier pour les dinosaures. Précisément, les paléontologues de l'université de Californie, à Berkeley, avaient étudié en détail, au cours de la décennie précédente, la succession des faunes de vertébrés terrestres au moment de cette crise. W. A. Clemens et J. D. Archibald, ainsi que d'autres auteurs, avaient démontré le caractère progressif du changement de composition de ces faunes. Ainsi, la diversité des dinosaures, déjà réduite à huit formes, semblait se réduire au cours des derniers cinq cent mille ans qui précèdent le niveau d'iridium à une seule espèce de cératopsien, dont les derniers restes ont été recueillis entre quatre et un mètres sous la couche d'iridium, c'est-à-dire au moins cent mille ans avant la crise. Ce n'est que plus récemment que certains auteurs ont suggéré la persistance d'une ou deux espèces de dinosaures au-dessus du niveau d'iridium. Une conclusion identique vient d'être atteinte pour les dinosaures de Chine, dont la diversité décline fortement pendant le million d'années qui précède cette limite. Pour les mammifères, Clemens et Archibald ont montré que les marsupiaux, qui dominaient la faune avant la limite, subissaient un appauvrissement progressif et qu'ils étaient remplacés par des placentaires immigrants. Après la crise, ces derniers dominent largement. Les plantes présentent un scénario complexe, régulièrement remis en cause par des travaux plus récents. Toutefois A. R. Sweet et ses collaborateurs, qui ont étudié la succession des flores terrestres au Canada en détail, ont conclu que des changements importants ont affecté les flores aussi bien avant le niveau d'iridium qu'après. Cette observation rejoint celles qui ont été faites en France dans le bassin d'Aix-en-Provence, où l'on voit d'importants changements survenir dans des niveaux où les dinosaures sont encore abondants !

Mais les arguments les plus forts concernant l'étalement des extinctions devaient provenir de l'étude très détaillée des extinctions des organismes marins. On savait déjà que les rudistes disparaissaient il y a environ 1 million d'années avant la limite. Les ammonites subissent un appauvrissement considérable pendant le Crétacé supérieur. Entre –80 millions d'années et l'extinction du groupe, aucune nouvelle famille n'apparaît, fait inédit dans l'histoire de ce groupe depuis –390 millions d'années, et le nombre de familles distinctes passe de vingt-quatre à huit entre –95 et –70 millions d'années. Dans les derniers décimètres qui précèdent la crise, on ne trouve guère plus que quelques espèces. Dans le même temps, le plancton révèle une distribution des phénomènes d'extinction en marches d'escalier. L'extinction des foraminifères planctoniques a été étudiée en grand détail par G. Keller, de l'université de Princeton, dans deux coupes célèbres situées l'une en Tunisie, la coupe du Kef, et l'autre aux États-Unis, celle du fleuve Brazos au Texas. Dans ces deux coupes, on distingue plusieurs épisodes d'extinction antérieurs et postérieurs à la couche d'iridium. Au Kef, 29 % des formes crétacées disparaissent entre vingt-cinq et sept centimètres sous le niveau d'iridium. Douze espèces, soit 26 % des formes crétacées, disparaissent au niveau enrichi en iridium et cinq espèces, soit 11 %, quinze centimètres au-dessus de ce niveau. Enfin, huit espèces s'éteignent dans des niveaux plus récents et huit espèces traversent la limite. Le long du Brazos, on retrouve un scénario comparable avec les extinctions présentant une allure en marches d'escalier de plus en plus rapprochées à proximité de la couche enrichie en iridium. Cette interprétation est toutefois contestée par I. Smit, de l'université d'Amsterdam, pour qui ces foraminifères s'éteignent brutalement au moment de la concentration d'iridium. Il faut en retenir que les experts de cette discipline attribuent des noms différents aux mêmes fossiles. Cela vient d'être confirmé par les résultats des tests en double aveugle, où trois spécialistes ont analysé les foraminifères planctoniques de la limite K-T sans indication des niveaux d'origine des échantillons. Les résultats, mitigés, penchent en faveur des interprétations de G. Keller. Les coccolithophoridés, désignés plus généralement sous le nom de « nanoplancton calcaire », présentent également un scénario d'extinction original. La plupart ne s'éteignent qu'au-dessus du niveau d'iridium. Mais dans la couche elle-même, ces algues normalement abondantes sont excessivement rares et représentées par quelques formes seulement qui sont considérées comme des espèces opportunistes. L'une de celles-ci vit d'ailleurs toujours, ou du moins ses descendants. Ce nanoplancton calcaire et les foraminifères planctoniques associés sont tellement rares dans la couche enrichie en iridium que celle-ci est pratiquement dépourvue de carbonates. Dans la craie, par exemple, ce niveau correspond à une mince couche noirâtre de deux à huit centimètres d'épaisseur, qui est fortement appauvrie en carbonates de calcium d'origine planctonique. Immédiatement au-dessus, la sédimentation carbonatée reprend progressivement, et la scène se repeuple, mais avec d'autres acteurs. Les dinoflagellés, un autre groupe du phytoplancton photosynthétique, ne sont presque pas affectés par la crise. Leurs représentants prolifèrent, même dans les niveaux où les coccolithophoridés disparaissent. Ces formes sont toutefois capables de s'enkyster lorsque les conditions deviennent défavorables.

Quelques autres groupes marins montrent une extinction plus brutale. C'est le cas pour les petits brachiopodes de la craie, qui ont été étudiés par M. Johansen, du musée d'Histoire naturelle de Copenhague. Il en va de même des bryozoaires de ces niveaux, dont 60 % des cent dix espèces présentes dans la craie s'éteignent brutalement au niveau de la couche d'iridium. Ces données nous incitent à la prudence, d'autant plus que David M. Raup vient de montrer que, théoriquement, il était très difficile de distinguer une extinction instantanée d'une extinction en marches d'escalier : toutes sortes d'artefacts liés à la documentation incomplète ou sporadique peuvent transformer l'image d'une extinction en masse instantanée en extinction en marches d'escalier. Mais ces nuances ne permettent pas d'éliminer une observation majeure, à savoir que presque toutes les espèces de dinosaures, sinon toutes, étaient déjà éteintes lors du dépôt de la couche enrichie en iridium.

Notons en passant que, par économie d'hypothèses, tous les raisonnements actuels sont fondés sur l'idée que la couche d'iridium a partout le même âge, puisque cet élément est supposé provenir d'une source unique et avoir été dispersé par voie aérienne. On n'ose imaginer la conséquence d'un hypothétique diachronisme de ce niveau d'iridium !

La résistance des paléontologues à l'offensive de la communauté scientifique internationale, presque tout entière ralliée à ce scénario, devait permettre à certains scientifiques plus perspicaces de réévaluer les faits établis précédemment qui appuyaient l'hypothèse de l'impact. Toutefois, celle-ci présente déjà un certain nombre de points faibles intrinsèques. Le premier, le plus important, c'est qu'il n'y a toujours pas trace de ce grand cratère. Différents candidats ont été proposés, mais ils sont en général de taille trop modeste. Le dernier en date a été localisé sous la mer, dans le Yucatán, en Amérique centrale, et fait l'objet d'intenses débats et d'observations contradictoires. Un forage est en cours dont on peut espérer que les échantillons ne seront pas confiés uniquement aux partisans de l'impact météoritique ! Certains ardents défenseurs de l'impact ont même suggéré que la météorite ait pu tomber dans un océan aujourd'hui subducté, englouti depuis sous un continent ou sous une autre plaque océanique. Dans ce cas, on voit mal comment auraient été formés les quartz à réseau cristallin déformé, alors que les basaltes océaniques n'en contiennent pas !

Mais la faille la plus importante devait venir du point fort de l'hypothèse, l'iridium ! Des analyses plus détaillées conduites dans les sites classiques devaient montrer qu'il existait, à côté du pic principal d'iridium, plusieurs pics secondaires et que l'enrichissement commençait dans des niveaux plus bas, de l'ordre du mètre, et se terminait bien au-delà de la limite, jusqu'à plus de un mètre au-dessus de cette dernière. Cette distribution a été également observée en Italie, au Pays basque à Sopelana, et au Danemark à Stevns Klint. Dans cette dernière localité, il est important de constater que le pic d'iridium, dont la base s'étend depuis moins soixante-dix centimètres au-dessous du maximum jusqu'à un mètre au-dessus, n'a aucun rapport avec la lithologie, puisque la base du pic est située dans la craie grise du Crétacé, le maximum dans les couches noires dépourvues de carbonates de calcium, et que le sommet est situé dans la craie tertiaire. J. H. Crocket, de l'université McMaster, et ses collaborateurs ont trouvé que cet enrichissement a duré au moins trois cent mille ans en Italie, à moins qu'il ne s'agisse d'un phénomène de diffusion. Mais le plus étonnant est que N. Carter a observé dans la même coupe la présence de plusieurs niveaux de quartz et de feldspath à réseaux cristallins altérés, qui coïncident exactement avec les cinq niveaux d'enrichissement en iridium décrits par Crocket, mais ces analyses ont également été remises en cause par des prélèvements plus récents.

Enfin, des informations peuvent être tirées des isotopes stables du carbone, ^{12}C et ^{13}C d'une part, et de l'oxygène, ^{16}O et ^{18}O d'autre part. Il est maintenant acquis que les variations du rapport $^{13}C/^{12}C$ sont en liaison avec la productivité biologique des océans. Il ressort des études les plus récentes que les variations du carbone et de l'oxygène étaient étroitement corrélées et qu'il s'est produit une chute considérable de la productivité océanique pendant un intervalle de temps de l'ordre de cinq cent mille ans qui a suivi l'enrichissement en iridium. Quant à la température, déduite des variations de la composition isotopique de l'oxygène, elle ne semble pas avoir présenté de fluctuations majeures si ne n'est une légère augmentation, de l'ordre de deux à trois degrés centigrades en moyenne, parallèle à la baisse de productivité biologique enregistrée par les isotopes du carbone au paroxysme de la crise. Sur les continents, une étude isotopique des coquilles d'œufs de dinosaures du bassin d'Aix-en-Provence, entreprise par N. Morin, de l'université de Paris VI, révèle également une nette augmentation de la température, un peu avant la limite. Mais l'étude des isotopes stables en milieu continental est complexe, et ce résultat devra être confirmé.

Pour conclure, l'hypothèse d'un impact météoritique pose bien plus de problèmes qu'elle n'en résout : comment mettre en rapport ces modifications qui se prolongent pendant au moins cinq cent mille ans avec un événement instantané ? Comment expliquer les nombreuses extinctions qui surviennent avant l'impact et notamment celle de la plupart des dinosaures ? Les seules portes de sortie restent d'admettre l'existence d'un impact météoritique découplé des extinctions, et localisé près de l'Amérique du Nord, ou d'impacts multiples, hypothèse qui se heurte alors à des problèmes de probabilités difficiles. Il convient dès lors de prendre en compte une seconde hypothèse, l'hypothèse volcanique, et de la confronter à la précédente.

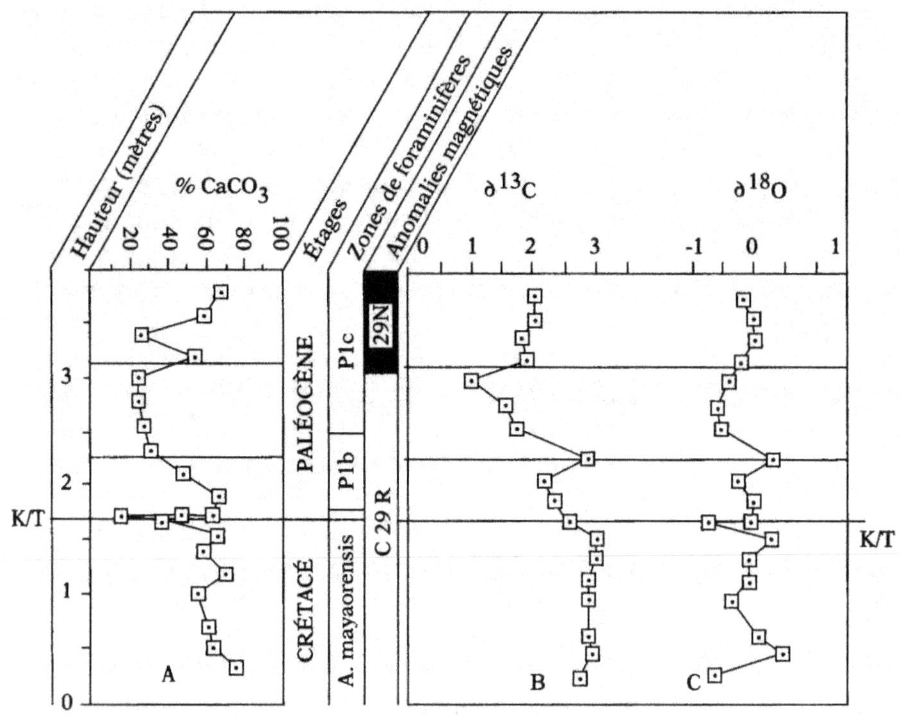

Figure 5.2. *Variations de la teneur en cabonates de calcium (A), de δ ^{13}C (B) et de δ ^{18}O (C) de part et d'autre de la limité Crétacé-Tertiaire, dans un dépôt océanique profond de l'Atlantique Sud. Les courbes B et C ont été établies à partir de nanoplancton calcaire. On note que la courbe A témoigne d'une chute importante de la teneur en carbonates, à la limite Crétacé-Tertiaire, corrélée à un réchauffement qui succède à un refroidissement progressif. B est censée représenter la productivité biologique globale, qui semble baisser considérablement pendant et après la crise (d'après d'Hondt et Lindinger, modifié).*

L'HYPOTHÈSE VOLCANIQUE

L'hypothèse volcanique avait été anticipée par plusieurs auteurs avant même la découverte d'un volcanisme important contemporain de la crise Crétacé-Tertiaire (K-T). D. M. McLean, de l'Institut polytechnique de Virginie et de l'université de Blacksburg, devait en particulier jouer un rôle pionnier. S'appuyant sur l'injection dans l'atmosphère de millions de kilomètres cubes de gaz carbonique à la faveur d'une éruption volcanique, qu'il supposa dès 1981 correspondre aux *traps* du Deccan, il suggérait que la diffusion du CO_2 dans la tranche d'eau superficielle des océans avait pu l'acidifier au point de rendre les organismes carbonatés incapables de précipiter le carbonate nécessaire à la construction de leurs coquilles, provoquant l'extinction des foraminifères calcaires planctoniques, du nanoplancton calcaire et des innombrables larves planctoniques d'organismes benthiques ou nectoniques à coquille calcaire. Par effet rétroactif, l'impossibilité des organismes calcaires à se développer aurait provoqué une énorme chute de productivité et une nouvelle augmentation de la teneur en CO_2 correspondant à la quantité habituellement fixée par ce plancton calcaire au cours de la photosynthèse et de la précipitation de leur coquille carbonatée. Cette énorme augmentation du CO_2 atmosphérique devait entraîner un effet de serre, donc une augmentation de la température qui, selon McLean, aurait entraîné une stérilité sélective parmi les reptiles et les mammifères. Observation encore plus troublante par rapport à la succession réelle des phénomènes observés, les foraminifères planctoniques actuels sont affectés bien avant le nanoplancton calcaire dans les exemples d'acidification locale des eaux océaniques superficielles.

Mais l'hypothèse volcanique devait être réellement relancée en 1983, lorsque W. H. Zoller et ses collaborateurs découvrirent que le volcan Kilauea à Hawaii avait émis de l'iridium contenu dans des aérosols à une teneur dix mille fois plus élevée que celle que l'on trouvait dans les laves de ce volcan. Cette donnée, confirmée en 1986 par I. Olmez et ses collaborateurs, était une révolution, car elle montrait que les volcans étaient, dans certaines circonstances, capables d'émettre des aérosols avec des teneurs en iridium très importantes, sans que pour autant la présence de cet iridium puisse être détectée dans leurs laves. La découverte récente, par une équipe de l'Institut de physique du globe de Paris, du même phénomène au piton de la Fournaise, volcan de l'île de la Réunion, revêt un intérêt tout particulier. D'une part, comme le Kilauea, le Piton appartient à un type particulier de volcans que les géologues appellent un « point chaud ». D'autre part, il a été démontré que ce point chaud se trouvait sous l'Inde lors de l'éruption des *traps* du Deccan et qu'il en est la source.

Dans le prolongement attendu de ces résultats, N. L. Carter et C. B. Officer ont montré en 1989 que des minéraux à réseaux cristallins déformés pouvaient se former également pendant des phases de volcanisme explosif. Toutefois, des travaux récents menés à l'université de Lille par J.-P. Doukhan et ses collaborateurs démontrent que ces derniers sont différents de ceux qui se forment sous de très hautes pressions, qui sont pour leur part identiques à ceux qui sont associés au pic d'iridium dans certains sites.

On pourrait penser que le problème consistant à attribuer ces matériels à une source météoritique ou volcanique sont d'une simplicité enfantine pour un bon géochimiste. Pourtant, malgré l'armada analytique dont dispose cette discipline, la plus puissante des sciences de la Terre en France et dans le monde développé, sa contribution est tout à fait décevante. La raison en est simple : ces éléments sont censés provenir des couches profondes du manteau terrestre, qui a la même origine que les météorites du système solaire, et présente donc une composition très similaire. Quelques mesures suggèrent une origine plutôt volcanique que météoritique. C'est le cas notamment pour les isotopes de l'osmium, analysés par M. Tredoux et ses collaborateurs, de l'université du Witwatersrand. Mais des contre-exemples existent également, et une grande prudence s'impose dans la manipulation de ce type de données.

Toutes ces données indiquent donc que l'hypothèse volcanique est parfaitement soutenable et que, jusqu'à présent, les faits observés lui correspondent mieux qu'à celle de l'impact. Il restait à trouver l'édifice volcanique concerné et à prouver sa stricte contemporanéité.

LA RECHERCHE DES VOLCANS MEURTRIERS

Dans le passé, plusieurs auteurs, comme P. R. Vogt en 1971, avaient suggéré que les *traps* du Deccan, dans le centre de l'Inde, avaient pu jouer un rôle important dans la crise Crétacé-Tertiaire. Ces laves couvrent en effet une surface considérable, actuellement de l'ordre de cinq cent mille kilomètres carrés, surface sensiblement égale à celle de la France. Mais les limites actuelles sont des limites d'érosion. Quelques buttes témoins sont connues sur la côte orientale de l'Inde et jusque dans le désert du Sind, au Pakistan. En mer, ces *traps* ont été reconnus par forage ; ils occupent une surface importante sur tout le plateau continental de la côte occidentale de l'Inde, aux environs de Bombay. On arrive ainsi à une surface de un million de kilomètres carrés. Multiplié par une épaisseur moyenne de deux kilomètres, on obtient un volume de deux millions de kilomètres cubes de lave. Quel que soit l'élément chimique considéré, y compris l'iridium, il y a dans une telle quantité de roches suffisamment d'éléments toxiques pour détruire toute vie sur terre. Mais ces éruptions n'ont pu avoir d'importance significative sur la biosphère que si elles ont duré peu de temps et si elles ont été strictement contemporaines de cette crise. Les données paléomagnétiques, géochronologiques et biochronologiques récentes obtenues pour ces laves confirment tout à fait cette hypothèse.

Les données géochronologiques déduites de la désintégration du potassium radiogénique en argon ont conduit plusieurs laboratoires, sur la base des techniques analytiques les plus modernes, à conclure à un âge de 66 millions d'années. Cet âge a été obtenu aussi bien pour

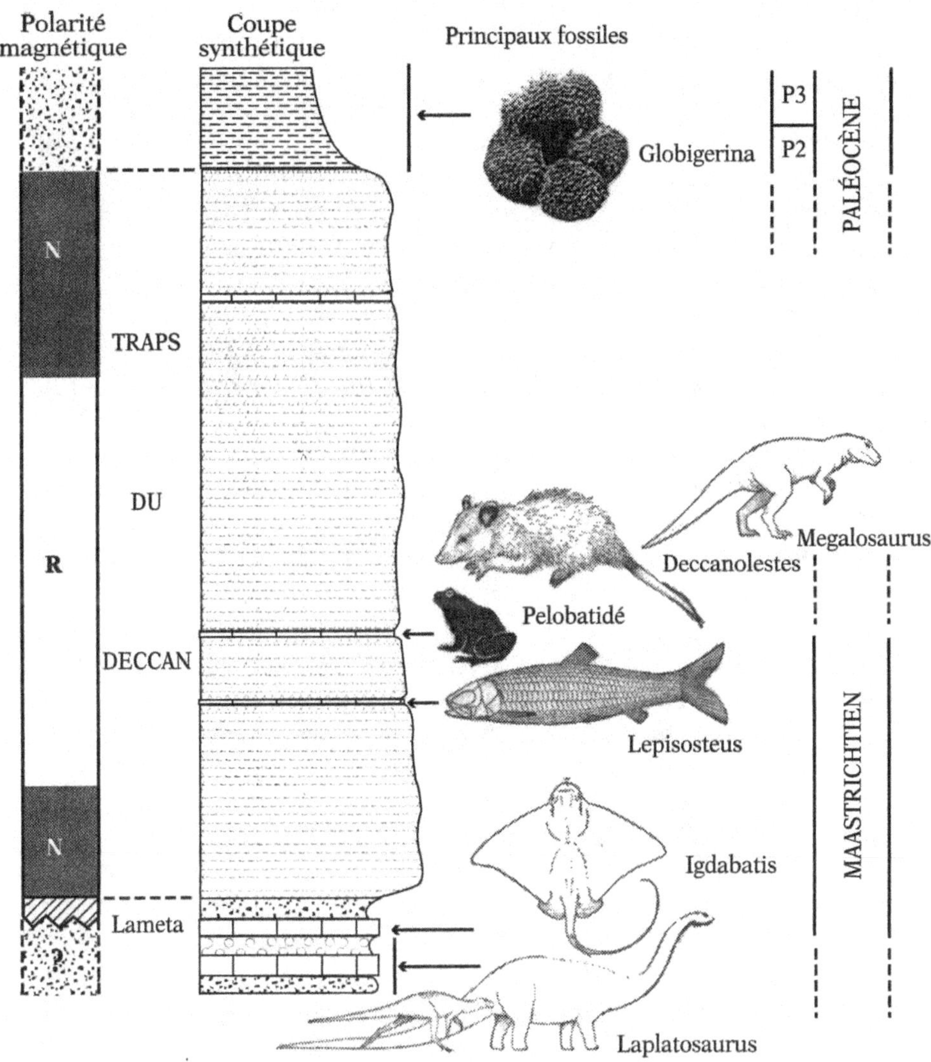

Figure 5.3. *Fossiles et chronologie des* traps *du Deccan (Inde).*

les couches les plus anciennes que pour les couches les plus récentes. Malgré la sophistication de la méthode, on voit qu'il n'est pas possible sur cette seule base d'estimer avec précision la durée d'épanchement de ces laves. Une méthode extrêmement robuste consiste à associer l'étude des anomalies magnétiques à l'étude des fossiles. L'étude du champ magnétique fossile de ces laves, conduite par V. Courtillot et ses collaborateurs, J. Besse, M.-G. Moreau et D. Vandamme, de l'Institut de physique du globe de Paris, devait conduire au résultat suivant : 80 % de l'ensemble de ces laves se sont mis en place pendant une anomalie inverse du champ magnétique terrestre. Ces 80 % de laves inverses sont encadrés par les 20 % restants qui présentent une polarité magnétique normale. Il apparaît ainsi que l'ensemble des *traps* s'est épanché pendant un intervalle de temps très court, puisqu'il correspond à une anomalie inverse entière et deux petites parties d'anomalies normales. Quelle que soit l'époque considérée aux environs de la limite Crétacé-Tertiaire, un si petit nombre d'inversions du champ ne peut correspondre qu'à une durée très brève de l'ordre du million d'années au maximum, si l'on en croit les échelles de référence disponibles actuellement. Malheureusement, cette succession est la règle dans l'histoire du champ magnétique terrestre et ne suffit pas à identifier l'âge de ces événements avec précision, puisque, compte tenu des données géochronologiques, quatre hypothèses pouvaient être retenues, dont une seule permettait de faire coïncider la crise K-T avec la phase paroxysmale d'éruption des *traps*.

Ce sont les données paléontologiques qui allaient permettre d'apporter la preuve de la contemporanéité de ces éruptions avec la crise K-T. D'abord en datant les séries sédimentaires situées immédiatement sous la première couche de basalte. H. Cappetta, de l'université de Montpellier, a découvert une dent de raie appartenant au genre igdabatis, une forme caractéristique du dernier étage du Crétacé, le Maastrichtien. Par la suite, trois données paléontologiques devaient venir confirmer l'âge maastrichtien des couches situées immédiatement sous les premières coulées de laves. Intéressé par ces découvertes, E. Buffetaut, un spécialiste des reptiles fossiles, devait réexaminer les restes de dinosaures décrits de cette formation, certains il y a plus d'un siècle, par le savant allemand von Huene, pour conclure qu'il s'agissait bien d'une faune maastrichtienne, très semblable à celles décrites plus récemment en Argentine. L'âge maastrichtien des Lametas, situés à la base des *traps*, devait être confirmé récemment par les palynologues indiens, qui découvrirent en effet des pollens du genre *Aquilapollinites*, considérés comme typique du Maastrichtien et ne survivant nulle part jusque dans le Tertiaire. La troisième observation est tout à fait décisive. Dans un forage en mer effectué sur la plate-forme continentale de l'Inde orientale, le forage de Narsapur, trois couches de laves ont été traversées, dont la plus ancienne recouvre des sédiments marins qui contiennent le foraminifère planctonique servant à définir la dernière biozone du Maastrichtien, *Abathomphalus mayaorensis*. En outre, les niveaux marins intercalés entre ces couches de basalte, très peu épaisses à cet endroit, renferment également des foraminifères crétacés. Par contre, les couches qui recouvrent ces laves contiennent des foraminifères caractéristiques de la base du Tertiaire, non pas de la première zone, P1, mais seulement de la deuxième zone P2. La première zone semble donc encore correspondre à une période d'émission des derniers basaltes. Ces observations ont été complétées à l'intérieur des terres. En effet, au moment où les *traps* du Deccan commençaient à défrayer la chronique scientifique comme cause possible des extinctions de la crise K-T, un important programme de recherches paléontologiques était en cours dans des niveaux lacustres interstratifiés dans ces laves. L'objectif était de mieux connaître les communautés fossiles qui avaient vécu dans les lacs temporaires se développant entre les principales éruptions des *traps*. Un niveau fossilifère assez riche devait ainsi être découvert près de la ville de Nagpur. Ce niveau a livré des fragments d'œufs qu'une étude détaillée entreprise par M. Vianey-Liaud devait révéler être des œufs de dinosaures. Dans le même niveau, des dents de dinosaures devaient également être découvertes, ainsi que de nombreux restes de poissons, de tortues et de grenouilles. Ces découvertes étaient donc suffisantes pour démontrer que ces niveaux lacustres, développés entre des coulées de basalte de polarité magnétique inverse, étaient encore d'âge crétacé, comme cela avait été observé dans le forage de Narsapur.

À partir de ces données, une seule hypothèse permet de prendre en compte sans contradiction l'ensemble des trois catégories de données, géochronologiques, magnétostratigraphiques et paléontologiques : la période inverse au cours de laquelle 80 % des laves du Deccan se sont épanchées correspond à l'anomalie magnétique inverse 29, qui contient, à peu près à son milieu, l'événement d'iridium et l'extinction plus ou moins diachrone des foraminifères planctoniques et du nanoplancton dans les océans. On peut, grâce à divers recoupements, chiffrer le temps qui correspond à cette anomalie 29 R (inverse), que l'on estime à environ quatre cent mille ans en durée. Dans ces conditions, on peut conclure que l'éruption des *traps* du Deccan a duré un peu plus (cinq cent mille ans à un million d'années), puisque cet événement déborde un peu sur les anomalies normales antérieures et postérieures. Or c'est précisément la durée des perturbations qui se traduisent dans les océans par des extinctions en marches d'escalier. Cela constitue un point fort supplémentaire à l'appui de cette hypothèse.

LES VOLCANS PEUVENT-ILS PROVOQUER DES EXTINCTIONS GLOBALES ?

Le scénario des extinctions engendrées par des éruptions gigantesques n'est pas fondamentalement éloigné du scénario sur lequel s'appuient les tenants de l'impact météoritique. La projection de fines particules sous forme d'aérosol dans la stratosphère aurait conduit à un obscurcissement passager entraînant un refroidissement. Le dégagement de dérivés du chlore a été invoqué, provoquant la destruction partielle de la couche protectrice d'ozone. L'énorme quantité de dioxyde de soufre dégagée au moment des éruptions se serait combinée à la vapeur d'eau pour constituer des pluies acides, non plus d'acide nitrique, mais cette fois d'acide sulfurique. Il est indéniable que dans toutes les parties du monde, océans ou continents, les niveaux à la fois enrichis en iridium et correspondant aux extinctions sont très appauvris en carbonate de calcium, par opposition à ce que l'on observe la plupart du temps immédiatement avant ou après la crise. La particularité du scénario volcanique est l'immense augmentation de CO_2 dans l'atmosphère, estimée à 25 %, entraînant une baisse de pH de la surface des eaux des océans et un effet de serre. Le réchauffement est enregistré dans les océans par les isotopes de l'oxygène du carbonate des rares coccolithes présents. Quant à l'acidification, nous avons déjà observé que, dans la nature actuelle, les foraminifères planctoniques y sont plus sensibles que le nanoplancton calcaire. Or on observe bien un léger décalage entre l'extinction de la majorité des foraminifères planctoniques et celle du phytoplancton calcaire.

Sur les continents, il n'existe que peu de données relatives à l'extinction, puisque les fossiles, moins nombreux et moins bien conservés en général, en donnent plutôt une image graduelle. L'étude des successions de flores, grâce aux pollens, montre, partout dans le monde, une succession de changements qui débutent avant le pic d'iridium et continuent encore à se manifester après ce pic, au début du Paléocène. Pour ces organismes, il ne s'agit pas tellement d'extinctions, auxquelles ils sont apparemment moins sensibles, mais de modifications importantes dans la composition des associations végétales.

Quelques espèces disparaissent néanmoins à l'époque du pic d'iridium, mais pas d'avantage que dans des niveaux qui l'entourent.

La principale force de l'hypothèse volcanique est que tout le monde admet qu'une masse de laves considérable s'est mise en place exactement au moment de la limite Crétacé-Tertiaire, dont il est nécessaire de tenir compte, notamment par rapport à l'impact récent sur le climat global de l'éruption du Pinatubo. Elle permet, par ailleurs, de réconcilier les observations des différentes disciplines des sciences de la Terre. En particulier, elle prend exactement en compte la chronologie et la durée des événements, de même que leur nature séquentielle. On peut penser en effet que les extinctions successives sont la conséquence de phases sporadiques d'éruptions multiples, avec une phase paroxysmale coïncidant avec le sommet du pic d'iridium. C'est en tout cas ainsi que B. Hansen, de l'université de Copenhague, interprète les sédiments de Stevns Klint, au Danemark. Il a constaté que la craie correspondant aux derniers mètres était grise. Cette couleur est, selon lui, la conséquence d'un fort enrichissement en carbone d'origine volcanique. La coloration noire de l'argile de la couche très enrichie en iridium serait due également à cette suie d'origine volcanique. Cette hypothèse est encore renforcée par la démonstration récente par W. C. Elliott et ses collaborateurs que le niveau enrichi en iridium contient des argiles qui résulteraient de l'altération de cendres volcaniques.

De tels niveaux volcaniques sont fréquemment associés à des couches de transition entre le Crétacé et le Tertiaire. Ils ont été signalés dans l'Atlantique Sud, sur la ride de Walvis, et tout récemment à Haïti. Ils sont également abondants sur le continent nord-américain. On a l'impression que cette période critique a coïncidé avec une importante activité volcanique mondiale contrôlée par des phénomènes internes au globe terrestre, venant ajouter leur effet à celui des *traps* du Deccan.

Cela suggère que certains des changements climatiques importants qui sont survenus dans le passé ont pu être causés non pas par des facteurs externes, comme les cycles astronomiques, mais par des causes internes dont l'amplitude était susceptible, à certaines époques, de masquer complètement l'influence des facteurs externes traditionnellement invoqués.

L'étude de cette crise, en obligeant les chercheurs à démêler l'intrication entre les êtres vivants et les facteurs du milieu, à évaluer avec plus de précision les aspects quantitatifs et qualitatifs des grands cycles biogéochimiques, comme ceux du carbone, de l'oxygène et de l'azote, permettra de forger les outils prédictifs nécessaires à éviter une extinction en masse dont l'humanité pourrait être la prochaine victime.

Les autres crises d'extinction en masse

Compte tenu de ce qui précède, on pourrait être tenté d'extrapoler aux quatre autres crises d'extinctions en masse les conclusions relatives à la crise Crétacé-Tertiaire. Un rapide examen suggère toutefois une profonde hétérogénéité et une originalité spécifique de chaque crise.

La plus importante par le nombre de familles d'invertébrés marins qui se sont éteintes est celle de la limite entre l'ère primaire et l'ère secondaire, autour de –250 millions d'années, crise que les géologues désignent aussi quelquefois sous le nom plus précis de « crise permo-triasique ».

LA PLUS IMPORTANTE DES CRISES : LA CRISE PERMO-TRIASIQUE

Cette crise est aussi la plus mal connue et celle qui se prolonge sur l'intervalle de temps le plus considérable, au moins 12 millions d'années.

Parmi les organismes qui disparaissent figurent les fusulinidés, foraminifères géants qui pullulaient sur les fonds marins peu profonds des océans de la fin de l'ère primaire. L'histoire de leur diversité est assez semblable à celle des ammonites : une baisse constante de la diversité puis, quand il ne reste plus que quelques formes, une disparition totale. L'histoire des trilobites est comparable, sauf qu'ils se sont éteints très tôt, bien avant la limite. Une communauté particulièrement touchée est la communauté récifale : elle était constituée par des organismes coloniaux constructeurs de récifs, spécifiques de l'ère primaire, comme les rugueux et les tabulés, et des organismes associés, les brachiopodes, les encrines ou lys de mers, les bryozoaires. Ces récifs constituaient en fait une part dominante des communautés vivantes sur le fond des mers peu profondes qui bordaient les continents. Mais les organismes nageurs sont également gravement affectés. C'est le cas des céphalopodes. La plupart des nautiloïdes disparaissent, à l'exception des ancêtres du nautile actuel. Les ancêtres des ammonites de l'ère secondaire, représentées alors par un groupe très diversifié, les goniatites, ont vu leur diversité réduite à quelques espèces seulement. On constate ainsi que la plupart des organismes affectés par cette crise ont une coquille carbonatée, mais ce n'est peut-être qu'un biais de la fossilisation puisque que l'on ne connaît à peu près rien des organismes à corps mou. Dans les océans, la crise est tellement importante que, pendant quelques millions d'années, les communautés marines restent très appauvries. Alors qu'au début du tertiaire il a fallu environ 1 million d'années pour faire disparaître les traces de la crise, il a fallu attendre plus de 6 millions d'années pour voir se reconstituer des écosystèmes diversifiés, avec un cortège d'acteurs nouveaux.

Sur les continents, la quantité d'informations disponibles est encore moins importante, sauf pour les vertébrés terrestres du Karoo, en Afrique du Sud. Ce véritable cimetière de reptiles terrestres permet d'assister à la disparition progressive de près de quatre-vingt-dix formes de reptiles mammaliens pendant les dix derniers millions d'années de l'ère primaire. Un seul groupe traverse la limite, et le Trias inférieur est marqué par une diversification rapide de ces survivants. Comme ces modifications étaient la conséquence d'un changement du climat et de la végétation, on assiste véritablement à un bouleverse-ment total des écosystèmes terrestres dans cette partie du globe.

Il n'est donc pas étonnant que les premiers géologues aient utilisé cette coupure naturelle dans l'histoire de la vie pour définir à ce niveau la limite entre l'ère primaire et l'ère secondaire.

Bien entendu, on a commencé par proposer un impact de météo-rite géante après que des chercheurs chinois eurent annoncé la découverte d'iridium en grande concentration dans les couches de transition. Cette découverte n'a jamais pu être confirmée par aucun autre laboratoire et doit provenir d'une erreur analytique. L'hypothèse volcanique est plus difficile à réfuter, car on connaît en Sibérie d'immenses champs de laves, dont l'âge correspond exacte-ment au paroxysme de la crise. Mais aucun travail exhaustif n'a encore été réalisé sur ce volcanisme. Toutefois, en s'appuyant sur les données obtenues relatives à la crise Crétacé-Tertiaire, on peut soup-çonner à juste titre ces épanchements gigantesques de laves de Sibérie d'avoir joué un rôle très important dans le déclenchement de la crise permo-triasique.

On invoque aussi, à juste titre, l'importance d'une régression marine contemporaine des extinctions. Celle-ci a eu une telle ampleur que les affleurements de roches sédimentaires qui témoignent d'une conti-nuité de la sédimentation marine sont extrêmement rares de par le monde. Cette baisse mondiale du niveau des mers ne peut être attri-buée à des glaciations importantes, bien que certains auteurs, comme S. Stanley, défendent ce point de vue. Elles sont plutôt mises en rapport avec des événements tectoniques globaux, comme la vitesse d'ouverture ou de fermeture des océans. Dans ce cadre, un modèle assez élégant a été proposé par D. Simberloff dès 1974. En fait, un événement unique se produit à cette époque dans l'histoire de la Terre : toutes les masses continentales se sont lentement réunies pour former une masse unique connue sous le nom de Pangée. Avant la fin de l'ère primaire, il y avait plusieurs continents distincts séparés par des océans et, pendant toute la fin de l'ère primaire, la plupart de ces continents ont fusionné pour constituer la Pangée. Un calcul élémen-taire, sur un modèle simplifié, montre que l'évaluation de la superficie des mers peu profondes qui bordent les continents, leur attribuant une frange constante, diminue considérablement lorsque toutes ces plaques fusionnent en une plaque unique. L'assemblage des continents provoque la disparition des océans, mais aussi une forte diminution de la surface des mers épicontinentales et donc, globalement, de la diversité biologique. Si ce phénomène tectonique provoque en outre une baisse importante du niveau des mers, l'effet induit par cette der-nière va venir s'ajouter au précédent. Pour peu qu'une glaciation, même minime, renforce la baisse du niveau des mers, l'impact sur la diversité des êtres vivants peut être considérable et ce pendant un intervalle de temps assez long. Ce modèle, bien qu'imprécis et vague, est actuellement le plus satisfaisant. Il n'est pas vraiment étayé sérieusement pour le moment, mais il constitue une base de travail raisonnable pour étudier la plus importante, et la plus longue, des crises d'extinction.

QUAND LE SAHARA ÉTAIT COUVERT DE GLACE

Il y a 440 millions d'années, une importante glaciation s'est manifestée à l'emplacement du pôle Sud de l'époque, au-dessus duquel était alors située l'Afrique, et plus précisément le Sahara. De multiples restes de moraines, de roches polies et striées par les glaciers de cette époque sont encore visibles dans ce désert. Ces indices n'ont été découverts par des géologues français que dans les années soixante. De nombreux organismes sont affectés par cette crise, qui semble avoir duré très peu de temps, entre cinq cent mille ans et un million d'années. Parmi les victimes, nombre de formes planctoniques de surface, comme ces organismes coloniaux caractéristiques de l'époque qu'étaient les graptolites. Tous n'ont pas disparu, et ce dernier groupe devait subir après la crise une véritable explosion de diversité, une radiation adaptative, qui a été favorisée par un rapide réchauffement. Les trilobites subissent également une importante baisse de diversité, puisque, pour l'Amérique du Nord, R. E. Sloan mentionne une forte réduction du nombre de formes qui passe de soixante et un à quatorze. L'ampleur de la baisse du niveau des mers a été estimée entre cent cinquante et deux cents mètres, une valeur supérieure à celle d'il y a vingt-deux mille ans, dernier maximum glaciaire du Quaternaire. De ce fait, les organismes constructeurs de récifs ainsi que leurs faunes associées ont également beaucoup souffert de cette crise, dont les causes paraissent maintenant être bien circonscrites.

LA MORT PAR ASPHYXIE DANS LES OCÉANS

Deux crises semblent pouvoir être attribuées à un phénomène étrange, mal connu, mais d'un immense intérêt économique. Ce phénomène, connu sous le nom d'« anoxie », se produit lorsque la zone dépourvue d'oxygène du fond des océans gagne les couches d'eau superficielles et atteint les domaines néritique et littoral. Généralement, quand ces conditions sont réalisées, les dépôts sont de couleur noire et contiennent une grande quantité de matière organique non dégradée par les bactéries du fond des océans, faute d'oxygène. Cette matière organique étant susceptible, dans des conditions adéquates de température et de pression, de se transformer en hydrocarbures, on imagine l'intérêt des compagnies pétrolières pour ce type de catastrophes.

À l'échelle locale, ce phénomène est connu dans les lagunes, à la suite de la prolifération d'une algue unicellulaire qui absorbe tout l'oxygène dissous. Faute de renouvellement de l'eau, tous les organismes locaux meurent. De nombreux auteurs retiennent la même explication pour les océans tout entiers : l'arrêt de certains courants marins qui brassent les masses d'eau est susceptible de provoquer une stratification de la colonne d'eau avec un épuisement rapide de l'oxygène dans chaque strate. Cette interruption des mouvements des masses d'eau océaniques s'explique difficilement, mais certains géologues ont suggéré que des modifications de la position des masses continentales ont pu entraîner de telles conséquences.

M. Strick-Rossignol, de l'université de Paris, a étudié ce phénomène dans la Méditerranée orientale, au large du Nil, au cours des vingt derniers millénaires. Son modèle implique une augmentation des précipitations et une dessalure de la couche d'eau très superficielle des océans, suffisante pour freiner la diffusion de l'oxygène atmosphérique vers les fonds. Sans doute, différents facteurs ont contribué à ce phénomène. On a montré récemment que d'énormes épanchements basaltiques sous-marins, contemporains de la crise cénomano-turonienne, se sont produits vers –91 millions d'années. Au cours de cette crise disparaissent des espèces de foraminifères planctoniques, des huîtres inocérames, des ammonites et surtout les ichtyosaures, ces reptiles marins pisciformes qui ont sillonné les océans depuis le début de l'ère secondaire.

Une crise beaucoup plus importante et qui figure, contrairement à la précédente, dans la liste des crises d'extinctions en masse, est attribuée aux mêmes causes, bien qu'elle apparaisse plus complexe encore. Elle s'est produite il y a 370 millions d'années. Elle se manifeste par une série d'extinctions assez brutales, en marches d'escalier, affectant la plupart des groupes d'invertébrés marins. Une succession très complète des termes de transition peut être observée dans la montagne Noire, près du village de Coumiac, non loin de Béziers, transition qui a fait l'objet de nombreuses études. R. Feist, de l'université de Montpellier, a analysé en détail l'impact de cette crise sur les trilobites. Deux niveaux réducteurs, séparés par plusieurs mètres de dépôts, caractérisent cette crise qui atteint son ampleur maximale à la base du deuxième niveau, où un mince lit riche en oxydes de fer témoigne d'un fort ralentissement de la sédimentation. De nombreuses goniatites, ancêtres paléozoïques des ammonites, de nombreux trilobites ainsi que de nombreux conodontes s'éteignent à ce niveau. Détail remarquable, parmi les trilobites qui survivent, deux lignées distinctes appartiennent à des formes récemment devenues aveugles. Deux autres lignées, qui s'éteignent avant la limite, étaient aussi aveugles. L'apparition indépendante de la cécité dans quatre lignées distinctes suggère, selon R. Feist, que les modifications du milieu, dans la période qui précède l'extinction, seraient à l'origine de cette transformation évolutive.

Dans l'ensemble, aucun argument ne suggère une cause catastrophique instantanée, du moins dans l'état actuel de nos connaissances, et les multiples annonces de la découverte d'iridium ou de microsphérules, témoins potentiels d'un impact météoritique, dans l'un de ces niveaux, n'ont encore jamais été confirmées.

Une extinction en masse tous les vingt-six millions d'années

D'autres crises, moins importantes que celles-ci, ponctuent l'histoire des êtres vivants et ont joué un rôle important dans la mise en place des écosystèmes actuels. Aussi ne doit-on pas s'étonner que certains paléontologues aient recherché des preuves d'une cyclicité de ces crises d'extinctions. C'est la cas de D. M. Raup et de J.-J. Sepkoski Jr. En compilant près de onze mille groupes fossiles d'organismes marins, depuis 250 millions d'années, et en appliquant des méthodes d'analyse spectrale, c'est-à-dire un traitement mathématique qui permet de mettre en évidence une éventuelle cyclicité, ils ont découvert que ces crises semblaient s'ordonner suivant un cycle de 26 millions d'années. Évidemment, ces cycles ont été beaucoup critiqués, car beaucoup d'artefacts sont susceptibles de faire apparaître une telle cyclicité. Par ailleurs, cette apparente cyclicité s'estompe pour toute la période qui précède la limite entre l'ère primaire et l'ère secondaire. Mais les critiques les plus insidieuses portent sur la qualité des données utilisées, qualité quelquefois médiocre qu'on ne saurait toutefois reprocher à ces auteurs qui ont eu l'immense mérite de les compiler. Ainsi pour H. C. Cappetta les données relatives aux requins et aux raies fossiles sont erronées à hauteur de 65 %, ce qui est tout de même beaucoup ! Une remarque identique avait été faite par deux experts du British Museum of Natural History de Londres concernant les taxons d'échinodermes et de poissons fossiles. L'importance de la qualité taxinomique des données traitées apparaît donc comme tout à fait cruciale.

J.-J. Sepkoski Jr vient de refaire ces calculs en tenant compte des critiques et a obtenu à nouveau une remarquable congruence des données avec une cyclicité des extinctions en masse tous les 26 millions d'années. Onze pics apparaissent dont neuf coïncident parfaitement avec la cyclicité de 26 millions d'années. Deux seuls points prédits par cette cyclicité ne se distinguent pas du bruit de fond des extinctions normales. Trois pics ont un taux d'extinction par genre et par intervalle de temps de 5 millions d'années, significativement plus important que les autres, la crise permo-triasique, la crise Trias-Lias et la crise Crétacé-Tertiaire, mais les six autres montrent un taux très similaire. Sepkoski en déduit que ces trois extinctions correspondent à la superposition d'événements extraordinaires à une crise normalement prévisible à chacune de ces époques par la cyclicité. Son hypothèse est hardie et devra encore être soumise à d'autres vérifications.

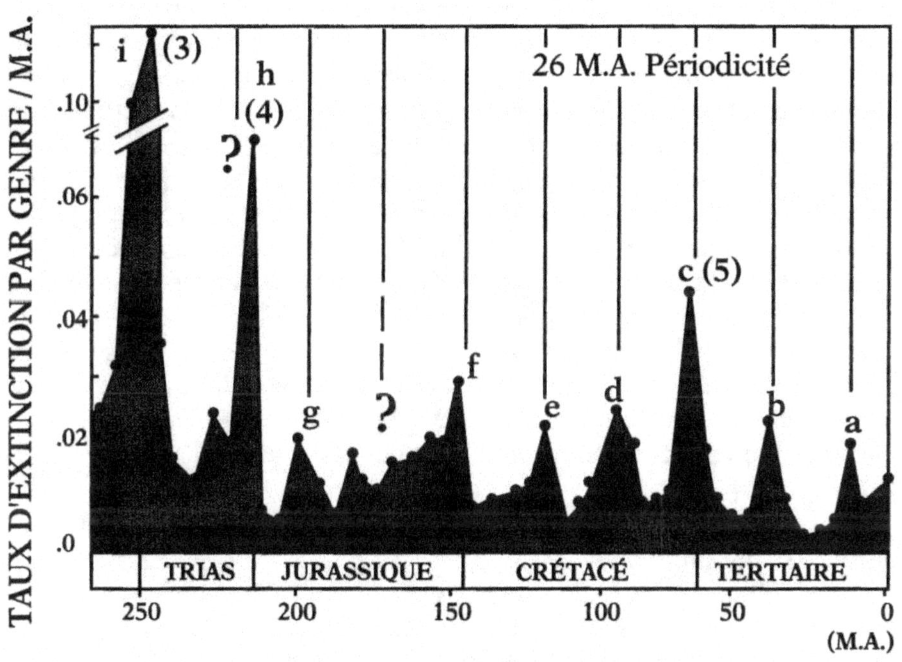

Figure 5.4. *Hypothèse de la périodicité de 26 millions d'années des crises d'extinction. Le diagramme représente les variations du taux d'extinction (par genre et par million d'années) tirées de l'analyse de onze mille genres d'invertébrés marins éteints depuis les derniers 260 millions d'années. On notera la concordance des trois dernières grandes crises d'extinction (3, 4 et 5) avec les pics correspondant à cette cyclicité (c, h, l). (a) = limite Miocène moyen-Miocène supérieur; (b) = limite Éocène-Oligicène; (c) = limite Crétacé-Tertiaire; (d) = limite Cénomanien-Turonien; (e) = limite Aptien-Albien; (f) = limite Jurassique-Crétacé; (g) = partie supérieure du Jurassique inférieur; (h) = limite Trias-Jurassique; (i) = limite permo-triasique (d'après J.-J. Sepkoski, 1989, modifié).*

L'origine des extinctions

S'appuyant sur les variations climatiques qui ont eu lieu au cours des trois derniers millions d'années sur notre planète et qui ont en partie pour cause des modifications de l'axe de rotation de la Terre sur elle-même et de sa trajectoire autour du Soleil, la plupart des auteurs avaient acquis la certitude que seuls les facteurs externes, liés au fonctionnement du système solaire, contrôlaient le climat. Et c'est tout naturellement que les astronomes ont suggéré que ces cycles de 26 millions d'années pour les catastrophes biologiques étaient déterminés par des événements cosmiques, une idée qui a fortement séduit les partisans de l'impact pour la crise Crétacé-Tertiaire.

Deux grands modèles ont été suggérés, et il y en aura sûrement d'autres. Le premier est celui de la Némésis avec sa variante la « planète X », une planète sœur du Soleil, mais cachée, qui tous les 26 millions d'années traverserait un nuage de comètes, en facilitant la projection de météorites sur la Terre. Une seconde hypothèse est celle d'une oscillation du plan galactique, qui se traduirait alors par le passage de la Terre dans ce sinistre nuage, avec pour conséquence une énorme augmentation de la probabilité d'un impact de conséquence !

En fait, tout cela est très hypothétique, car cette cause n'est même pas établie avec certitude pour la crise Crétacé-Tertiaire, et aucune concentration d'iridium n'a encore été trouvée à aucune des autres crises d'extinction en masse. Cette forte teneur en iridium reste donc un événement unique qui caractérise la crise Crétacé-Tertiaire et d'importance capitale pour comprendre les causes et les modalités de cette dernière.

Par ailleurs, d'autres astronomes contestent la validité de ces scénarios astronomiques.

Dans ces conditions, il convient d'examiner également avec attention d'autres phénomènes cycliques, ceux qui agitent l'intérieur de la Terre. Ils se manifestent par des inversions du champ magnétique terrestre. Celles-ci ont d'ailleurs été inventoriées, et datées, non sans mal, et servent maintenant pour les deux cent cinquante derniers millions d'années à situer dans le temps les terrains sédimentaires et volcaniques. Ces inversions résulteraient d'une instabilité du manteau terrestre, c'est-à-dire de la couche profonde de l'écorce terrestre. Pour simplifier à l'extrême, on peut dire que ces couches sont le siège de mouvements de convection qui seraient l'équivalent des mouvements de l'eau qui bout dans une marmite. La chaleur intense qui se dégage dans ces couches provient en grande partie de la désintégration de corps radioactifs. Ces mouvements de convection représentent donc une forme de dissipation de la chaleur. Les paléomagnéticiens ont également noté une cyclicité approximative de 30 millions d'années pour les cycles d'inversion du champ magnétique terrestre. Mais en outre, ils ont noté qu'à certaines époques le champ magnétique restait stable pendant assez longtemps, quelquefois pendant 50 millions d'années ou plus ! Quelques dizaines de millions d'années après la fin de cette stagnation, des éruptions volcaniques énormes ont lieu, comme les *traps* du Deccan ou les *traps* de Sibérie. Cette lave proviendrait de cette croûte profonde qui aurait généré une espèce de panache de chaleur intense, une autre façon de dissiper la chaleur accumulée dans le manteau. Arrivé en surface, ce panache porte le nom de « point chaud ». Les volcans des îles Hawaii et de la Réunion représentent de tels points chauds. J. Besse et V. Courtillot ont démontré, par des mesures du champ magnétique terrestre, que le continent indien passait juste au-dessus de ce point chaud quand débutèrent les éruptions des *traps* du Deccan. D'autres géologues considèrent ces points chauds comme les véritables moteurs de la tectonique des plaques. Comme ces éruptions volcaniques intenses déséquilibrent, par l'injection massive d'éléments chimiques dans l'atmosphère, les grands cycles biogéochimiques de la planète, on voit que, décidément, l'étude de ces catastrophes biologiques nous aura appris qu'à certaines époques des événements internes peuvent masquer totalement les variations induites par le système solaire.

En tout cas, à défaut d'explications définitives pour les extinctions en masse, ces débats ont vu naître une nouvelle branche des sciences de la Terre, qui est plus appelée que par le passé à prendre en compte les interfaces complexes entre la biosphère, l'atmosphère, le système solaire et la dynamique des profondeurs de la Terre.

CHAPITRE VI

La reconstitution des paléogéographies

L'ÉTUDE de la répartition des êtres vivants actuels montre clairement qu'ils ne sont pas distribués au hasard à la surface du globe. Au contraire, des règles écologiques strictes régissent cette distribution. Pour la diversité, par exemple, c'est-à-dire le nombre d'espèces d'êtres vivants coexistant au sein d'une même communauté – ou écosystème –, on sait depuis longtemps que les tropiques abritaient un nombre bien plus considérable d'espèces végétales et animales que les zones tempérées, froides ou glacées. Ce gradient de diversité dépend de la température qui détermine la production primaire, la biomasse végétale, et donc de la latitude et de l'altitude.

De même, l'étude des peuplements des îles a révélé que le nombre de formes vivantes présentes dans une aire géographique donnée dépend de sa surface, mais qu'à surface égale il dépend également de la diversité géographique : différences d'altitude, de climats, d'orientation, etc.

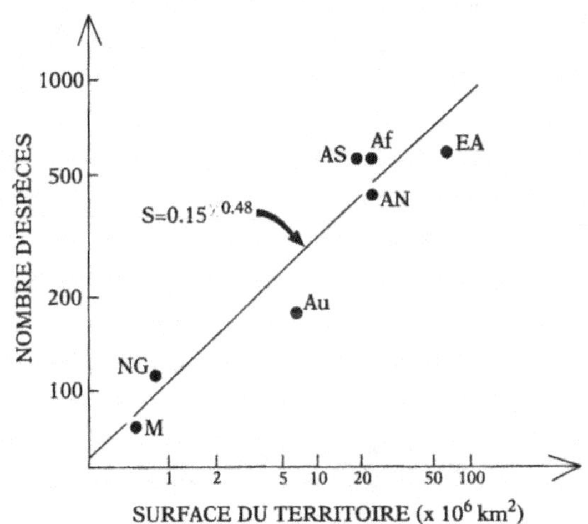

Figure 6.1. *Relation entre la surface d'un territoire et la diversité biologique, exprimée ici en nombre d'espèces de mammifères. M = Madagascar, NG = Nouvelle-Guinée, Au = Australie, AN = Amérique du Nord, AS = Amérique du Sud, Af = Afrique, EA = Eurasie. Les axes des coordonnées sont logarithmiques (d'après J. H. Brown).*

Grâce aux nombreux travaux de modélisation des écologistes, les paramètres qui régissent la diversité des espèces dans la nature actuelle sont assez bien connus.

Mais les parties du monde ne diffèrent pas seulement par la diversité. La nature des espèces animales et végétales représentées, c'est-à-dire leur répartition géographique, varie également. Vivre partout est une spécificité presque exclusive de l'homme et des animaux commensaux qui l'accompagnent. La plupart des autres espèces ont une aire de répartition plus limitée. Certaines à l'échelle d'un continent, comme, par exemple, la pie en Eurasie ; d'autres restreintes à des aires géographiques minuscules, comme le desman des Pyrénées, petit mammifère insectivore qui vit au bord des ruisseaux montagnards des Pyrénées et du nord de l'Espagne. D'autres encore ont une aire de répartition discontinue, comme l'ours brun en Europe, dont on comprend bien que son aire de répartition a récemment été réduite par l'activité humaine.

De nombreuses espèces partagent plus ou moins exactement des aires géographiques communes, que l'on a pris l'habitude de désigner sous le nom de provinces biogéographiques. Dans la nature actuelle, ces provinces, domaines géographiques assez larges, sont souvent délimitées par des frontières naturelles importantes qui s'opposent à la dispersion des espèces concernées. Dans ce cadre, les îles apparaissent quelquefois comme les plus petites unités biogéographiques que l'on peut distinguer.

Ainsi, l'association formée par les gnous, les zèbres, les girafes et les kobs caractérise aujourd'hui, pour les vertébrés terrestres, la « province éthiopienne » des biogéographes. Les barrières géographiques actuelles de cette province sont nettes. Toutefois, nous savons que, dans un passé récent, de l'ordre de quelques centaines de milliers d'années, la plupart de ces espèces se trouvaient en Afrique du Nord et débordaient, au Proche-Orient, vers l'Asie. De telles provinces posent donc des problèmes de frontières, celles-ci pouvant fluctuer en fonction des vicissitudes du climat ou des aléas géologiques. Leurs contours ne sont pas stables.

Par ailleurs, les géologues nous apprennent que la surface de la Terre est en perpétuel remaniement : le climat entraîne les déserts, savanes, steppes ou forêts équatoriales ; l'érosion crée des sols stériles et des vallées encaissées ; la tectonique fait dériver les continents, génère des montagnes ou des fossés d'effondrement ; les variations du niveau des mers participent à ce remaniement incessant de la géographie. L'action souvent combinée de tous ces facteurs peut entraîner, à une échelle de temps géologique, des modifications considérables de la géographie, qui ont d'importantes répercussions sur l'histoire des peuplements.

La recherche des anciennes provinces biogéographiques

L'une des approches les plus simples en paléobiogéographie consiste à rechercher les anciennes provinces en se basant sur l'existence de nombreuses espèces, animales et végétales, qui étaient, à une époque donnée, endémiques d'un certain domaine. La démarche n'est pas simple. Elle nécessite la connaissance de nombreux fossiles contemporains issus de différentes régions géographiques. Quand on connaît les difficultés à dater les terrains et à recueillir des fossiles en nombre et en qualité suffisants, on peut penser que c'est une chose assez rare. Sans être exceptionnel, c'est assurément difficile, d'autant que l'éventuelle province paléobiogéographique, unité de lieu de tous ces fossiles, est précisément déduite de ces derniers qui proviennent souvent d'endroits aujourd'hui éloignés et séparés les uns des autres.

L'exemple le plus classique est celui de l'ancien continent de Gondwana, entre –310 et –210 millions d'années. Il correspondait, d'après ce que l'on sait maintenant, à la réunion de plusieurs masses continentales atuellement australes : l'Afrique, l'Amérique du Sud, l'Antarctique, l'Australie, l'Inde et Madagascar. Les géologues ont apporté de nombreux arguments à l'appui de la réunion de ces continents, comme la similitude entre les lignes de rivages atlantiques de l'Amérique du Sud et de l'Afrique, et surtout entre les deux plateaux continentaux. Ils partagent également la même histoire sédimentaire : traces de glaciers immenses il y a 310 millions d'années, dépôts de charbons très abondants entre –290 et –250 millions d'années, dépôts de couleur rouge après –250 millions d'années indiquant un climat tropical à saison sèche marquée, etc. Les arguments les plus convaincants proviennent aujourd'hui de l'analyse du champ magnétique fossile de ces dépôts et des laves qui y sont intercalées, qui permet de situer latitudinalement chacune de ces masses continentales à l'époque étudiée.

De nos jours, le continent de Gondwana est reconnu de tous. Sur le plan paléontologique, il est caractérisé, entre –300 et –250 millions d'années, par la présence commune de végétaux, les glossoptéridales, et d'animaux, les reptiles mammaliens, endémiques, associés à des sédiments indiquant un climat périglaciaire puis tempéré froid. Un cortège d'invertébrés marins, les faunes à eurydesma, du nom d'un mollusque bivalve, caractérisait les mers froides qui le bordaient.

Les glossoptéridales, qui dominaient très largement, en diversité comme en biomasse, les paysages végétaux du Gondwana, étaient des plantes très particulières. Elles ressemblaient à des buissons ou à des arbres aux feuilles disposées en bouquets, longues, étroites et rubanées, avec une nervure centrale bien marquée. Les tiges et les troncs, observés en coupe, montrent, comme pour la plupart des arbres actuels de nos régions, de nombreux cernes, qui traduisent une saisonnalité marquée du climat. Mais le plus extraordinaire, ce sont les graines, ou plutôt « pseudo-graines », de ces plantes. La protection, dans des enveloppes plus ou moins dures, de l'ovule végétal fécondé est aujourd'hui l'apanage des groupes de végétaux supérieurs, les gymnospermes (résineux) et les angiospermes (plantes à fleurs). L'existence de pseudo-graines représente à cette époque une formidable innovation ; quant à l'association des cernes du bois et des pseudo-graines, elle est une exclusivité des glossoptéridales. Ces plantes, tellement particulières, ont fait couler beaucoup d'encre. Certains paléobotanistes pensent qu'elles sont apparentées aux plantes supérieures et particulièrement aux gymnospermes (résineux). D'autres, au contraire, pensent que les caractères « modernes » acquis par ces plantes l'ont été parallèlement, indépendamment de ceux des gymnospermes, lors de leur adaptation à un climat froid, adaptation qui aurait accéléré la spécialisation et leur aurait permis d'acquérir ces caractères avant les autres groupes.

Les arguments paléontologiques en faveur de l'existence du Gondwana ont été employés par Wegener pour étayer son hypothèse de la dérive des continents, alors réfutée par les géophysiciens comme par les géologues. En effet, une autre hypothèse, celle des ponts continentaux transocéaniques, fut retenue par de nombreux auteurs, jusqu'à un passé récent. D'illustres paléontologues français comme Henri et Geneviève Termier l'ont enseignée à la Sorbonne puis à l'université Paris VI jusque dans les années soixante-dix !

Ces glossoptéris devaient être retrouvés sur toutes les masses continentales ayant appartenu au Gondwana, mais également sur leurs marges. On les a ainsi décrits en Iran, où on ne les attendait pas. Une partie de ce pays a vraissemblablement fait partie des marges du Gondwana. Les glossoptéris sont également fréquents en Afrique, jusque dans la cuvette du Congo – le paroxysme de la glaciation du Carbonifère supérieur devait se situer en Afrique du Sud, alors à l'emplacement du pôle Sud. J. Broutin, de l'université Paris VI, découvrait récemment quelques restes au Maroc. Si les charbons à glossoptéris marquent bien la province du Gondwana, leurs restes épars, trouvés çà et là, signifient uniquement qu'on est sur les marges, très fluctuantes, d'une province botanique qui a connu, en près de 50 millions d'années, de très nombreuses vicissitudes.

Parmi les animaux terrestres, le groupe des reptiles mammaliens, orienté très tôt dans l'ascendance des mammifères, a trouvé sur ce continent son terrain d'élection. Il s'y est beaucoup plus diversifié qu'ailleurs, et des groupes successifs, témoignant de plans d'organisation de plus en plus élaborés, en direction de celui des mammifères, s'y sont succédé. C'est le cas, par exemple, du reptile mammalien

Lystrosaurus longtemps considéré comme une forme endémique du Gondwana. Cet animal était plus que bizarre : queue courte, membres en colonnes, narines et orbites situées très haut au sommet du crâne, tout concourt à suggérer que cet animal hippopotamesque vivait dans les cours d'eau. Mais Judith King, du musée de Johannesburg, a apporté plusieurs arguments réfutant cette interprétation. Selon elle, *Lystrosaurus* devait avoir eu un mode de vie comparable à celui d'une vache. Au Trias inférieur, il y a 245 millions d'années, il est représenté en Afrique du Sud par plusieurs espèces et surtout par une grande abondance d'individus. Certains auteurs expliquent cette abondance par le fait qu'il s'agissait du premier grand tétrapode herbivore de l'histoire des êtres vivants.

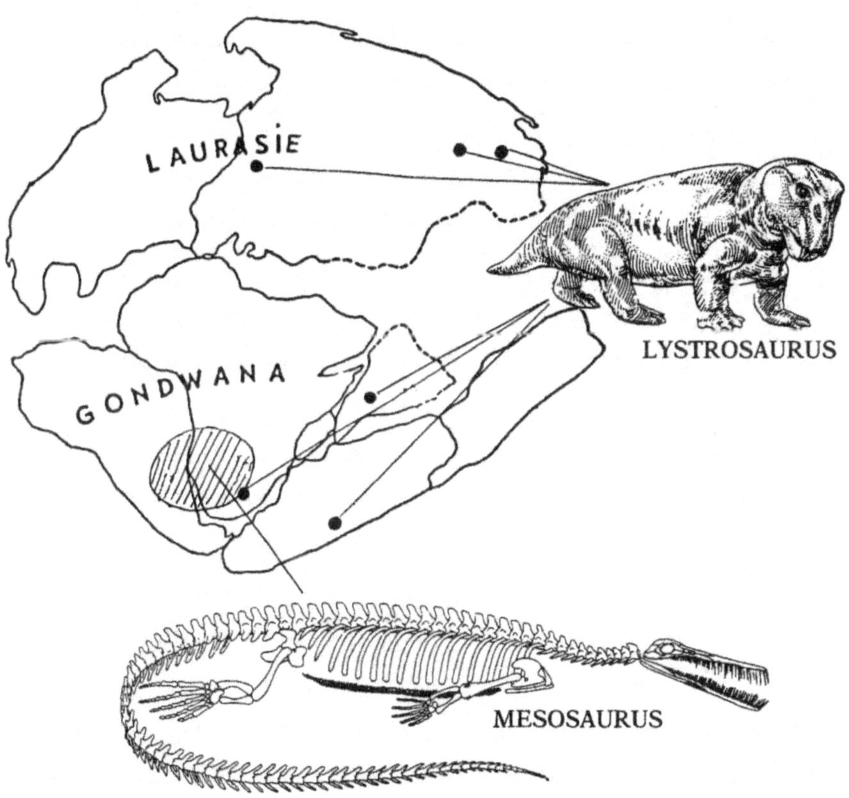

Figure 6.2. *Répartition géographique de deux reptiles fossiles caractéristiques du Gondwana. (A) Mesosaurus, petit reptile aquatique de moins de un mètre, connu uniquement au Permien moyen du Brésil et d'Afrique du Sud. (B) Lystrosaurus, reptile mammalien dicynodonte terrestre ou amphibie d'environ un mètre de long, très abondant au Trias inférieur en Afrique du Sud, mais également découvert en Chine et en Russie. Bien qu'apparu sur le continent de Gondwana, il s'est par la suite largement dispersé à la surface du globe, dispersion facilitée par la réunion des continents à cette époque.*

La découverte, en Antarctique, d'une espèce de *Lystrosaurus* identique à certaines de celles décrites en Afrique du Sud, est toujours considérée comme une preuve éclatante de l'existence d'une province gondwanienne. Le fait de découvrir plusieurs espèces communes d'un même genre sur un autre continent semble en effet plaider en faveur de la continuité géographique, à cette époque, de ces deux aires.

La découverte de représentants de ce même genre en Chine du Nord et du Sud, puis en Russie devait démontrer que, si ce taxon était bien diversifié sur le continent de Gondwana, il s'était aussi dispersé activement vers les continents septentrionaux qui constituaient alors la Laurasie. Les reconstitutions géologiques montrent en effet que Gondwana et Laurasie étaient alors rattachés par un étroit cordon de terres émergées situées au niveau du Maroc et de l'Espagne.

L'utilisation de *Lystrosaurus* pour délimiter une province du Gondwana est donc délicate. Il existe heureusement dans ce cas d'autres taxons qui permettent, en termes de probabilités, de caractériser le continent de Gondwana aux différentes époques.

Certains caractérisent un domaine restreint dans l'espace et le temps, comme, par exemple, le reptile aquatique *Mésosaurus*, qui jusqu'à présent n'a encore été découvert qu'en Afrique du Sud et en Amérique du Sud entre le Permien inférieur et le Permien moyen. Son aire de répartition originelle a donc été scindée en deux par l'ouverture de l'Atlantique Sud, à partir du Crétacé inférieur, 150 millions d'années après son extinction! On peut donc réellement parler de dispersion passive dans ce cas.

Comme l'Afrique et l'Amérique du Sud sont restées accolées jusqu'au Crétacé inférieur (−110 millions d'années), les affinités gondwaniennes s'expriment jusque dans les faunes continentales de cette époque qui s'avèrent quasi identiques. C'est le cas pour les faunes d'ostracodes mais également pour les faunes de reptiles terrestres. E. Buffetaut a signalé la présence commune, au Niger et au Brésil, de deux crocodiliens, le géant *Sarcosuchus* et le petit *Araripesuchus*.

Ces exemples démontrent bien que la reconnaissance d'une ancienne province biogéographique est possible à l'aide des fossiles. Cependant, une première difficulté naît des problèmes de frontières de ces provinces, qui fluctuent beaucoup au cours du temps et sont en principe impossibles à tracer avec précision, faute de fossiles en nombre suffisant. Une deuxième difficulté provient d'une propriété intrinsèque des êtres vivants: leur dispersion. La majorité des êtres vivants a mis au point des stratégies permettant de disperser les graines, pollens, ou organismes adultes. Certaines espèces peuvent s'éloigner considérablement de leur centre d'origine. Enfin, la reconnaissance des paléoprovinces n'apporte aucun renseignement sur la nature et la datation des événements géodynamiques responsables de la séparation des masses continentales antérieurement réuniès.

Cette méthode a néanmoins permis l'identification de provinces antérieures aux plus anciens océans actuels. En effet, au-delà d'une certaine époque, les méthodes géologiques sont de moins en moins efficaces. Il n'y a pas, sur les fonds océaniques actuels, de résidus d'océans antérieurs à –210 millions d'années, et l'ancienneté de la roche augmente la probabilité que le champ magnétique fossile ait été soumis à des vicissitudes diverses (métamorphisme, orogenèse, altération, etc.). Les bons champs magnétiques fossiles antérieurs à –210 millions d'années sont donc rares et précieux, beaucoup plus que les fossiles de cette époque. Les données sont claires : les paléontologues disposent des meilleurs atouts, et parfois des seuls, pour reconstituer la paléogéographie des terrains datés de –570 à –210 millions d'années. C'est ainsi que plusieurs provinces à trilobites ont été reconnues au cours du Cambrien et de l'Ordovicien séparées par des domaines océaniques refermés depuis lors.

L'identification des provinces paléobiogéographiques constitue donc une approche importante mais imprécise pour établir de nouveaux modèles ou tester ceux d'autres disciplines. Cet état de fait a conduit, pendant de nombreuses années, à l'abandon des données paléontologiques. Toutefois, les recherches se sont récemment orientées vers des méthodes plus rigoureuses permettant d'extraire des organismes fossiles une information plus précise et plus structurée.

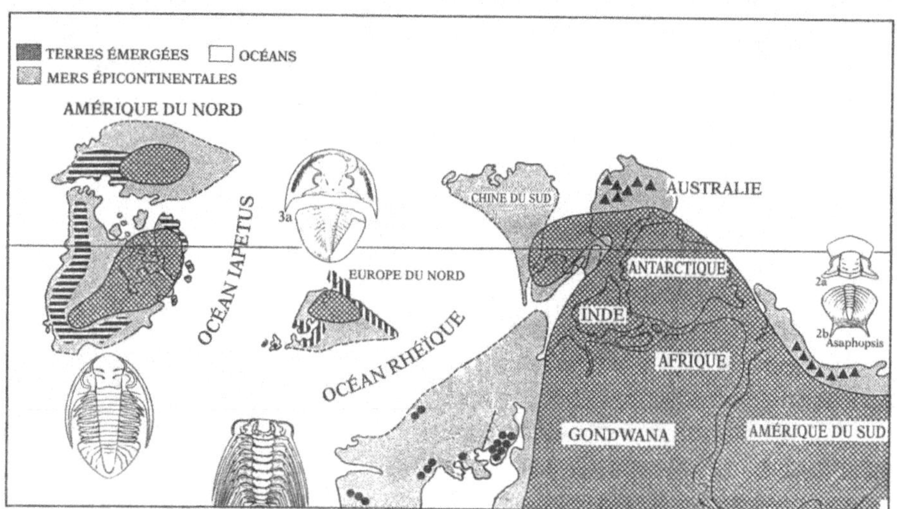

Figure 6.3. *Provinces à trilobites et carte paléogéographique du monde au cours de l'Ordovicien (–500 à –400 millions d'années). Province nord-américaine à bathyuridés, province nord-européenne à asaphidés, province sud-européenne à* Selenopeltis, *province gondwanienne (Australie et Amérique du Sud) à* Asaphopsis *(d'après McKerrow).*

Celles-ci sont fondées sur la biologie évolutive et l'écologie, plus précisément l'étude des rapports entre les changements géographiques et l'évolution des espèces à une échelle de temps beaucoup plus réduite, observable à l'échelle humaine.

À l'autre extrémité de l'échelle des surfaces, des aires géographiques minuscules ont été peuplées par des êtres vivants extraordinaires par leur taille, leurs caractères morphologiques et leurs adaptations. Ce sont les îles. Ce terme n'a pas la même signification selon les espèces. Pour un être humain, il s'agit d'une surface émergée entourée d'eau. Un petit ostracode, pour qui une mare peut constituer une île, n'en aura pas la même image. De même en milieu marin, un courant chaud traversant un océan froid, et réciproquement, peut constituer une île ; les sources hydrothermales des fosses océaniques hébergent des êtres vivants au métabolisme extraordinaire, qui puisent leur énergie non pas dans la lumière mais dans les gaz émis, comme le méthane. Pour cela, ils hébergent dans leurs tissus des bactéries chimiosyntéthiques. Ces différentes communautés constituent également autant d'îles ou isolats.

Les surprises des îles

Il n'est pas toujours besoin d'aller très loin pour découvrir des choses extraordinaires. Dans la plupart des îles méditerranéennes (Chypre, Crète, Baléares, Sicile, Sardaigne, etc.), il suffit de fouiller quelques grottes anciennes, antérieures à l'arrivée de l'homme et des animaux domestiques, qui date seulement dans ces îles de quelques milliers d'années, pour découvrir un petit monde fascinant.

ÉLÉPHANTS NAINS ET RONGEURS GÉANTS
DANS LES ÎLES MÉDITERRANÉENNES

La découverte la plus surprenante est sans doute celle des éléphants nains de Sicile, dans la grotte de Spinagallo. Ces éléphants, adultes, ne dépassaient pas un mètre de hauteur au garrot. Ils présentaient un dimorphisme sexuel accentué, puisque les femelles, plus petites, n'avaient pas de défenses. On pourrait penser à un nanisme dû à un dérèglement hormonal, mais ce n'est pas le cas. Dans le détail en effet, toute une série de caractères distinguent ces éléphants nains des autres espèces connues. Les proportions des membres et le rapport entre le volume du cerveau et la taille sont autant de signatures qui démontrent qu'ils résultent d'une évolution. On recherche également leur ancêtre, et un examen rapide révèle qu'il s'agit simplement de l'éléphant antique, de taille normale, qui vivait à cette époque en Europe.

Des fouilles plus étendues, dans le domaine siculo-maltais, devaient révéler plusieurs grottes avec de tels éléphants nains, ou parfois d'une taille intermédiaire entre les plus petits et leur ancêtre continental. Cela suggère qu'une population ancestrale a peuplé la Sicile, y a été isolée et s'y est transformée. En combien de temps ? On ne le sait pas exactement. L'application récente de nouvelles méthodes de datations absolues a suggéré des âges de quelques centaines de milliers d'années. Quant aux fossiles, ils sont tellement bizarres qu'on ne peut leur appliquer les échelles élaborées sur les continents. En recoupant toutes les informations disponibles, on arrive ainsi à une fourchette comprise entre –600 000 et –100 000 ans, ce qui correspond au Pléistocène moyen. Mais en essayant de mettre au point une méthode physique de datation des grottes, certains auteurs ont relevé des divergences entre les âges absolus obtenus et l'ordonnancement des grottes dans le temps, établi sur la base d'une taille décroissante moyenne des éléphants. Ils ont aussitôt suggéré que cette évolution vers la diminution de taille adulte s'était produite plusieurs fois successivement, avec l'extinction locale des éléphants nains remplacés par un peuplement d'éléphants du continent de taille normale, devenant nains à leur tour, et ainsi de suite. Ce scénario ne modifierait pas l'interprétation évolutive, mais conférerait à l'évolution de la taille, déjà considérée comme rapide, une vitesse beaucoup plus élevée. Si l'on suppose une durée du phénomène d'environ trois cent mille ans, on atteint une vitesse d'évolution de la taille de trois à quatre darwins, c'est-à-dire cinquante fois supérieure aux taux d'évolution morphologiques moyens examinés jusqu'à présent. Les brillants avocats des équilibres ponctués ne parlent jamais des modalités de l'évolution insulaire, car il est trop clair qu'ici l'ensemble de la population insulaire se transforme rapidement au cours du temps. Aucune spéciation géographique ne peut être invoquée pour expliquer l'évolution dans ces petites îles.

Cet exemple n'est pas unique. D'autres mammifères nains ont été découverts dans d'autres îles méditerranéennes de la même époque. En Crète, on a découvert des cerfs et des hippopotames nains. Les cerfs nains s'apparentent à un grand cerf aujourd'hui disparu, qui vivait en Europe occidentale pendant le Quaternaire moyen. La réduction de taille, également spectaculaire, s'accompagne ici d'une modification des proportions des membres et des bois. Les hippopotames nains de Crète sont encore plus surprenants : outre leur taille inférieure à celle des plus petits hippopotames connus en Afrique centrale et occidentale, ils possédaient des proportions des membres différentes de toutes les formes connues, actuelles et fossiles, traduisant une adaptation locomotrice inhabituelle pour les hippopotames : ils savaient grimper sur les rochers. On en trouve des restes abondants en Crète, dans des grottes situées à mille mètres d'altitude. Même au plus haut niveau des mers au Quaternaire, ces hippopotames se trouvaient à une altitude sensiblement égale à l'actuelle, car on considère que, depuis un million d'années, le niveau maximal des mers n'a jamais été supérieur à l'actuel. Ces hippopotames n'étaient donc plus semi-aquatiques mais terrestres, d'où les nombreux restes trouvés dans des grottes où ils sont tombés accidentellement.

Outre ces grands mammifères nains, on trouve dans toutes ces îles des rongeurs géants. Certes, contrairement à leur nom, ils ne sont pas vraiment géants. Mais leurs dimensions linéaires atteignent facilement le double, voire le triple, de celles des formes du continent, c'est-à-dire un volume du corps huit à vingt-sept fois supérieur à celui de leurs ancêtres continentaux. Dans ces cas encore, il s'agit bien d'espèces dont les ancêtres ont vécu sur le continent adjacent, comme le loir et le mulot par exemple. Quel curieux phénomène que ces espèces insulaires, descendants éteints d'ancêtres qui, eux, peuplent encore les faunes actuelles !

Une autre caractéristique des faunes mammaliennes des îles méditerranéennes est leur très faible diversité taxinomique. On n'y trouve généralement qu'un très petit nombre d'espèces parmi lesquelles, régulièrement, des éléphants, des cerfs et des hippopotames nains, mais jamais de grands carnivores ! La composition des faunes insulaires fossiles apparaît ainsi très appauvrie et très particulière. Dans la nature actuelle, on retrouve ces particularités, non pas pour les mammifères, massacrés pour la plupart par les premiers hommes qui peuplèrent les différentes îles, mais par exemple chez les insectes. Un nombre très élevé d'espèces endémiques insulaires sont ainsi dépourvues d'ailes ou ont des ailes réduites.

Il importe donc d'expliquer ces phénomènes propres aux îles et à l'évolution de leurs communautés. Ces derniers peuvent être décomposés en plusieurs problèmes distincts :

– la diversité réduite : pourquoi les communautés fossiles sont-elles si appauvries par rapport aux continents ?

– l'endémisme : pourquoi les espèces insulaires peuvent-elles être si différentes de celles du continent dont elles sont issues depuis un temps relativement court ?

– la survivance : pourquoi reste-t-il si peu de témoins vivants de ces phénomènes et pourquoi aucune de ces espèces n'a-t-elle peuplé avec succès les continents adjacents ?

Les réponses envisagées pour ces questions conduisent à considérer ces îles comme de véritables laboratoires naturels pour l'étude de l'évolution.

Les îles, des laboratoires naturels de l'évolution

La faible diversité insulaire divise la communauté scientifique en paléontologues et écologistes. Pour les paléontologues, comme G. G. Simpson, de l'American Museum of Natural History, l'un des concepteurs de la théorie synthétique de l'évolution, l'explication est simple. Les îles sont difficiles à atteindre sauf exceptionnellement, par la nage, aux époques où le niveau des mers est au plus bas. Seules certaines espèces, meilleures nageuses, réussissent à les rejoindre par hasard. Cette explication s'appuie sur le fait que l'on retrouve souvent associés, mais indépendamment, dans des îles différentes, les éléphants, les cerfs et les hippopotames, plus aptes à traverser les bras de mers qui constitueraient donc une sorte de filtre. Quant aux rongeurs, c'est sur des radeaux arrachés aux continents adjacents qu'ils arriveraient, à la grâce de Dieu, sur la terre promise...

À cette interprétation les écologistes opposent une démarche plus rationnelle.

Ils s'appuient pour cela sur l'étude des îles actuelles et de leur peuplement. La probabilité, pour une espèce donnée, de peupler une île dépend de plusieurs facteurs, dont certains sont semblables à ceux qui régissent la balistique : plus une cible est grande et proche, plus elle est facile à atteindre. Toutefois, certaines espèces, en fonction de leur résistance ou de leurs capacités de dispersion, ont une plus forte probabilité de peupler un territoire. Si la situation se prolonge à une échelle de temps géologique, l'importance des écarts entre les probabilités de dispersion diminue.

D'après les écologistes donc, si quelques espèces atteignent une île, la plupart des espèces d'un continent adjacent pourront s'y rendre, pour peu que la situation se prolonge. Cependant, le nombre d'espèces nouvelles que peut supporter un écosystème donné est limité par sa capacité trophique. Avec l'augmentation du nombre des espèces, la compétition se fait plus vive et se traduit par une probabilité d'extinction de plus en plus élevée. Le nombre d'espèces présentes à un endroit donné est ainsi limité et stable, si les conditions de milieu le sont aussi, et correspond à un « équilibre dynamique ». Ce phénomène a été plus facilement modélisé pour des îles que pour les continents adjacents. Dans les îles, le modèle des équilibres dynamiques élaboré par R. H. McArthur et E. O. Wilson, de l'université de Princeton, prévoit que l'équilibre est atteint lorsque le taux d'immigration (et/ou, de spéciation, si l'île est suffisamment grande) rejoint la probabilité d'extinction. Une grande île avec de nombreux biotopes distincts pourra ainsi supporter une faune plus diversifiée qu'une petite île. Cette relation a été quantifiée dans une certaine mesure, notamment pour la surface, qui exprime assez bien la diversité des niches écologiques disponibles : $S=kA^z$ (S est la diversité en nombre de taxons, A, la surface, z, la pente de la droite de régression et k, une constante de proportionnalité liée au taxon étudié). Cette relation est pratique, car elle permet de linéariser les données : la transformation logarithmique des variables S et A donne une relation linéaire.

Mais le modèle de McArthur et de Wilson ne décrit que les îles actuelles, proches du continent, au peuplement relativement récent. Il doit être adapté à une échelle de temps géologique : le changement d'un milieu, à l'échelle des temps géologiques (mouvements verticaux, transgression, déplacement d'une microplaque), peut totalement isoler une communauté (à l'équilibre), sans apport extérieur possible (immigration). En outre, la spéciation allopatrique est impossible, car les dimensions de l'île sont réduites et les barrières naturelles inexistantes. Dans ce cas, seule l'extinction continuera à affecter les espèces présentes, et leur nombre diminuera progressivement au cours du temps. En diminuant, la compétition interspécifique se relâche. Peu à peu ces espèces évoluent et se modifient plus ou moins profondément. Des espèces particulières, endémiques, se différencient rapidement. C'est ainsi que l'on peut concevoir la différenciation sur certaines îles méditerranéennes d'espèces endémiques d'éléphants nains, d'hippopotames nains, de cerfs nains et de rongeurs géants, sans doute en moins de cinq cent mille ans. La faible diversité résulterait donc pour les écologistes d'une capacité trophique limitée ou d'extinctions postérieures à l'équilibre et à l'isolement total de l'île.

Les deux hypothèses semblent faciles à départager : les paléontologues supposent l'absence d'autres espèces au départ, alors que les écologistes supposent, dans la plupart des cas, un nombre d'espèces plus élevé lors de l'isolement de l'île. Cette simplicité n'est qu'apparente, car la découverte dans une île de faunes fossiles identiques à celles du continent adjacent ne permet pas de les identifier comme des faunes insulaires. Ce sont uniquement le fort endémisme et la faible diversité qui les caractérisent.

NANISME ET GIGANTISME DES MAMMIFÈRES : CAUSES ÉCOLOGIQUES OU GÉNÉTIQUES ?

Les différences de taille et l'évolution rapide ont attiré l'attention de nombreux généticiens et paléontologues souhaitant apporter une explication satisfaisante à ces curieux phénomènes évolutifs. Les généticiens ont commencé par défendre le sérieux de l'hypothèse d'une dérive due au hasard. Aujourd'hui, cette interprétation ne peut plus être retenue. Des éléphants nains fossiles appartenant à d'autres lignées, distinctes de celle de l'éléphant antique, ont été découverts à

Timor, une des îles de la Sonde. Leur ancêtre est un stégodon, éléphant de grande taille qui vivait en Asie du Sud-Est à cette époque. Sur cette même île on a également trouvé des rats géants. Aux îles Canaries, on a découvert une espèce de rat géant auquel on a donné le nom de canariomys. Ce n'est donc pas le hasard que, plusieurs fois, indépendamment, seuls des grands mammifères de petite taille et des petits mammifères de grande taille ont peuplé ces îles. Plus vraisemblablement, ces mammifères possédaient, lors du peuplement, une taille identique à celles des autres populations continentales.

Un écologiste espagnol, A. Valverde, étudiant les communautés mammaliennes actuelles du sud de l'Espagne, a remarqué qu'en classant les mammifères de ces communautés par la taille on retrouvait les prédateurs au milieu du diagramme, alors que les végétariens, herbivores et omnivores qui constituent leurs proies habituelles se situent aux deux extrémités. La taille des petits mammifères leur conférerait un avantage pour échapper aux prédateurs, par exemple en leur permettant de se réfugier dans une fissure, une crevasse ou un terrier. Celle des grands les protégerait également, grâce à une plus grande résistance à la course ou simplement par effet de masse. En l'absence de prédateurs, la taille de ces différentes espèces tendrait vers un nouvel équilibre : plus grande pour les petits, plus petite pour les grands. Il est vrai que l'on ne connaît pas de grands prédateurs sur ces îles, comme le prévoient ces modèles écologiques. La faible densité ne permet pas à une population stable de survivre longtemps sur une île aux ressources fluctuantes. L'instabilité des ressources et l'impossibilité, pour les grands animaux, de trouver leur nourriture ailleurs avantagent également les espèces qui réduisent la durée de gestation, quasi proportionnelle à la taille des mammifères. Cela pourrait expliquer la diminution de taille des grands mammifères, mais pas l'augmentation de taille des rongeurs. D'autant plus que l'on a découvert, dans un même site d'une paléo-île méditerranéenne encore plus extraordinaire, l'île du Gargano, plusieurs espèces de rongeurs géants et leur prédateur, une effraie géante. Dans ce cas au moins, il y aurait eu une coévolution exemplaire du système proies-prédateurs ! Cela infirme l'explication de Valverde, au moins pour cette île.

Les écologistes ont proposé un autre modèle expliquant l'augmentation de taille des rongeurs et des oiseaux. En résumé, la taille serait corrélée à la dimension des niches écologiques disponibles. Un grand rongeur occupera facilement la niche d'un rongeur plus petit, notamment en ce qui concerne sa nourriture. Dans la nature actuelle, la taille moyenne des espèces augmente lorsque le nombre d'espèces partageant les mêmes ressources diminue, ce que l'on explique par la diminution de la compétition entre les espèces. L'extinction normale expliquerait donc la diminution du nombre des espèces sur les îles, qui entraînerait alors l'élargissement des niches et donc de la taille des espèces survivantes de petits mammifères. Ce modèle s'ajoute aux autres et contribue à expliquer les phénomènes qui ont eu lieu dans les fantastiques laboratoires naturels qu'ont été les îles. Il ne saurait toutefois expliquer la diminution de la taille de tous les grands mammifères. Pour ces derniers, une autre explication est parfois avancée : la grande taille handicape lorsque les ressources subissent des fluctuations importantes. Les grands mammifères du continent, lors des mauvaises récoltes, se déplacent et cherchent leur nourriture ailleurs, ce qui est impossible dans les îles. En outre, une gestation longue – liée à la taille – est un handicap dans les îles, car elle augmente le risque d'une famine pendant la gestation. La diminution de taille permettrait de diminuer la durée de la gestation. Cette explication complète celle qui se fonde sur l'absence de grands prédateurs sur ces îles.

Ces modèles de mieux en mieux connus conduisent à une nouvelle question : dans quelle mesure ont-ils pu affecter les anciens hommes ?

Des hommes nains ou géants dans des îles anciennes ?

Paul Sondaar, paléontologue de l'université d'Utrecht, a consacré une large part de sa carrière à traquer les mammifères fossiles insulaires, en Méditerranée comme dans les îles de la Sonde. Il y a quelques années, il a entrepris la fouille méthodique d'une grotte de Sardaigne. Les habitants de cette région parlent dans leurs légendes de géants humains vaincus par leurs ancêtres, mais, jusqu'à présent, personne n'avait pris cette mythologie à la lettre. Comme dans toutes les grottes de ces îles, le fouilleur traverse d'abord des couches récentes, appelées « poubellien » dans le jargon du métier. Le fossile guide de cette période varie entre la boîte de sardines et la capsule de bouteille. Plus bas apparaissent les couches protohistoriques puis néolithiques avec des restes d'animaux domestiques. Dessous encore, une couche stérile marquait une transition importante : le début des mammifères endémiques quaternaires qui survécurent jusqu'à l'arrivée de l'homme et des animaux domestiques. Rien de très nouveau, si ce n'est la découverte d'ossements postcrâniens en très petit nombre ne pouvant être attribués à aucune espèce insulaire connue : des restes humains ! Très fragmentaires, ils documentent pourtant pour la première fois l'existence d'un homme fossile peut-être isolé pendant plusieurs centaines de milliers d'années dans ces îles et anéanti avec l'arrivée des hommes néolithiques. La légende aurait-elle dit vrai ? L'étude préliminaire révèle qu'il s'agit de restes humains plus grands que la moyenne connue jusqu'à présent pour notre espèce, mais la nature fragmentaire des restes ne permet pas une approximation assez précise de la taille. Plus surprenant encore, les outils de pierres qui accompagnent ces ossements sont extraordinairement frustes. Cette population se serait donc installée en Sardaigne depuis très longtemps et aurait connu une stase culturelle, ou bien se serait installée plus récemment et · aurait connu une régression culturelle, au moins concernant ses outils de pierre. L'homme géant de Sardaigne reste donc énigmatique, et tous les paléontologues attendent avec curiosité les prochaines découvertes. Si cette thèse se confirme, il sera possible d'interpréter de la même façon les restes du méganthrope de l'île de Java, en Indonésie, qui témoignent de l'existence d'un homme fossile ancien de taille inhabituelle mais morphologiquement proche des pithécanthropes.

De toutes les espèces insulaires, pratiquement aucune n'a survécu. La longue liste des disparitions s'allonge tous les ans. Tout le monde connaît par exemple le dodo, oiseau aptère de la Réunion, mais on connaît moins le sylviornis, oiseau aptère, également éteint, de Nouvelle-Calédonie. Nombre d'extinctions coïncident avec l'arrivée dans ces îles de l'homme et de son cortège d'animaux domestiques dont l'impact a peut-être été plus important encore. Mais des faunes insulaires ont existé bien avant l'homme et elles non plus ne semblent pas avoir donné naissance par la suite à des survivants sur les continents. Les espèces endémiques insulaires seraient-elles des impasses évolutives ? Seraient-elles plus fragiles que les espèces continentales ?

UNE FRAGILITÉ DES ESPÈCES INSULAIRES ?

Des observations convergentes et multiples semblent indiquer que toutes les espèces insulaires mises au contact d'espèces continentales s'éteignent très rapidement. Tout se passe donc comme si, dans une telle compétition, l'espèce insulaire était systématiquement la victime. L'explication la plus simple repose sur l'élargissement de leur niche écologique. Ayant moins de concurrents, elles occupent plus d'espace et utilisent des sources de nourriture plus variées que les espèces correspondantes sur les continents. Tout se passe donc comme si des généralistes se retrouvaient en compétition avec des formes encore plus spécialisées que leurs ancêtres communs, car les espèces continentales ont continué d'évoluer dans une compétition permanente et sans relâche. Mais cette interprétation est peut-être trop simpliste...

En tout cas, les modèles sont rares, et les observations témoignent d'une loi statistique qui, si elle n'est pas encore une loi de la nature, n'en est pas éloignée. Mais au fait, le modèle des équilibres ponctués ne prévoyait-il pas le succès des nouvelles espèces différenciées à partir de populations périphériques, constituées d'un petit nombre d'individus ? Visiblement, ses auteurs n'avaient pas pris en compte le modèle d'évolution insulaire sans doute en opposition trop flagrante avec leurs hypothèses.

Les îles-continents, ou les multinationales de l'évolution

Tout ce qui vient d'être montré au sujet des îles de petite taille peut être extrapolé au cas, en apparence plus complexe, des îles-continents. Les événements géologiques ont souvent causé l'isolement d'immenses masses continentales, comme c'est le cas aujourd'hui de l'Australie. Dans le passé, entre –65 et –2,4 millions d'années, l'Amérique du Sud est restée complètement isolée des autres masses continentales. L'Afrique elle-même, après sa séparation du complexe gondwanien Australie-Antarctique puis de l'Amérique du Sud, par l'ouverture de l'Atlantique Sud, il y a 110 millions d'années environ, a dérivé vers le nord comme une arche de Noé. C'est en se rapprochant de l'Eurasie vers 70 millions d'années puis la heurtant, il y a environ 18 millions d'années, que cet isolement fut rompu. Plus près de nous, l'Europe occidentale s'est retrouvée plus ou moins complètement isolée entre –55 et –34 millions d'années, intervalle correspondant à la presque totalité de l'Éocène. Il y a 55 millions d'années, elle présentait une géographie bien différente de celle d'aujourd'hui. Par le nord-ouest, on pouvait passer à pied sec en Amérique. L'Atlantique Nord commençant à s'ouvrir, de nombreux volcans rendaient l'aventure périlleuse mais possible. Jamais, dans l'histoire des mammifères, le degré de ressemblance avec les faunes nord-américaines n'a été aussi élevé. Cela est dû en grande part au stock de migrants, parmi lesquels les premiers vrais primates, les premiers rongeurs, les premiers artiodactyles, qui venaient d'immigrer simultanément dans ces deux régions. Au sud, l'Europe était bordée par l'océan Téthys. À l'est, la mer polonaise, mer épicontinentale, certes, mais comparable au golfe Persique actuel, coupait l'Europe en deux et isolait la partie occidentale du reste de l'Eurasie. L'ouverture progressive mais rapide de l'Atlantique Nord bouclait le scénario de l'insularisation.

De nombreux groupes endémiques se sont alors différenciés dans cette grande île, comme les lophiodontidés, sortes de tapirs primitifs, les paléothéridés, groupe frère des équidés nord-américains avec qui ils partagent le même ancêtre à plusieurs doigts, connu sous le nom d'*Hyracotherium*, et des familles endémiques d'artiodactyles, de rongeurs et même de primates. Les faunes du gypse de Montmartre, initialement décrites par G. Cuvier, forment les derniers représentants de ces groupes, peu de temps avant leur extinction.

Figure 6.4. *Reconstitution d'une communauté terrestre en Europe occidentale, il y a 40 millions d'années. Des sortes de tapirs, Lophiodons, représentent les herbivores endémiques de cette province. Dans les arbres vivent de nombreux prosimiens, comme ce Necrolemur, ainsi que de nombreux rongeurs. La plupart de ces groupes disparaîtront vers –34 millions d'années, du fait des changements climatiques globaux qui affecteront la planète (d'après J. L Hartenberger).*

La principale différence avec le modèle insulaire vient du fait que les espèces endémiques trouvent assez de place et de ressources pour se multiplier par spéciation géographique. En outre, l'endémisme se prolonge. Il concerne un nombre croissant d'espèces issues d'un même ancêtre, constituant un groupe systématique de rang plus élevé, familial ou même ordinal. C'est ainsi que de grands groupes se différencient, dans les océans comme sur les continents. Vers le sommet de l'Éocène, le climat commence à se dégrader. Certains auteurs l'expliquent par l'ouverture de l'océan qui sépare l'Australie de l'Antarctique et par le développement simultané d'une glaciation au pôle Sud. Ces modifications auraient permis l'établissement de courants marins froids autour de l'Antarctique, et les eaux froides, plus denses, se seraient écoulées sur le fond des océans du monde, initiant ainsi, pour la première fois au Tertiaire, un phénomène très important et encore actuel. La réorganisation des courants océaniques à l'échelle de la planète s'est traduite en Europe occidentale par d'importantes modifications de la flore et de la structure des communautés mammaliennes. L'étude des flores fossiles, et particulièrement des grains de pollens, révèle une évolution climatique de plus en plus rapide à l'approche de la fin de cet étage, vers –34 millions d'années. Monique Schuler, de l'université de Strasbourg, a démontré que la flore passait d'une forêt tropicale humide à une flore beaucoup plus sèche et plus ouverte. La diversité des faunes de mammifères varie beaucoup à cette époque et S. Legendre, de l'université de Montpellier, s'est aperçu qu'il existait une étroite corrélation entre les variations du nombre d'espèces de mammifères et les variations de température, déduites des carbonates du test des foraminifères dans les océans. En outre, les communautés de mammifères connaissent un nombre croissant d'extinctions, et d'importantes modifications structurelles au fur et à mesure que l'on se rapproche de cette limite. Pour mieux mettre ce phénomène en évidence, il a étudié les spectres de taille dans les communautés mammaliennes tropicales actuelles. Ceux-ci diffèrent selon les climats. Il a ainsi montré que la structure des communautés éocènes plus anciennes est comparable à celle des forêts tropicales humides actuelles, et que celle des communautés plus récentes, proche de la limite Éocène-Oligocène, est caractéristique de milieux tropicaux secs. Il n'est donc pas étonnant que les primates endémiques aient alors presque complètement disparu des faunes européennes. À la même époque, la mer polonaise se retire, permettant une large continuité terrestre entre notre île d'Europe occidentale et le reste de l'Eurasie. C'est alors qu'immigrent, en provenance d'Asie, de nombreux groupes modernes de mammifères, comme les rhinocéros, les lièvres et les lapins, les anthracothères, les écureuils, qui trouvent des niches écologiques déjà vides suite aux extinctions, ou des compéti-

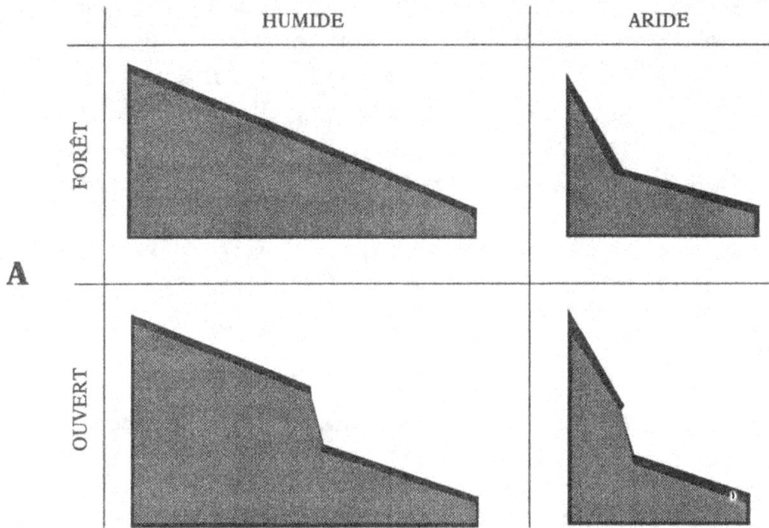

Figure 6.5. *Cénogrammes de communautés actuelles de mammifères des régions tropicales (A) et de communautés d'Europe occidentale entre –40 et –25 millions d'années (B). On observe un changement important du profil de ces diagrammes, avec apparition d'une rupture de pente et d'une lacune médiane vers –34 millions d'années. Un cénogramme est une droite de régression du poids des espèces par rapport à leur rang dans la communauté. La pente des droites reflète la diversité spécifique pour un intervalle de poids donné : une pente faible indique une forte diversité dans l'intervalle considéré, une pente forte une faible diversité. La longueur des abscisses correspond au nombre total des espèces (d'après S. Legendre).*

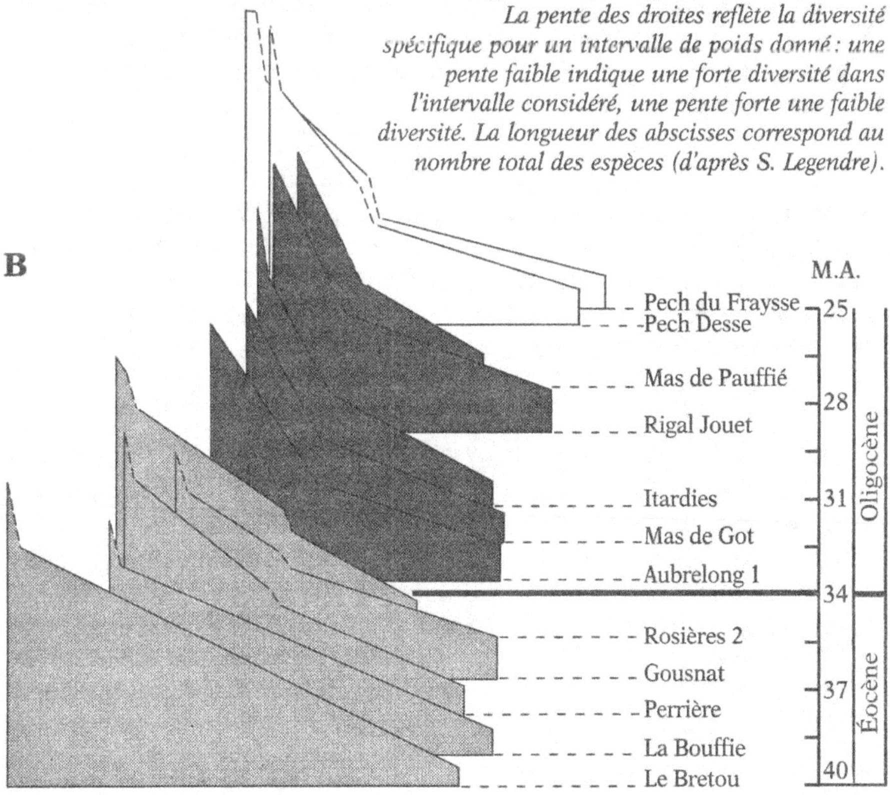

teurs endémiques, qui ne résisteront pas à cette compétition. L'extinction qui se produit alors est suffisamment importante à l'échelle du globe pour apparaître dans les courbes d'analyses globales de la diversité. C'est la crise de la limite Éocène-Oligocène datée d'environ –34 millions d'années. Quelques espèces survivront à la crise et à l'immigration de concurrents asiatiques, comme issiodoromys, quelques artiodactyles et de rares paléothéridés. Mais une nouvelle crise, quelques millions d'années plus tard, aura raison de ces rescapés.

Dans le cas d'une île-continent, la fin de l'isolement ne correspond donc pas toujours à l'élimination brutale des formes issues de la surface continentale la plus petite.

Un exemple encore plus frappant est ce que les auteurs américains appellent le « grand échange », qui s'est produit il y a environ 2 millions d'années entre l'Amérique du Nord et l'Amérique du Sud, lorsqu'est née l'Amérique centrale. Les deux Amériques avaient été séparées pendant 63 millions d'années (peu de temps avant la crise Crétacé-Tertiaire, on trouve en Amérique du Sud plusieurs espèces caractéristiques de l'Amérique du Nord, comme des dinosaures à bec de canard).

Vers –2 millions d'années, les communications se rétablissent. Les deux communautés terrestres qui s'interpénètrent sont extrêmement différentes. Chez les mammifères, les différences atteignent le niveau ordinal. Dans un premier temps, le nombre de taxons mammaliens en Amérique centrale augmente considérablement par le mélange des deux communautés. Mais la biomasse végétale ne peut pas supporter deux communautés avec des espèces redondantes dans les mêmes niches. Il s'ensuit d'importantes extinctions, sans doute dues à une compétition intense. Mais un tel phénomène n'est en réalité qu'un mécanisme d'ajustement aux ressources disponibles. Le bilan final est déséquilibré : les espèces nord-américaines ont mieux survécu en Amérique du Sud que des espèces sud-américaines en Amérique du Nord. Par exemple, les lamas appartiennent à un groupe d'origine nord-américaine, éteint sur son continent d'origine mais qui a survécu sur ses nouvelles terres !

Parmi les formes sud-américaines qui ont survécu et peuplé le Nord avec succès, on trouve la sarigue et le tatou, dont le succès s'affirme de plus en plus. La sarigue progresse d'année en année en direction du Nord canadien, alors que le tatou est de plus en plus abondant dans la partie méridionale des États-Unis. Le développement de ces deux espèces est donc une lointaine conséquence du grand échange.

De telles règles paléobiogéographiques peuvent permettre de tester un certain nombre de scénarios géodynamiques. C'est le cas par exemple pour l'Inde.

Le radeau indien prend l'eau

Partant des anomalies magnétiques du fond de l'océan Indien, les géophysiciens français R. Schlich et P. Patriat ont montré que le continent indien commençait à se séparer de Madagascar il y a environ 80 millions d'années, pour se rapprocher, à vitesse à peu près constante (environ dix centimètres par an), du continent eurasiatique. Pour la communauté scientifique des années soixante-dix, le contact devait s'établir autour de –40 millions d'années. C'est en tout cas ce que les indications tectoniques suggéraient à l'époque. Le ralentissement considérable du déplacement de l'Inde vers –40 millions d'années était interprété comme le début de la collision avec l'Asie. Les reconstitutions paléogéographiques de l'époque, dans ces conditions, montraient l'Inde comme une véritable arche de Noé entre le début de l'ouverture de l'océan Indien (–80 millions d'années) et la collision avec l'Asie (–40 millions d'années). 40 millions d'années d'isolement géographique suffisent largement à la différenciation de communautés terrestres endémiques à l'échelle ordinale.

Or que révèlent les fossiles indiens de cet intervalle de temps ? Tout d'abord que des formes abondantes de mammifères asiatiques sont présentes sur le radeau indien dès –55 millions d'années. Dire que la collision avec l'Asie date de –40 millions d'années n'est donc pas défendable, car ces mammifères, pour être aussi nombreux, doivent être venus à pied sec. Donc la collision, ou du moins la situation qui a permis le passage à pied sec depuis 55 millions d'années au moins, remonte à plus longtemps. Les derniers niveaux à dinosaures abondants et variés ont livré des espèces très similaires, sinon identiques, à des formes connues sur les autres continents austraux et notamment à Madagascar et en Argentine. Mais les faunes de dinosaures ont une inertie évolutive assez importante, et l'on ne peut en déduire l'âge de l'isolement des communautés dinosauriennes de ce continent. Cependant, il ne devrait pas dépasser 5 à 10 millions d'années. Or ces faunes indiennes sont très proches de la fin du Maastrichtien, daté de –65 millions d'années. Des liens avec Madagascar ont donc dû persister jusqu'à environ –70 millions d'années. La découverte, dans des niveaux datés de –66 millions d'années, de restes d'une grenouille terrestre appartenant aux pélobatidés, devait encore bouleverser ce scénario. Ce groupe est en effet caractéristique, à cette époque, de l'hémisphère Nord. Jusqu'à présent, aucune découverte de pélobatidé n'atteste leur présence dans l'hémisphère Sud de cette époque. Or les masses continentales des deux hémisphères étaient à cette époque séparées par un océan circuméquatorial. Les grenouilles, qui respirent beaucoup par la peau, sont incapables d'empêcher le passage du sodium, et de ce fait n'existent presque jamais dans les eaux salées. Ces

Figure 6.6. *Communauté terrestre d'Europe occidentale, entre −34 et −30 millions d'années, après la crise qui a affecté le globe. On observe une nouvelle forme d'herbivore, Entelodon, originaire d'Asie, qui s'est répandue parce que les herbivores terrestres s'étaient éteints. Il est dévoré par des carnassiers endémiques du groupe des hyaenodontes, qui, eux, ont survécu à cette crise. La plupart des primates ont disparu. Parmi les nouveaux arrivants, on remarque, dans le cercle, une sorte de petit lapin, voisin de l'Ochotona actuel d'Asie. Dans ce paysage ouvert et sec vivaient des oiseaux serpentaires, et, dans les forêts de conifères, des quetzals, oiseaux emblèmes du Mexique (d'après J. L. Hartenberger).*

restes de grenouille sont associés aux restes de petits mammifères qui ont pu être rapprochés également d'un groupe caractéristique de l'hémisphère Nord, les paléoryctidés. Par ailleurs, aucun endémisme particulier n'est relevé dans ces faunes ni dans les faunes plus récentes. Bref, les données paléontologiques actuelles infirment l'hypothèse du radeau indien. Et pourtant, l'océan Indien s'est bien ouvert, ce continent s'est bien déplacé vers le nord et il y a bien eu une formidable collision dont témoigne l'existence de l'Himalaya.

Comment concilier ces données contradictoires ? Tout le monde avait sans doute raison. Le seul point faible est l'hypothèse de la présence au nord de l'Inde, avant que ne commence sa migration, d'un océan immense. Celui-ci, s'il a existé, était étroit ou bien obstrué par une masse continentale ou des arcs insulaires qui ont servi de relais entre les peuplements terrestres de l'Inde et ceux de l'Asie. Le ralentissement de la vitesse de déplacement de l'Inde au cours de sa migration, pour sa part, est peut-être dû à un autre phénomène.

Tout cela reste encore une hypothèse de travail, mais montre que les données paléontologiques peuvent exercer d'importantes contraintes sur les modèles géodynamiques proposés par les autres disciplines géologiques et géophysiques. Le bon modèle est celui qui explique le plus grand nombre de phénomènes. Les fossiles sont l'expression morphologique d'une imposante quantité d'informations stockée dans les génomes des organismes anciens, et leur exploitation ouvre des horizons innombrables et quelquefois insoupçonnés.

Toutes ces observations permettent d'imaginer l'importance globale des modifications géographiques dans l'histoire de la diversité des êtres vivants, sur les continents comme dans les océans. On a ainsi tenté d'expliquer la diversité ordinale des mammifères de l'ère tertiaire – supérieure à celle des dinosaures et autres reptiles pendant l'ère secondaire – par le plus grand nombre de masses continentales distinctes au Tertiaire par rapport au Secondaire. Malheureusement, les résultats des calculs sont très controversés, en particulier parce que nous connaissons trop peu les écosystèmes mésozoïques.

De même, l'ouverture d'un océan peut être assimilée à l'apparition d'une barrière infranchissable fragmentant l'aire de répartition initiale d'une espèce marine en deux domaines néritiques abritant chacun des populations isolées. La collision de deux masses continentales provoque la disparition d'un océan qui jouait le rôle de barrière naturelle entre deux domaines néritiques appartenant jusqu'alors à deux provinces biogéographiques distinctes.

On voit ainsi se dégager deux grands mécanismes, l'un concernant l'éclatement et la multiplication des provinces, et l'autre lié à la fusion ou à la collision, impliquant la réduction du nombre des provinces.

Cette approche s'applique aussi bien aux domaines continentaux qu'aux domaines océaniques : l'ouverture d'un océan sépare d'abord une masse continentale en deux parties puis un domaine marin néritique. La fermeture d'un océan entraîne d'abord un rapprochement de deux domaines néritiques distincts avant leur fusion puis leur disparition au stade ultime de la collision, conduisant à la fusion de deux continents en un seul. On peut soupçonner la géodynamique d'avoir joué un rôle majeur dans le contrôle de la diversité des êtres vivants à la surface de notre planète, d'une part au niveau de la diversité locale, d'autre part au niveau de la diversité globale.

Des recherches récentes, liées aux applications de la méthode cladistique, devaient conduire à la naissance d'une nouvelle méthode en biogéographie et en paléobiogéographie : la théorie de la vicariance.

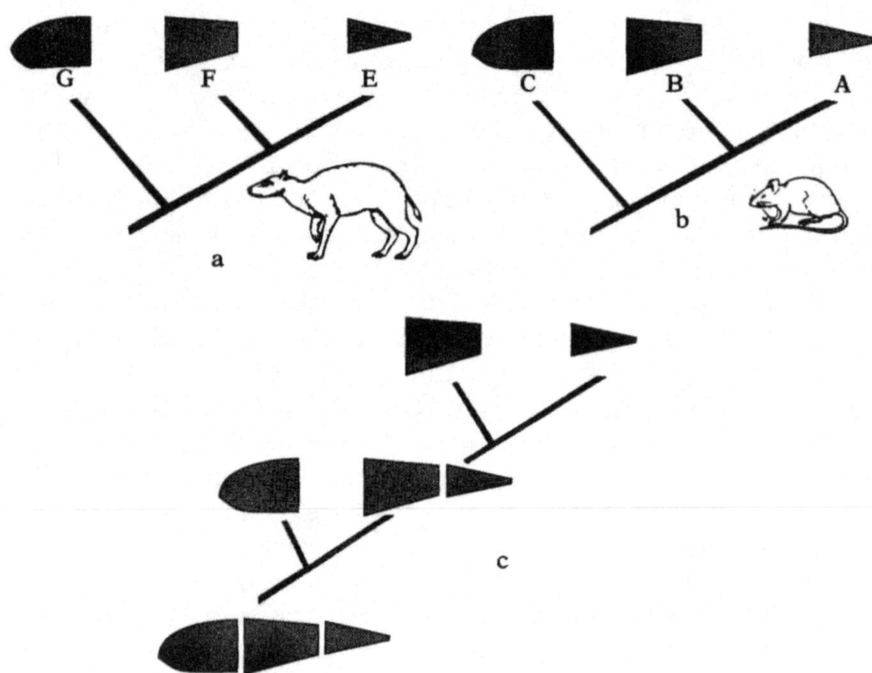

Figure 6.7. *Cladogrammes illustrant la théorie de la vicariance, qui postule que les relations de parenté entre les êtres vivants expriment également l'histoire de leurs territoires. Les cladogrammes a et b expriment les relations de parenté entre trois espèces appartenant à des groupes distincts de mammifères, mais occupant les mêmes territoires. c est déduit de a et b et décrit l'histoire des territoires à partir des relations de parenté entre espèces. Cette méthode n'a qu'une valeur statistique, de nombreux facteurs pouvant affecter la répartition des êtres vivants (dispersion active, extinction, etc.).*

La théorie de la vicariance

La théorie de la vicariance vise à reconstituer l'ordre de fragmentation des aires géographiques des êtres vivants en s'appuyant sur l'étude de leurs relations de parenté. Elle repose sur la méthode cladistique. Elle n'est valable que si les espèces nouvelles apparaissent par paires, à la suite de la fragmentation de l'aire géographique de l'espèce ancestrale en deux aires distinctes correspondant chacune à une espèce fille nouvelle. Dans ce cas, le cladogramme décrivant les relations de parenté entre les taxons correspond également au cladogramme d'aire, et décrit exactement la succession des événements géographiques provoquant ces phénomènes. En effet, si chaque taxon étudié dans le cladogramme provient d'un domaine géographique particulier, on obtient, en remplaçant le nom du taxon par celui de son domaine géographique, un cladogramme de territoires géographiques qui retrace l'histoire de la fragmentation du domaine.

En pratique, on établit d'abord les relations de parenté entre le plus grand nombre possible de taxons vivant dans plusieurs domaines géographiques distincts ou dans des îles distinctes. Pour chaque catégorie de taxons, on obtient un cladogramme qui correspond à une histoire géographique. On s'appuie alors, pour interpréter les résultats, sur le cladogramme le plus fréquent. On peut en déduire l'histoire des événements géographiques et retracer l'ordre de fragmentation des différentes provinces.

Si, en théorie, cette approche est séduisante, car elle doit permettre d'extraire une information biogéographique aussi bien des êtres vivants fossiles que des êtres vivants actuels, la pratique se heurte à d'innombrables limitations méthodologiques. Ses conditions d'application sont drastiques :

–il faut, chaque fois qu'un territoire se divise, que deux espèces nouvelles se différencient ;

–aucune des nouvelles espèces apparues ne doit s'éteindre (pour des analyses portant sur des taxons actuels), ou les espèces éteintes doivent être découvertes par les paléontologues (pour des fossiles) ;

–aucune de ces espèces ne doit se disperser, c'est-à-dire passer d'un domaine géographique à un autre.

Ces conditions, difficiles à réunir pour des espèces vivantes, sont quasiment impossibles à réunir lorsqu'il s'agit de documents fossiles. Néanmoins, la théorie de la vicariance propose une méthode scientifique pour établir l'histoire de la fragmentation des aires géographiques, qu'elles résultent de la tectonique des plaques ou d'autres modifications géographiques. Elle est utilisable à condition d'interpréter ses résultats en termes de probabilités et en s'appuyant sur un nombre le plus élevé possible d'espèces (animaux et plantes).

L'un de ses points faibles est la dispersion, qui relève d'une véritable stratégie de survie de l'espèce chez les êtres vivants. Chacun connaît les milliers d'astuces inventées par les graines des plantes à fleurs pour être disséminées le plus loin possible, dans les endroits les plus variés possibles : la noix de coco, qui flotte pendant des mois dans l'eau de mer, ou la graine de pissenlit qui dispose d'un parachute. On oublie plus facilement les nombreux mécanismes de dispersion des animaux. À toutes les époques géologiques, une part importante du plancton marin correspond à des larves planctoniques d'organismes benthiques. Les organismes supérieurs peuvent effectuer des déplacements considérables à l'échelle des temps géologiques, avec un déplacement minime au cours d'une génération. Ainsi, le reptile mammalien *Lystrosaurus*, pour lequel on peut admettre (en se fondant sur sa taille) une durée de génération d'environ cinq ans, aurait pu, en ne se déplaçant que de cinq kilomètres par génération, connaître une dispersion par voie terrestre de un million de kilomètres par million d'années ; deux cent mille générations se déplaçant chacune de cinq kilomètres permettent à n'importe quelle espèce de faire plusieurs fois le tour de la planète, puisque la durée de vie moyenne des espèces varie suivant les groupes entre un demi et dix millions d'années en moyenne.

Cette formidable capacité de dispersion, apanage d'un petit nombre d'espèces, permet de dater les terrains avec une certaine précision et d'établir des corrélations temporelles entre les différentes provinces biogéographiques.

Le plus surprenant est qu'à certaines époques des espèces connaissent une expansion géographique considérable dans un intervalle de temps réduit. On explique ce phénomène en invoquant l'expansion du paysage végétal correspondant, lorsqu'il s'agit d'herbivores par exemple. Mais en réalité, il n'existe aucune explication satisfaisante à ce phénomène qui n'affecte, à certaines époques, que quelques très rares espèces connaissant pour cette raison une importante diversification. Il serait vain de spéculer sur les causes de tels phénomènes. Pour les mammifères, ceux-ci peuvent être liés au comportement, au stress dû à une augmentation de la densité, etc. Mais ces phénomènes, bien que rares, affectent aussi bien les protistes unicellulaires que les mammifères. On ne peut donc invoquer le comportement pour toutes ces espèces, et le mystère reste entier.

CHAPITRE VII

Les fossiles
et les environnements anciens

J USQU'À présent, nous avons pris en compte les aspects liés à la propriété fondamentale des êtres vivants de se transformer au cours du temps : transformations morphologiques, documentées par les fossiles, transformations de leurs génomes, attestées par la comparaison des espèces actuelles entre elles, transformations de leurs adaptations biochimiques et physiologiques et, enfin, déplacements géographiques. Cependant, à chaque époque du passé, seul un faible pourcentage d'espèces montre des transformations évolutives. Pour beaucoup d'autres, seules l'apparition et l'extinction sont enregistrables. Entre ces deux événements qui ponctuent leur histoire, certaines espèces semblent présenter une sorte de stase évolutive. C'est précisément sur cette stase que reposent les principes concernant l'utilisation des fossiles pour l'étude des environnements du passé. Les facteurs écologiques et climatiques censés expliquer la distribution, les adaptations et les structures communautaires des êtres vivants actuels sont supposés avoir eu les mêmes effets sur des espèces ancestrales morphologiquement semblables ou proches. De ce fait, la découverte d'une espèce ou, mieux, d'une communauté fossile aussi complètement préservée que possible doit permettre de reconstituer, dans une certaine mesure, les environnements anciens. Cela implique que la méthode ne s'applique que dans l'intervalle correspondant à la distribution temporelle des espèces actuelles, brève pour quelques groupes, mais parfois beaucoup plus longue. Ainsi, chez les plantes à fleurs, ou angiospermes, qui apparaissent il y a 110 millions d'années, la plupart des groupes actuels sont différenciés dès la limite Crétacé-Tertiaire, il y a 65 millions d'années. On retrouve une situation comparable chez les organismes constructeurs de récifs et la plupart des invertébrés marins. Il y a, bien entendu, une relation directe entre cette situation et la longévité dans le temps de ces formes. Chez les mammifères, qui ont des durées de vie en moyenne beaucoup plus courtes, ce principe est difficile à appliquer pour des périodes antérieures à 1 ou 2 millions d'années. En revanche, certaines adaptations, ou la structure des communautés, dépendent souvent de lois physiques ou écologiques immuables. C'est le cas, par exemple, des lois de l'aérodynamique pour un organisme aérien, ou de l'hydrodynamique pour un organisme aquatique. De même, il est clair que les pyramides écologiques n'ont jamais existé la tête en bas. Il y a toujours eu plus de producteurs primaires et de consommateurs primaires que de prédateurs !

L'utilité, pour la gestion de la planète, des recherches paléontologiques sur les environnements du passé est évidente. Par exemple, il est intéressant de savoir, dans une région donnée du globe, quelles espèces y ont vécu dans un passé récent et pourquoi elles se sont éteintes. La réintroduction de certaines espèces dans quelques régions du globe s'est parfois appuyée sur de tels travaux. De même, il est extrêmement intéressant de connaître les cycles climatiques des trois derniers millions d'années, pour mieux prédire les changements à venir dans le cadre de ces cycles, dont l'impact risque d'être considérablement amplifié par les activités humaines. Mais les résultats doivent toujours être compris en termes de probabilités et, chaque fois que cela est possible, recoupés grâce à d'autres méthodes. Le couperet d'une défaillance du principe d'actualisme est toujours suspendu au-dessus de ce type de résultats.

Des insectes méditerranéens dans les forêts froides du Quaternaire anglais

Comme nous l'avons déjà signalé, la température (moyenne, minimale et maximale, mois le plus froid, etc.) joue un rôle très important dans la répartition géographique des espèces. Parmi les exemples les plus significatifs figurent les plantes de la toundra, associées aux mammifères comme le renne, le renard polaire et les lemmings, qui ont vécu en France pendant les périodes glaciaires du Quaternaire. Mais, même dans un cas aussi simple, il faut bien considérer que les associations végétales et les communautés de mammifères leur correspondant n'étaient pas la simple réplique passée d'un écosystème actuel. La végétation comprenait d'autres plantes, plus tempérées, mais adaptées aux nouvelles conditions, et d'autres espèces de mammifères qui ont contribué à établir la structure d'une communauté sans équivalent actuel. Pendant les périodes interglaciaires, le réchauffement a permis le développement d'une forêt tempérée à feuilles caduques, au cachet typiquement européen. On y trouvait des hêtres, des chênes, des ormes, etc., et dans ces forêts vivaient d'abondants troupeaux de cerfs et de daims, des bisons, des loups... Quelle ne fut donc pas la surprise de trouver en Angleterre, quelques centimètres seulement au-dessus d'un niveau qui témoignait d'un climat glaciaire, des ailes d'insectes coléoptères appartenant à des espèces méditerranéennes actuelles ! Il a bien fallu se rendre à l'évidence : il s'agissait d'insectes qui vivent aujourd'hui au Portugal, ou au Proche-Orient. La suite des investigations devait révéler que ces insectes étaient remontés vers le nord au début d'un réchauffement climatique très rapide, et qu'ils l'ont accompagné plus rapidement que la végétation, dont les modifications montrent un certain retard.

Les paléothermomètres du fond des océans

Les estimations des paléotempératures sont aujourd'hui bien maîtrisées pour les océans grâce aux méthodes fondées sur les isotopes stables ^{18}O et ^{16}O des carbonates d'origine biologique, c'est-à-dire des coquilles. La proportion relative de chacun des isotopes dans des carbonates de calcium précipités dans l'eau de mer dépend de la température et de la composition isotopique de l'eau dans laquelle a lieu cette précipitation. Les variations au cours du temps de cette dernière ne sont pas connues *a priori*. C'est la raison pour laquelle toutes les mesures sont exprimées par rapport à un standard qui est un marbre ou un fossile, un rostre de bélemnite provenant de la Pee Dee Formation aux États-Unis, d'où le nom de P.D.B. (Pee Dee Belemnite) associé à la plupart des résultats concernant des carbonates fossiles. Le géochimiste anglais N. Shackleton, en comparant les rapports isotopiques de foraminifères marins du Quaternaire, a eu la surprise de constater que les formes planctoniques, de la couche d'eau superficielle des océans, et les formes benthiques, qui vivent sur les fonds océaniques, présentaient des variations de composition isotopique de l'oxygène de même amplitude. Or chacun sait que, lorsque la température extérieure change, la température des eaux océaniques profondes varie avec une amplitude bien inférieure à celle des eaux de surface. Le signal indiqué par ces variations ne correspond donc pas exclusivement à la température. En fait, ces variations correspondent, en partie, aux variations de la composition isotopique de l'oxygène dans les eaux océaniques au cours du temps, et les causes en sont connues : pendant les périodes glaciaires, une quantité colossale de neige est stockée aux pôles sous forme de glace. Elle provient de l'évaporation des océans. Au cours de cette évaporation, les nuages ont tendance à perdre l'isotope lourd et donc à s'enrichir en isotope léger de l'oxygène. Pendant leur périple vers les pôles, les nuages vont, à l'occasion des pluies et des chutes de neige, s'appauvrir encore en ^{18}O. Arrivés aux pôles, ils seront très appauvris en ^{18}O et donc relativement très enrichis en ^{16}O. La glace accumulée sous ces hautes latitudes est enrichie en ^{16}O, mais, pendant ce temps, l'océan s'est enrichi en ^{18}O. Au cours d'une période interglaciaire, les calottes glaciaires fondent, et on assiste au processus inverse, c'est-à-dire à un enrichissement des océans en isotopes légers de l'oxygène. Ainsi, le signal lié à la température ne constitue qu'une part du signal isotopique global, l'autre part étant relative aux variations de la composition isotopique des océans.

Aujourd'hui, grâce à des progrès méthodologiques et technologiques considérables, cette méthode est parfaitement maîtrisée pour

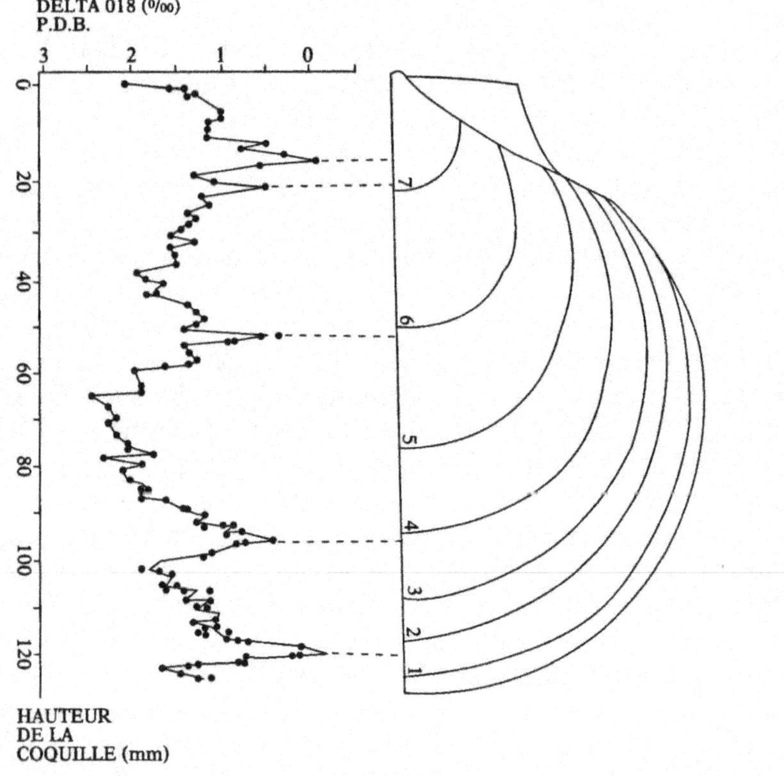

Figure 7.1. *Stries de croissance sur une coquille Saint-Jacques actuelle d'Amérique du Nord*, Placopecten magellanicus. *L'étude des variations de composition isotopique de l'oxygène des stries successives indique les saisons, chaque pic correspondant à un été. On peut ainsi observer l'inadéquation entre le nombre de stries de croissance et les cycles climatiques annuels, ces stries étant contrôlées par de nombreux autres facteurs* (d'après Krantz et al., 1984, modifié).

la période correspondant à l'existence des calottes glaciaires, et la part du signal lié à la variation de température parfaitement discernable. En revanche, pour les périodes plus anciennes, en particulier les plus chaudes et dépourvues de calottes glaciaires, l'interprétation du signal isotopique est beaucoup plus complexe, et une grande prudence s'impose. Néanmoins, plusieurs travaux s'appuient sur les couches de la coquille de certains organismes pour retracer les variations de paléo-températures océaniques au cours de la vie de l'animal. D'énormes progrès sont ainsi susceptibles d'être réalisés dans le domaine des climats anciens, en étudiant les structures d'accroissement carbona-tées ou organiques qui fournissent des indications sur les variations saisonnières des environnements d'une précision sans commune mesure avec l'enregistrement sédimentaire. Ce dernier, mis à part les varves glaciaires, n'est pas saisonnier et se situe plus généralement à l'échelle de la dizaine de milliers d'années. Dans les couches concen-triques des rostres de bélemnites, dans les coquilles de brachiopodes et d'huîtres, dans les otolithes, sortes de concrétions carbonatées de l'intérieur de l'oreille des poissons, sont stockées des masses d'infor-mations concernant les saisons du passé.

Certaines variations écophénotypiques permettent également de tirer des informations relatives aux températures, et nous avons déjà évoqué des exemples de ce type.

D'autres variations écophénotypiques expriment des variations d'oxygénation sur le fond des océans. Les ostracodes, sortes de minus-cules crustacés dont le corps est enfermé entre deux valves organiques incrustées de carbonate de calcium, présentent des variations de leur ornementation en fonction de ce facteur. Les stomates, ces petites ouvertures permettant les échanges respiratoires disposées sur la face inférieure de chaque feuille de plante à fleurs, sont, dans la nature actuelle, d'autant plus abondants, par unité de surface de feuille, que la teneur en gaz carbonique de l'atmosphère est élevée. Nul doute que ce critère, à peine encore appliqué aux plantes fossiles, ne révèle des modifications encore insoupçonnées dans la teneur en gaz carbonique de l'atmosphère du passé, comme viennent de le révéler les analyses de bulles d'air piégées dans les glaces de la calotte glaciaire au cours des cent quarante mille dernières années.

Adaptations morphologiques des êtres vivants et modifications des milieux

Les caractères adaptatifs – quand on sait les mettre en relation avec des structures homologues chez des espèces actuelles – indiquent des modifications des environnements. C'est le cas des bulles tympaniques de l'issiodoromys, qui évolue rapidement entre −40 et −25 millions d'années. Dans ce cas, on peut se référer à de nombreuses formes actuelles de mammifères vivant actuellement dans les déserts pour proposer une relation entre l'augmentation du volume des bulles tympaniques et l'aridification.

Un autre exemple, relatif à des époques plus anciennes, est illustré par la régression de l'œil chez les trilobites du Dévonien supérieur, juste avant la grande crise de −370 millions d'années. Dans deux lignées distinctes de trilobites, qui s'éteindront d'ailleurs avant cette fameuse crise, R. Feist et E. N. K. Clarckson ont mis en évidence, au cours des 3 à 5 millions d'années qui la précèdent, la régression progressive de l'œil. Cette transformation s'opère dans un cadre différent de celui des autres caractères morphologiques et ne peut donc être liée à ces derniers. Compte tenu de l'existence de phénomènes similaires chez des arthropodes actuels vivant enfouis dans la vase, on peut penser que ces trilobites sont passés d'un mode de vie épibenthique (à la surface du fond) à un mode de vie fouisseur. Ce changement est très certainement lié à une modification de l'environnement marin dans lequel vivaient ces deux espèces, mais dans ce cas, le facteur à l'origine de cette modification n'a pas encore été identifié avec certitude.

Le même type d'analyse effectué au niveau d'une communauté tout entière, ou même partielle, est susceptible d'apporter des informations moins aléatoires. Le paléobotaniste J. A. Wolfe, de l'U.S. Geological Survey, a utilisé une caractéristique des communautés de plantes à fleurs actuelles pour établir les variations climatiques de l'ère tertiaire – entre −65 et −1,8 millions d'années. Les feuilles des différentes espèces d'arbres diffèrent par la taille et la forme. Certaines sont ovales ou allongées, les bords des feuilles sont rectilignes ou découpés, les feuilles sont entières ou découpées en folioles, etc. Dans les forêts tropicales du Sud-Est asiatique, la proportion d'espèces à feuilles entières est plus élevée que celle à feuilles découpées, et elle est étroitement corrélée à la température moyenne annuelle : plus celle-ci est élevée, plus la proportion augmente. Les feuilles entières présentent en outre une sorte de pointe à leur extrémité, le mucron, dont le rôle est de permettre un meilleur écoulement de l'eau. Outre les bords non découpés, la grande taille des feuilles est également un critère caractéristique des espèces de forêt tropicale humide. J. A. Wolfe a donc passé en revue l'ensemble des documents disponibles en Amérique du Nord et a établi une des premières courbes de l'histoire climatique pour cet intervalle de temps. Celle-ci est en bon accord avec les résultats obtenus avec les isotopes de l'oxygène dans les océans. Elle montre, outre les fluctuations climatiques, une baisse sensible de la

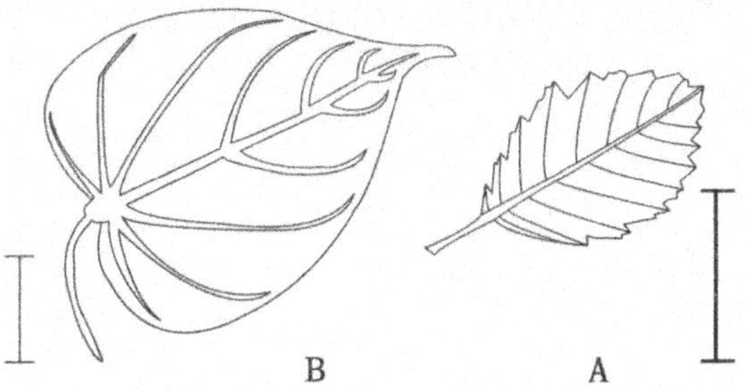

Figure 7.2. *(A) Feuille découpée caractéristique d'un climat tempéré froid, (B) Feuille caractéristique de climat tropical chaud et humide. Elle présente un bord entier, un mucron, et une grande taille (l'échelle représente trois centimètres).*

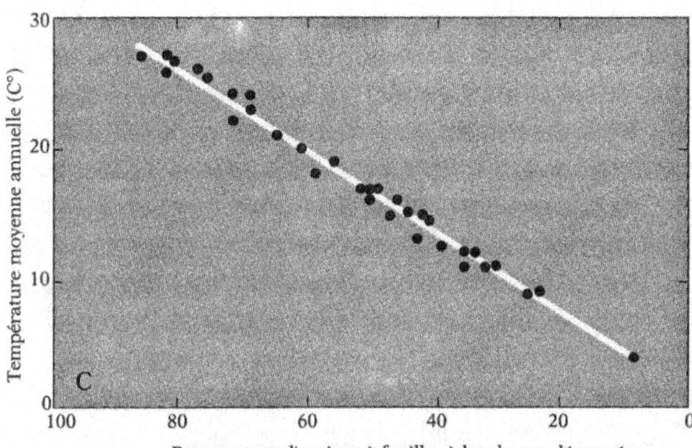

(C) Corrélation entre la température moyenne annuelle (degrés centigrades) et le pourcentage d'espèces à feuilles à bords non découpés dans les forêts actuelles du Sud-Est asiatique.

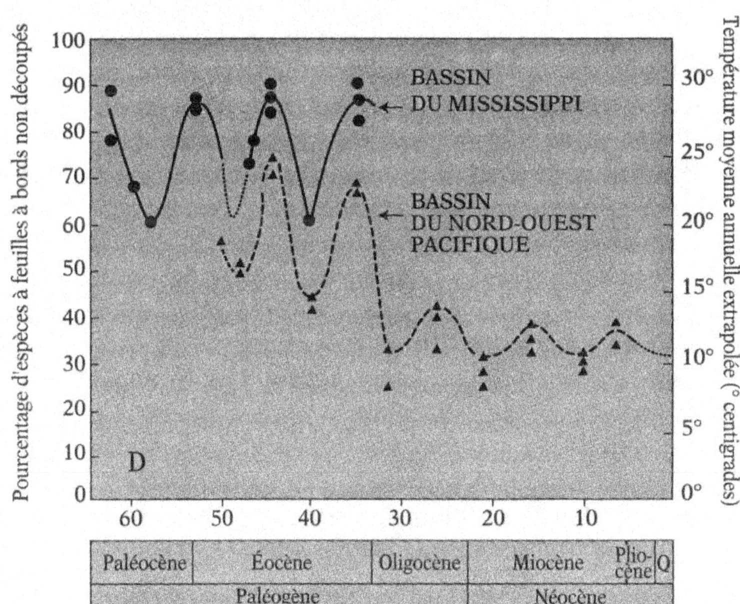

(D) Variations du pourcentage de feuilles à bords non découpés au cours du temps dans deux régions distinctes de l'Amérique du Nord (d'après J. A. Wolfe, 1981, modifié).

température moyenne vers –34 millions d'années, qui explique les changements enregistrés dans les communautés de mammifères de cette époque.

Quand la Méditerranée était presque à sec

Les modifications de la distribution géographique des communautés offrent une autre possibilité, assez classique, de reconstitution des conditions de milieu. Dès le début de l'ère tertiaire, les communautés de récifs de madréporaires ont acquis la structure et la composition taxinomique qui est la leur actuellement encore, avec quelques différences au niveau des espèces. Leurs exigences très strictes en termes de milieux font que leur distribution constitue un bon critère pour connaître les qualités d'un environnement fossile. Les derniers récifs de la Méditerranée datent du Miocène terminal, il y a environ 6 millions d'années, mais leur disparition locale n'est pas forcément liée à une baisse de la température. En effet, un événement tout à fait inattendu a modifié de manière spectaculaire le paysage méditerranéen autour de –5,8 millions d'années. À cette époque, le bilan de renouvellement de l'eau était devenu déficitaire, les eaux atlantiques ayant cessé de se déverser dans la Méditerranée. La teneur en sels, chlorure de sodium et chlorure de potassium, augmenta jusqu'à leur précipitation et l'accumulation sur le fond. De ce fait, la plupart des fonds de la Méditerranée actuelle présentent des épaisseurs impressionnantes de sels. Les causes de cette interruption des communications avec l'Atlantique sont encore imparfaitement connues : elles résultent d'un phénomène tectonique qui a soulevé les fonds marins au niveau des détroits marins où se faisait cette communication, ou d'une importante baisse du niveau global des mers, consécutive à une grande glaciation enregistrée en Antarctique à cette époque. Pour certains géologues, cela signifie tout simplement que la mer Méditerranée s'est transformée en lagune. Mais, si cela se produisait aujourd'hui, une altitude considérable séparerait la surface de la mer du domaine côtier antérieur au phénomène. D'autres ont proposé un modèle de bassin peu profond : les fosses actuelles n'étaient pas encore effondrées ou du moins pas à la profondeur qu'on leur connaît actuellement. Selon ce modèle, la Méditerranée aurait ressemblé à l'un de ces grands étangs du Languedoc ! Or les données paléontologiques sont totalement incompatibles avec ce dernier modèle. J. Gaudant, de l'université de Paris, a montré que des poissons modernes du groupe des myctophidés vivaient à cette époque dans la mer Méditerranée. Or ces poissons vivent normalement en eau profonde et possèdent même des organes lumineux. Ils n'auraient pas pu subsister dans une mer peu profonde. D'autres arguments sont venus depuis lors soutenir le modèle du bassin profond, en particulier la découverte de canyons sous-marins fossiles disposés dans le prolongement des lits des fleuves de cette époque, comme le Rhône et le Nil, qui existaient déjà alors. Ces canyons n'auraient pas été creusés si le niveau de base n'avait été très bas et si les pentes du bassin n'avaient été fortes, deux conditions réunies uniquement dans l'hypothèse du bassin profond. L'image de la sebkha, ces lagunes aux eaux riches en sels du nord de l'Afrique et développées dans un environnement semi-aride à désertique, proposée par certains géologues, s'est révélée entièrement fausse. J.-P. Suc, palynologue à l'université de Lyon, a apporté la preuve que la végétation de l'époque ne correspondait pas du tout à celle qui entoure les sebkhas actuelles, à savoir de vastes étendues de steppes à armoises et à salicornes. Au contraire, la végétation était assez dense et de nature subtropicale.

Les grains de pollens et les climats du passé

Un des outils les plus utilisés pour l'étude des environnements passés est l'analyse des pollens fossiles. Certes, les pollens sont généralement plus connus sous forme de nuages jaunâtres, qui, à certaines saisons, au moment de la floraison, recouvrent terrasses, balcons et automobiles et qui font une irruption brutale dans la santé des hommes en étant cause de nombreux cas d'allergie, comme le rhume des foins. En fait, les grains de pollens, dont la taille est microscopique, sont des éléments importants de la reproduction des plantes à fleurs. Leur intérêt paléontologique découle de quatre propriétés particulières :
– ils sont exceptionnellement résistants, car entourés d'une triple paroi recouverte de cires végétales ;
– leurs formes et leurs ornementations sont caractéristiques de chaque espèce de plante à fleurs ou, pour le moins, de chaque groupe d'espèces. Ces formes sont très variées et leurs ornementations également. La disposition des fentes de déhiscence, c'est-à-dire la manière dont se fissure le grain de pollen pour laisser passer le tube pollinique, est également caractéristique ;
– ils sont très abondants. Certaines plantes, comme les pins, produisent des quantités considérables de pollens. Cette abondance augmente bien sûr leurs chances de tomber sur des substrats divers et variés dont l'un ou l'autre présenteront les conditions d'enfouissement rapide et de préservation de l'oxygène pour éviter qu'ils ne soient dégradés par les bactéries ;

– certains pollens sont transportés par le vent, mais également par les rivières et les fleuves, sur de grandes distances. Dans ce cas, ils présentent souvent des adaptations particulières, comme de petites sphères latérales remplies d'air, les ballonnets, qui diminuent leur densité et leur permettent de subir des dispersions considérables. D'autres espèces de plantes utilisent une stratégie qui consiste à attirer les insectes pollinisateurs avec des fleurs parfumées ou riches en glandes à nectar. La visite est alors l'occasion de charger les poils de ces insectes de grains de pollens qui sont généralement peu transportés par le vent, mais sont aussi plus rares, ce dont le palynologue doit tenir compte au moment d'interpréter ses observations. Grâce au transport par le vent, qui peut atteindre plusieurs milliers de kilomètres, une partie de cette « pluie pollinique » tombe dans l'océan où les flores terrestres sont enregistrées en association avec le plancton marin. Il devient alors possible de corréler de manière précise dans le temps des événements enregistrés simultanément dans le milieu marin et dans le milieu terrestre.

Les pollens sont rarement préservés dans les dépôts sédimentaires, mais certains milieux particuliers constituent de véritables cimetières. C'est le cas des tourbières, par exemple, mais beaucoup d'autres milieux les conservent en abondance, comme les marécages, le fond des lacs, les dépôts marins lagunaires. Les résultats sont présentés sous la forme d'un diagramme standardisé connu sous le nom de diagramme pollinique. Pour chaque niveau, après avoir regroupé les arbres (AP) et les herbacées (NAP), les proportions des différentes espèces sont cumulées, de sorte que les variations dans le temps de chaque espèce expriment les variations relatives de fréquence. Grâce à cette présentation, on peut immédiatement lire les variations relatives des différents constituants de la végétation à chaque niveau de l'intervalle de temps considéré. C'est ainsi qu'a été établie l'histoire de la végétation, et donc en partie du climat, de l'Europe et de l'Amérique du Nord pour les trois derniers millions d'années. Des données palynologiques existent également pour les autres continents, mais elles sont beaucoup moins complètes.

Un des exemples les plus représentatifs est l'analyse de la tourbière de la Grande-Pile, sur le versant lorrain des Vosges, réalisée par une palynologue de l'université de Louvain, G. M. Woillard, et devenue une séquence de référence d'importance mondiale.

La Grande-Pile présente une accumulation continue de tourbe sur une épaisseur de plus de vingt mètres. Cette accumulation semble régulière au cours du temps, de sorte que les spectres polliniques sont préservés de manière continue sur environ cent quarante mille ans. Les niveaux les plus récents, de moins de quarante mille ans, peuvent être datés directement par la méthode du ^{14}C. Pour les âges plus anciens, on peut rechercher les corrélations avec les stades isotopiques, c'est-à-dire les événements climatiques observés dans les océans.

Les diagrammes polliniques établis pour la Grande-Pile retracent très clairement l'histoire du climat lorrain. Pendant les périodes froides, une végétation ouverte, steppique, se développe, avec une prédominance d'herbes et de plantes caractéristiques, comme les armoises. Pendant les périodes interglaciaires, tempérées à chaudes, c'est la forêt qui se développe. Les stades de transition sont extrêmement intéressants. Ils montrent que les refroidissements aussi bien que les réchauffements peuvent être très rapides à l'échelle du temps d'observation, qui est ici de l'ordre de mille à deux mille ans. Ils montrent également que, lorsque la température augmente, le développement de la forêt se fait suivant les mêmes modalités, plusieurs espèces d'arbres distinctes se relayant au cours du temps pour constituer les essences dominantes. La seule variation verticale de la proportion des pollens d'arbres (AP) traduit en fait l'essentiel des variations climatiques. Une comparaison avec la courbe de variation des températures établie pour les océans montre une excellente corrélation. On peut donc bien mettre en rapport ces variations de fréquence de pollens d'arbres et d'autres espèces de plantes à fleurs avec les variations de température, mais sans pouvoir estimer ces dernières quantitativement.

Les fonctions de transfert

Toutes les plantes qui composaient les flores des deux derniers millions d'années appartiennent à des espèces actuelles. Les spécialistes de la répartition des plantes, ou phytogéographes, ont établi avec beaucoup de soin les facteurs, comme la température, la pluviosité et la nature des sols, qui régissent la distribution des espèces végétales actuelles. La disponibilité de ces données et la qualité des données palynologiques actuelles et fossiles ont conduit certains statisticiens, comme J. Guiot, en collaboration avec les palynologues A. Pons, J.-L. de Beaulieu et M. Reille, de l'université de Marseille, à essayer de mettre au point des fonctions statistiques de transfert. Celles-ci ont pour objet d'utiliser la présence de communautés végétales de composition plus ou moins différente des actuelles, pour reconstruire avec précision les valeurs absolues de température et de précipitation. Pour cela, on se base sur les températures et les précipitations nécessaires, aujourd'hui, à chacune de ces espèces, ainsi que sur leur fréquence respective dans la paléo-

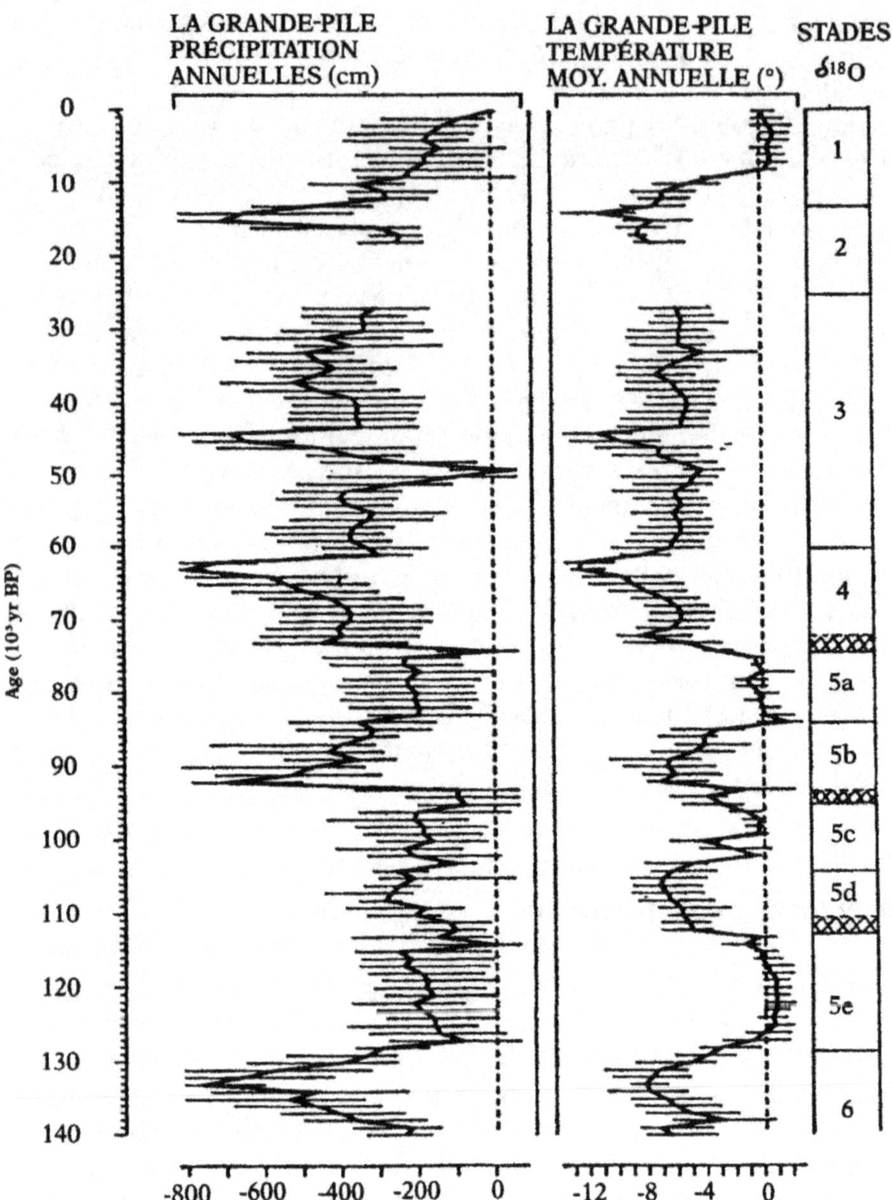

Figure 7.3. *Résultats de la fonction de transfert appliquée aux spectres polliniques de la Grande-Pile. Les variations des précipitations et des températures moyennes annuelles sont exprimées avec leur marge d'erreur depuis cent quarante mille ans. Les droites en pointillé correspondent aux valeurs actuelles correspondantes. On notera que, d'une manière générale, la Lorraine a connu depuis cent quarante mille ans un climat plus froid et plus sec qu'aujourd'hui. On peut noter également que l'amplitude des erreurs est plus élevée pour les périodes froides et sèches que pour les autres, car il n'y a pas d'analogue actuel comparable* (d'après J. Guiot et al.).

communauté. Cette démarche, dite des fonctions de transfert, avait déjà été mise au point dès 1971 par les Américains J. Imbrie et N. G. Kipp pour les foraminifères du Quaternaire des forages océaniques profonds.

Elle se heurte toutefois à un certain nombre de difficultés. La première est le principe des causes actuelles, mais il ne pose pas trop de problèmes chez les plantes à fleurs, qui ont subi une évolution très lente. La deuxième provient du fait qu'une partie des communautés végétales qui existaient à certaines périodes du Quaternaire ne sont plus représentées dans les végétations actuelles, même si les espèces qui les constituaient existent encore. C'est le cas, par exemple, des végétations froides et sèches de certaines époques glaciaires. Cela augmente l'amplitude de l'erreur des estimations. La troisième tient à l'impact de l'homme sur la végétation actuelle. En effet, la répartition de nombreuses espèces, végétales et animales, est modifiée, réduite ou augmentée par l'action de l'homme : dans tous les cas, elle n'est plus « naturelle », et il faut en tenir compte dans les calculs. Pour cela, le pourcentage correspondant à chaque espèce végétale est affecté d'un coefficient exprimant son rôle particulier dans l'expression biologique des variations climatiques, appelé « opérateur bioclimatique ». Si cette approche a été correcte, les proportions d'arbres corrigées selon cette méthode seront mieux corrélées aux courbes de température établies dans les océans que les simples fréquences initiales de pollens d'arbres. Tel est bien le cas.

La comparaison de ces courbes de fréquences corrigées et des fréquences des pollens d'arbres (AP) met, en outre, en évidence deux types de différences : les augmentations ou les baisses de fréquence sont un peu décalées dans le temps, c'est-à-dire qu'elles se produisent plus tôt que ne le suggère l'observation des simples courbes de fréquence ; et les amplitudes de variation pour les périodes à faible couvert forestier sont plus réduites. La deuxième partie de l'analyse statistique a pour but d'extraire des spectres polliniques actuels de référence, rapportés chacun à un lieu dont les données climatiques sont connues, la fonction qui permettra d'estimer les paramètres climatiques, et notamment la température et les précipitations, qui correspondent aux flores fossiles et donc aux climats du passé. Ce traitement, appliqué à la séquence de la Grande-Pile, a révélé un certain nombre de faits nouveaux, concernant l'histoire du climat sur les continents, qui ne correspondent pas exactement à ceux relevés sur le fond des océans, paradoxalement mieux connus à l'heure actuelle.

Les résultats obtenus à partir de la Grande-Pile, et d'autres sites, suggèrent qu'il y a lieu de distinguer trois périodes majeures de développement des calottes glaciaires depuis cent quarante mille ans : la première vers –112 000 ans, la deuxième vers –95 000 ans et la troisième vers –73 000 ans. La dernière période glaciaire, comprise entre –15 000 et –24 000 ans, était très froide mais très sèche. Les épisodes tempérés ont été très peu nombreux depuis cent quarante mille ans : entre –125 000 et –115 000 ans ; entre –104 000 et –98 000 ans ; entre –84 000 et –74 000 ans ; et enfin la période postglaciaire, qui commence il y a dix mille ans et dans laquelle nous nous trouvons encore. Mais pour combien de temps ?

Ce type d'approche peut être appliqué à un grand nombre de catégories de fossiles : dans les océans, aux nombreux groupes de microfossiles planctoniques et sur les continents, à des algues unicellulaires lacustres, comme les diatomées. Plus originale est la démarche récente de D.-D. Rousseau, de l'université de Montpellier, qui a appliqué une méthode similaire, non pas à des organismes microscopiques ou à des pollens, mais à des escargots terrestres !

Nous avons pu voir comment ont été reconstituées les nombreuses alternances climatiques qui se sont succédé dans nos régions depuis cent quarante mille ans. Mais ces fluctuations entre périodes glaciaires et périodes tempérées remontent à plus de 2 millions d'années sur le continent ouest-européen. En outre, depuis environ 1 million d'années, les amplitudes de ces fluctuations ont atteint un seuil tellement important qu'on désigne cette période sous le nom de « Pléistocène glaciaire ». À ces époques, et notamment pendant les périodes froides et sèches, un vent violent venu du Nord et de l'Est arrachait des fines particules de terre, qui n'étaient plus retenue que par les maigres racines d'une végétation steppique clairsemée, les transportait sur une grande distance et les redéposait aux endroits où la force du vent était brutalement amortie. Ainsi se répandirent des quantités considérables de dépôts éoliens fins, connus sous le nom de « lœss », qui couvrent aujourd'hui en France une surface considérable, surtout dans le Nord et dans l'Est. Ces lœss sont favorables à la conservation des coquilles d'escargots qui vivaient associés à la végétation qui se développait sur ces dépôts. Certains gisements montrent ainsi une succession ininterrompue de communautés de mollusques terrestres fossiles sur des épaisseurs de plusieurs dizaines de mètres. Ces communautés peuvent être analysées de plusieurs manières. On peut définir les associations caractéristiques de chaque milieu actuel et représenter les variations de fréquence de chaque catégorie au cours du temps. On peut également établir une fonction de transfert, ce qui a été réalisé par D.-D. Rousseau. Celle-ci conduit à des estimations chiffrées, grâce à des analogues actuels, des températures et des précipitations du passé. De plus, la superbe séquence de lœss d'Achenheim, tout près de Strasbourg, permet même de connaître ces variations jusqu'à une époque plus ancienne, qui remonte à –350 000 ans.

La comparaison avec les données de la Grande-Pile révèle des ressemblances et des différences intéressantes. Certaines peuvent être expliquées par une situation géographique différente, l'un des sites se révélant situé près des glaciers vosgiens de l'époque, sur le versant lorrain, l'autre étant situé dans la plaine d'Alsace, à une altitude plus basse. Mais à aucun moment, malgré la proximité du front des calottes glaciaires, le nord de l'Alsace n'a été le désert de glace que certains avaient prédit. Au plus froid de son histoire, cette région hébergeait une riche faune d'escargots terrestres, ainsi que de nombreux mammifères.

Ainsi, ces méthodes statistiques permettent de jeter un regard nouveau, plus « quantitatif », en direction des innombrables quantités d'informations paléontologiques relatives au passé de notre planète.

Les dinosaures avaient-ils le sang chaud ?

Mais les communautés anciennes ne peuvent pas toujours être appréhendées à partir du principe d'actualisme, et une autre approche doit être développée pour les espèces qui n'ont aucun lien avec les communautés actuelles. Cette approche s'appuie notamment sur les adaptations des organismes qui peuvent être expliquées par des contraintes fonctionnelles ou par des lois physiques. Ainsi, par exemple, la morphologie du tyrannosaure, un grand dinosaure carnivore du Crétacé supérieur, le place incontestablement au sommet de la pyramide écologique de l'époque. Sa tête énorme et ses mâchoires terrifiantes ne laissent guère de doutes quant à son adaptation. Ce type d'approche peut être complété par l'étude de la structure des communautés.

Toujours au sujet des dinosaures, qui constituent l'exemple type d'un groupe sans équivalent actuel, qui occupait de très nombreuses niches écologiques pendant l'ère secondaire, R. T. Bakker s'est intéressé aux relations entre prédateurs et proies à l'intérieur de cette communauté. Il intervenait ainsi dans un vieux débat, toujours ouvert, relatif au métabolisme des dinosaures : ces reptiles étaient-ils endothermes, c'est-à-dire possédaient-ils un sang chaud comme aujourd'hui les oiseaux, leurs descendants, ou possédaient-ils un sang froid, comme les crocodiles, leurs cousins vivants les plus proches ? Le débat concerne en fait principalement les conséquences comportementales et physiologiques du métabolisme de ces organismes ainsi que leur vitesse de croissance. Dans le cadre de l'hypothèse à sang froid, les dinosaures apparaissent comme des animaux lents, dont l'activité est contrôlée par la température extérieure comme les lézards actuels, et à croissance lente. Dans le cas contraire, ils sont interprétés comme des animaux actifs, aux réflexes rapides, avec une croissance très rapide, notamment chez les formes de grande taille.

A. de Ricqlès, de l'université de Paris VII, a contribué de manière importante à cette polémique en étudiant la structure histologique des os longs. Chez les lézards et la plupart des reptiles actuels à sang froid, le tissu osseux est faiblement vascularisé et il est le siège d'une activité métabolique intermittente : en coupe transversale, les os longs montrent des lamelles concentriques qui séparent des couches successives à l'intérieur desquelles les cristaux sont disposés suivant la même orientation. À cette structure viennent s'ajouter des stries, comparables aux cernes des arbres, qui traduisent une alternance de phases de croissance et de phases d'arrêt. À l'inverse, la structure histologique des os de mammifères montre une très riche vascularisation autour de laquelle s'organisent les cellules osseuses. On n'y observe jamais de stries correspondant à des arrêts de croissance, tout au moins dans les os longs. On désigne cette organisation sous le nom de « structure haversienne ». Ces différences de structure proviennent de niveaux métaboliques différents : chez les mammifères, le tissu osseux est le siège d'une intense activité métabolique et le lieu des régulations de la concentration de sels minéraux de l'organisme. C'est un tissu vivant, en destruction et en reconstruction permanente. Le squelette n'est donc pas qu'un simple support mécanique pour l'insertion des muscles, mais il a de nombreuses autres fonctions !

On pourrait donc penser qu'un simple examen de la structure des os longs de dinosaures suffirait à trancher entre les deux hypothèses pour les rattacher soit aux reptiles à sang froid soit aux mammifères et aux oiseaux. Malheureusement, la situation est plus complexe. D'une manière générale, la plupart des os de dinosaures, mais pas tous, présentent une structure riche en canaux de Havers. C'est le cas surtout des os longs. Mais certains reptiles à sang froid contemporains possèdent également quelques canaux de Havers, localement, dans certaines zones. Par ailleurs, certains ossements de dinosaures montrent une structure annulaire, comme les reptiles à sang froid. Certains adversaires de l'hypothèse du sang chaud ont même suggéré que le développement de la structure haversienne dans les os longs de ces reptiles était la conséquence d'une adaptation aux formidables tensions mécaniques qui s'exercent sur leurs membres au moment de la locomotion. Cependant, comme on retrouve également cette structure chez des formes de petite taille, on ne peut prêter trop de crédit à cette hypothèse. Pour connaître la physiologie thermique de ces organismes, il est indispensable d'obtenir des informations par une autre voie. Celle choisie par R. T. Bakker est des plus originales. Elle s'appuie sur la comparaison des chaînes trophiques entre les animaux à sang froid et les animaux à sang chaud. À taille et à poids égaux, un crocodile consomme moins d'énergie qu'un mammifère. On dira que son métabolisme est plus faible. En conséquence, sa croissance sera beaucoup plus lente que celle d'un mammifère, mais la différence en quantité de calories nécessaires est énorme. Dans la compilation des données écologiques qu'il a réalisée, R. T. Bakker indique qu'un chien consomme dix fois plus qu'un reptile actuel de même poids. De ce fait, si une chaîne trophique est constituée uniquement d'animaux à sang froid, le rapport des poids entre prédateurs et proies est nettement plus élevé que celui correspondant à une chaîne trophique d'animaux à sang chaud. Cela signifie en pratique que, pour une même quantité de viande fournie par des proies, quelle que soit leur nature, à sang froid ou à sang chaud, la valeur énergétique de la viande étant indépendante de ce caractère, on peut nourrir davantage de prédateurs à sang froid que de prédateurs à sang chaud. Dans les réserves africaines, le rapport de poids entre prédateurs et proies, chez les mammifères, est estimé à 1 %. Selon Bakker, il tomberait même à 0,3 % dans le parc du Serengeti, en Tanzanie, où les conditions de vie des grands carnivores, en l'occurrence des lions, ne sont pas très favorables à cause du caractère ouvert de la végétation, de la présence dominante de gnous, animaux très rapides à la course, parmi les proies, et de la gêne constante occasionnée par l'homme. Dans des chaînes trophiques d'araignées actuelles, on observe des rapports très élevés compris entre 10 et 20 %. Ce dernier auteur a donc entrepris de calculer ces rapports pour des communautés de vertébrés fossiles. Le principe est simple, puisqu'il consiste à déterminer le nombre d'individus de chaque espèce représentée dans un gisement donné, et, sur la base d'un certain nombre de paramètres actuels, comme la relation entre la longueur du fémur et le poids dans un groupe bien défini, d'extrapoler les masses totales de prédateurs et de proies qui sont morts à cet endroit. Cette méthode simple conduit à des estimations très approximatives, car d'innombrables biais peuvent modifier l'image de la communauté vivante correspondante, et elle ne peut donc être appliquée avec quelque chance de succès que pour des gisements fossilifères de qualité exceptionnelle. Bakker aboutit ainsi à un rapport de 1 à 5 % pour les chaînes trophiques constituées exclusivement de dinosaures, ce qui conduit certains esprits critiques à soutenir que leur métabolisme devait être trois à cinq fois moins élevé que celui des mammifères actuels ! Malgré l'ambiguïté qui subsiste à ce stade, il est clair que le rapport prédateurs-proies chez les dinosaures n'est pas celui correspondant strictement à celui d'animaux à sang froid.

Il existe encore une troisième approche, plus indirecte, de ce problème. Les oiseaux sont considérés aujourd'hui comme les descendants directs d'un groupe de dinosaures, et ils ont le sang chaud. Les reptiles volants, également appelés ptérosaures, sont considérés aujourd'hui comme le groupe frère des dinosaures, c'est-à-dire le groupe le plus proche de ces derniers, avec lequel ils partagent un ancêtre commun unique. Ces ptérosauriens s'éteignent, comme les dinosaures, à la fin de l'ère secondaire. Ils avaient conquis le milieu aérien avant les oiseaux en développant une aile membraneuse soutenue par les bras et le quatrième doigt dont les phalanges étaient très allongées. Comme tous les animaux volants, un tel mode de déplacement entraîne un échauffement important du corps qui est dû à la contraction des muscles du vol. Par ailleurs, plusieurs empreintes d'ailes de ptérosaures fossiles avaient été trouvées, qui indiquaient que cette peau était quelquefois couverte d'espèces de poils. Une découverte plus récente encore, communiquée par deux paléontologistes anglais, D. M. Martill, de l'Open University, et D. M. Unwin, de l'université de Reading, faite à partir d'un morceau d'aile exceptionnellement bien conservé, montre que la peau de ce spécimen, vieux de 100 millions d'années environ, était recouverte d'un épiderme très fin, craquelé comme la peau de l'homme observée au microscope. Mais sous cet épiderme, ces auteurs ont pu observer la présence d'une couche richement pourvue en vésicules, une structure identique à celle que l'on trouve chez l'aile de chauve-souris. Ces vésicules correspondent en fait à la présence de nombreux vaisseaux sanguins dont la présence facilitait la déperdition de la chaleur accumulée par la contraction des muscles du vol. À ces caractères viennent s'ajouter le revêtement pileux et la structure haversienne des os, autant d'arguments en faveur de l'existence d'un métabolisme très actif, donc un sang chaud, chez ces reptiles volants. On peut ainsi penser, avec des réserves, que, si le groupe le plus proche parent des dinosaures possédait un sang chaud, et certains de ses descendants directs, les oiseaux, également, il est fortement probable que les dinosaures possédaient un sang chaud ou du moins un métabolisme plus élevé que celui d'un reptile à sang froid. Leur croissance devait donc être plutôt rapide, surtout chez les formes de grande taille, et leurs réflexes vifs. Cette conclusion vient toutefois d'être remise en cause par la découverte d'anneaux de croissance de type reptiles à sang froid dans les os d'un véritable oiseau, contemporain des dinosaures de la fin de l'ère secondaire. Cette découverte a conduit ses auteurs à penser que, si les oiseaux de cette époque n'ont pas encore de sang chaud, il n'y a aucune raison pour que les dinosaures, leurs plus proches parents, aient acquis ce caractère. Les plumes seraient donc apparues bien avant le sang chaud chez les oiseaux, et cette découverte remet également en cause la fonction initiale supposée des plumes dans ce groupe !

Le collagène et le régime alimentaire des animaux disparus

Dans certains cas, il est impossible d'identifier les adaptations alimentaires des espèces qui constituent une communauté. Ainsi, parmi les dinosaures, il existe une multiplicité de formes pour lesquelles on peut exclure un régime carnivore, sans pour autant pouvoir préciser la place exacte qu'ils occupaient dans une chaîne alimentaire quelconque. Ceux-ci sont généralement désignés comme des herbivores au sens large. Pour de nombreux autres groupes ou communautés fossiles, on ne dispose d'aucune information sérieuse concernant les chaînes alimentaires. Comment, par exemple, les ammonites se partageaient-elles la nourriture disponible dans les océans ? En effet, il n'est pas rare de trouver plus de vingt formes différentes d'ammonites dans un même site, ce qui implique un partage des ressources alimentaires. Lesquelles ? Comment ?

Deux géochimistes américains, M. J. DeNiro et S. Epstein, ont développé une méthode originale basée sur les rapports respectifs entre les isotopes stables du carbone ^{12}C et ^{13}C et de l'azote ^{15}N et ^{14}N pour déterminer les régimes alimentaires. Le principe en est assez simple. D'une manière générale, on peut constater que les rapports isotopiques du carbone et de l'azote d'un consommateur, primaire ou secondaire, reflètent plus ou moins directement ceux de la nourriture qu'il ingurgite. Les différents tissus constituant un organisme vivant assimilent ces isotopes sélectivement. Il faut donc choisir celui qui se révèle être le moins sélectif et le plus largement représenté. Pour les vertébrés, on utilise ainsi surtout le collagène, une protéine très abondante dans la peau, les ligaments, les cartilages et surtout dans l'os, dont 90 % du poids sec en sont constitués. À partir de nombreuses observations et mesures, on sait maintenant que les rapports isotopiques $^{13}C/^{12}C$ et $^{15}N/^{14}N$ du collagène correspondent à une moyenne de tous les aliments ingérés par l'animal pendant le temps au cours duquel se sont élaborées les molécules de cette protéine. Cette durée est de l'ordre de plusieurs années, ce qui élimine les éventuelles variations saisonnières. Ainsi, quand on compare le rapport $^{13}C/^{12}C$ du collagène d'un zèbre de la savane est-africaine avec celui d'une girafe du même endroit, on peut observer une différence très significative, puisque le zèbre présente une valeur de –7 ‰, alors que la girafe présente une valeur de –20 ‰. Cette différence est due au fait que ces deux herbivores utilisent une nourriture différente.

Le zèbre broute les herbes de la savane, alors que la girafe se nourrit des feuilles des arbres. Les plantes fractionnent le carbone en fonction de la valeur du rapport $^{13}C/^{12}C$ dans le réservoir de carbone inorganique dans lequel elles puisent leur gaz carbonique et surtout en fonction du type de photosynthèse pratiqué. On a ainsi pu reconnaître trois grands types d'activité photosynthétique, qui conduisent chacun à un fractionnement différent du carbone : les plantes en « C3 », les plantes en « C4 » et les plantes « CAM ». Les plantes en « C3 » sont les arbres et les arbustes ; leur valeur moyenne du rapport $^{13}C/^{12}C$ est d'environ –25‰, alors que les plantes en « C4 », qui correspondent plutôt aux herbes des savanes tropicales, ont une valeur moyenne de –12,8‰. Les plantes « CAM » sont beaucoup plus rares et n'interviennent guère, de ce fait, dans la composition isotopique du collagène. Ces valeurs des plantes se retrouvent chez les consomma-

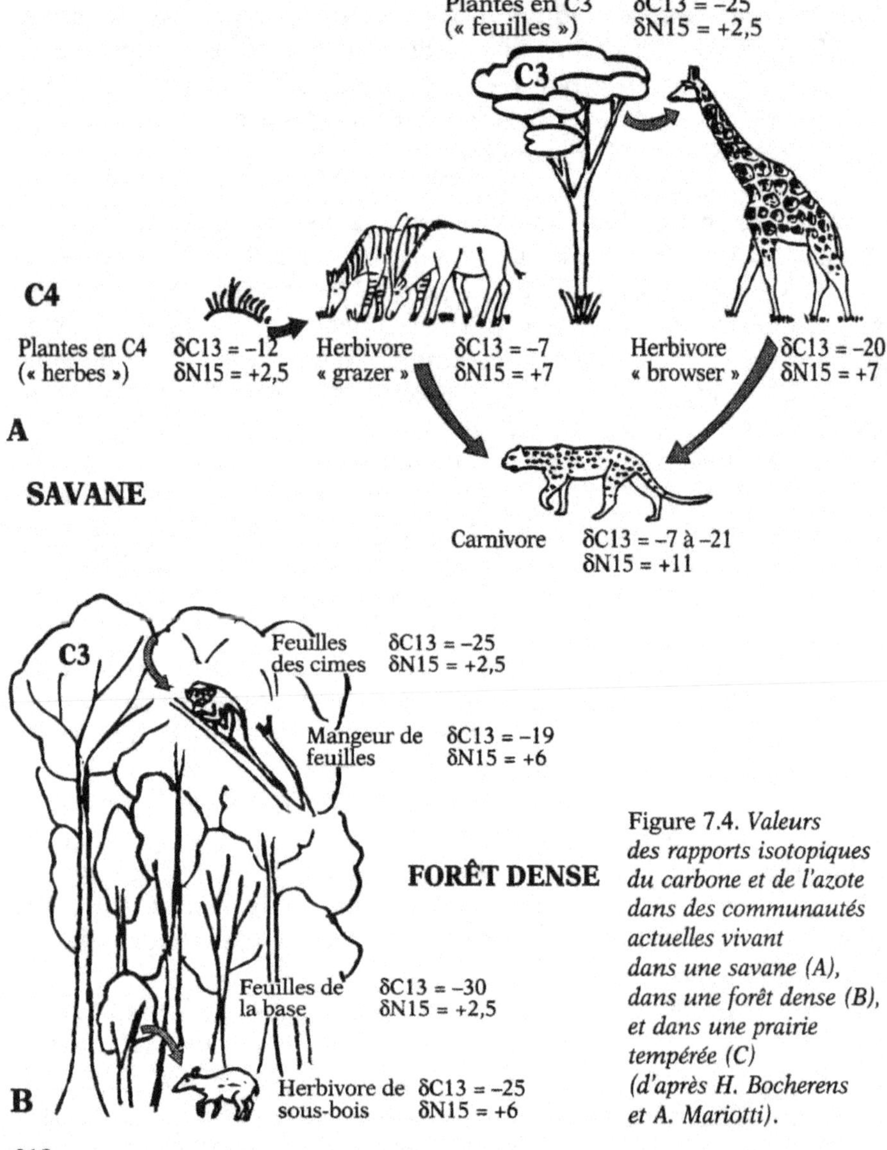

Figure 7.4. *Valeurs des rapports isotopiques du carbone et de l'azote dans des communautés actuelles vivant dans une savane (A), dans une forêt dense (B), et dans une prairie tempérée (C) (d'après H. Bocherens et A. Mariotti).*

teurs primaires, mais dans le collagène de ces derniers elles sont systématiquement augmentées d'une valeur de 3‰ pour les consommateurs de petite taille, et d'une valeur de 5‰ pour les consommateurs de grande taille. Par contre, les valeurs des prédateurs reflètent très exactement celles du collagène de leurs proies. Il est donc facile de reconstituer sur cette base les régimes alimentaires partiels au sein d'une communauté. Pour l'azote, les choses sont un peu plus complexes. Les valeurs du rapport $^{15}N/^{14}N$ des plantes sont sensiblement voisines de celles de leurs sources d'azote. La moyenne se situe autour de +2,5‰ pour les plantes terrestres non fixatrices d'azote, de +0,4‰ pour les plantes fixatrices d'azote atmosphérique et de +6,6‰ pour tout ce qui est marin, du phytoplancton aux posidonies. Ces valeurs se modifient au fur et à mesure que l'on s'élève dans la pyramide écologique et, au départ déjà, on peut observer une

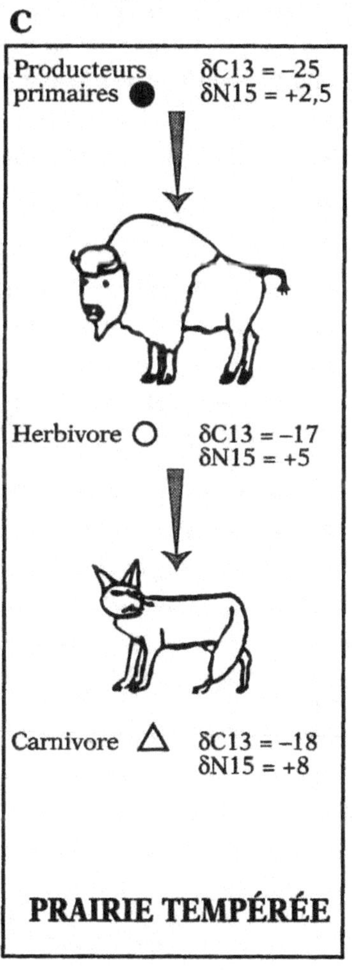

Figure 7.4. *C. Suite.*

augmentation de 3‰ de ce rapport entre le consommateur primaire et sa nourriture végétale. Cette valeur ne cesse de s'élever dans la chaîne trophique, et les prédateurs se retrouvent donc avec une valeur très forte de ce rapport. Malheureusement, cette valeur varie un peu en fonction du groupe taxinomique considéré, du mode d'excrétion de l'azote, mais surtout en fonction de l'aridité du milieu. Les organismes qui vivent sous des climats arides, froids ou chauds, ont des valeurs systématiquement plus élevées que les représentants de la même espèce qui vivent dans un milieu plus humide. Ainsi, pour l'éléphant d'Afrique actuel, les valeurs du rapport $^{13}C/^{12}C$ dans le collagène de leurs os et de leur ivoire reflètent parfaitement les proportions de plantes en « C3 », en « C4 » ou « CAM » qui rentrent dans la nourriture de chaque population locale ; mais le rapport $^{15}N/^{14}N$ varie en outre beaucoup en fonction de l'aridité du milieu dans lequel ont vécu ces éléphants.

Mais la combinaison des valeurs du carbone et de l'azote et leur comparaison entre des espèces d'une même communauté permettent de situer la position relative de chaque espèce de vertébré dans une chaîne alimentaire donnée.

Pendant des années, cette méthode a été appliquée avec succès aux fossiles récents, datant de moins de douze mille ans, qui contenaient encore du collagène en quantité appréciable dans leurs ossements. Mais les équipes pionnières exprimaient une grande réticence à l'extension dans le passé plus ancien de ces méthodes, bien que le chimiste R. W. G. Wyckoff ait démontré, dès 1972, que du collagène était présent dans des ossements de vertébrés fossiles vieux de 350 millions d'années, et donc également dans des ossements de dinosaures. On soupçonnait cette matière organique d'être polluée par une matière organique d'origine bactérienne ou d'avoir échangé un nombre élevé de ses atomes de carbone et d'azote avec ceux de la matière organique diffuse dans les sédiments dans lesquels ils étaient enfouis. C'est de ce fait tout le mérite d'A. Mariotti et de son collaborateur H. Bocherens, de l'université Paris VI, de s'être lancés dans l'analyse d'échantillons de dinosaures. Il fallut dans un premier temps réunir de nombreux fragments fossilifères précisément identifiés, puis en extraire le collagène résiduel. Après l'extraction, celui-ci n'est plus intact, car il a fallu l'arracher du réseau cristallin minéral de l'os dans lequel il était pris. Il ne reste donc que des petits fragments de cette longue molécule mais qui contiennent des carbones et de l'azote présumés originaux. L'un de ces échantillons appartenait à un dinosaure à bec de canard, un anatosaure, provenant du Crétacé terminal de la formation de Lance aux États-Unis. Ce squelette avait été acheté par le Muséum national d'histoire naturelle de Paris au début du siècle et était enfin en cours de reconstitution. Les anatosaures font partie du groupe des hadrosauriens, ou becs de canard, qui ne sont connus qu'à partir du milieu du Crétacé en Amérique du Nord et en Amérique du Sud, en Asie et en Europe. Leur mode de vie, semi-aquatique ou terrestre, a fait l'objet de vives controverses de la part des paléontologues! Une véritable momie d'anatosaure a été découverte en 1922 avec, à l'intérieur de son estomac, un produit d'aspect tourbeux mélangé à des restes de plantes terrestres identifiées comme des brindilles de conifères et des graines. Enfin, la momie devait révéler également l'existence d'une peau tendue entre les doigts des membres antérieurs interprétée comme une palmure. Bec de canard et palmure, avec en outre une queue aplatie latéralement et l'absence de sabots sur leurs dernières phalanges devaient conduire à envisager que cet animal vivait dans l'eau. Les anatosaures auraient pu se nourrir d'algues ou de végétaux aquatiques et se déplacer préférentiellement dans les rivières et les fleuves. Les denticulations de leur bec auraient pu servir à la filtration, la tourbe du contenu stomacal de la momie correspondant à son véritable régime alimentaire!

Certaines de leurs adaptations traduisent toutefois un régime constitué de végétaux terrestres et une locomotion terrestre. C'est le cas, par exemple, de leur bec denticulé pouvant permettre l'arrachage des plantes bien enracinées. À l'arrière du bec étaient disposées des batteries de dents broyeuses qui se renouvelaient au fur et à mesure de l'usure. D. B. Weishampel a entrepris une étude biomécanique de ces mâchoires d'où il apparaît que leur occlusion provoquait un mouvement latéral des batteries de dents supérieures contre les inférieures, mécanisme masticatoire caractéristique de la plupart des mammifères herbivores terrestres actuels. Enfin, la queue de certains de ces hadrosaures était enfermée dans un corset de ligaments ossifiés qui rendent celle-ci très rigide et très éloignée fonctionnellement d'une queue d'animal aquatique. Ce dernier utilise sa queue pour se propulser grâce à des mouvements latéraux puissants, ce qui exige des muscles très développés et des insertions osseuses importantes. Chez la plupart des reptiles aquatiques, ce sont les apophyses transverses des vertèbres de la queue qui sont très étendues ; mais ce n'est pas du tout le cas chez les hadrosaures. R. T. Bakker a donc réuni toute une série d'arguments en faveur d'un mode de vie terrestre de ces animaux disparus et, dans ce cadre, il a réinterprété la palmure antérieure comme une peau entourant des coussinets plantaires analogues à ceux des chameaux actuels. La courbure de la colonne vertébrale et la forme des apophyses dorsales des vertèbres, les batteries dentaires, sont interprétées comme autant d'arguments en faveur d'un mode de vie de brouteur de végétaux terrestres, un peu comme les bisons d'Amérique actuels. On peut ainsi mesurer, à travers cet exemple, les difficultés à reconstruire le mode de vie, les adaptations, le milieu et la place dans les chaînes alimentaires, pour des organismes éteints qui n'ont pas de représentants actuels. Les valeurs obtenues à partir du collagène de cet anatosaure correspondent à une valeur de –15,5‰ pour le carbone et entre 10‰ et 11,2‰ pour l'azote. Or la plupart des charbons de cet époque correspondent à des plantes en « C3 » et révèlent une valeur d'environ –20‰. Comme on observe une valeur significativement plus faible chez l'anatosaure, il faut donc admettre qu'il se nourrissait d'un mélange de plantes en « C3 » et de plantes ayant une valeur de ^{13}C nettement plus faible, des plantes « CAM » ou « C4 ». Bien que ces plantes en « C4 » de l'époque ne soient pas encore identifiées, il ne fait guère de doute qu'elles devaient exister. La valeur très élevée obtenue pour l'azote suggère une forte aridité du milieu de vie. Cette aridité est confirmée par la préservation d'une momie d'anatosaure dans les mêmes dépôts et par les données sédimentologiques. Ainsi donc les valeurs isotopiques du collagène viennent-elles appuyer très clairement l'hypothèse qui envisageait l'anatosaure comme un animal terrestre.

Cette méthode ouvre par conséquent la voie à un champ très large d'investigations concernant la composition et la structure des communautés vivantes du passé.

Chapitre VIII
Les origines de l'homme

TOUT le monde s'accorde aujourd'hui pour placer l'homme dans l'ordre des primates, c'est-à-dire des mammifères communément appelés les « singes ». Plusieurs caractères permettent de fonder cette affirmation : une seule paire de mamelles pectorales, des ongles au lieu de griffes, une même formule dentaire généralisée, un cerveau de grandes dimensions, la vision stéréoscopique, le régime alimentaire varié, le petit nombre de jeunes par portée et le soin qui leur est fourni pendant une période prolongée.

Le groupe des primates actuels est diversifié mais essentiellement tropical. Il comprend des formes primitives, les lémuriens de Madagascar, les loris africains et asiatiques, le tarsier d'Asie du Sud-Est, des formes arboricoles, comme les platyrhiniens d'Amérique du Sud, des catarhiniens comprenant babouins, macaques et colobes et des formes très spécialisées, sans queue, comme le gibbon, l'orang-outang, le chimpanzé, le gorille et l'homme. On sait maintenant que, l'ADN des chimpanzés et des gorilles étant presque identique à celui de l'homme, ces derniers grands singes sans queue représentent nos plus proches parents vivants. La comparaison des séquences de certains gènes démontrerait même que le chimpanzé serait plus proche de nous que le gorille.

L'origine du groupe des primates

LES PREMIERS STADES DE L'HISTOIRE DES PRIMATES, VINGT-CINQ ANS D'ERREUR

L'histoire de ce groupe est encore mal connue, et il n'est pas rare que la découverte de nouveaux fossiles conduise à modifier des conceptions que l'on croyait bien établies. C'est, en tout cas, ce qui vient d'arriver pour le début de cette histoire.

Le modèle proposé jusqu'à ces dernières années suggérait que l'histoire des primates commençait avec le *Purgatorius*, petit mammifère contemporain des derniers dinosaures, il y a environ 66 millions d'années. Il se distinguait de ses contemporains par ses molaires aux couronnes basses et arrondies qui traduisent un régime alimentaire frugivore, et il vivait sans doute dans les arbres. À ce titre, il donne effectivement une bonne image de ce à quoi devait ressembler notre lointain ancêtre. Il correspond certainement à l'ancêtre des paromomyidés, un groupe de mammifères abondamment représentés au début de l'ère tertiaire en Amérique du Nord et en Europe. Cependant, leurs grandes incisives, qui évoquent un peu celles des rongeurs, excluent qu'ils aient pu être les ancêtres des primates plus récents. Or, dernièrement, un jeune paléontologue américain, C. Beard, a démontré que les paromomyidés, outre leurs trop grandes incisives, étaient incontestablement apparentés aux lémurs volants ou dermoptères du Sud-Est asiatique et qu'ils n'étaient pas affiliés aux ancêtres des primates.

Mais alors où commence donc véritablement l'histoire des primates ? Une découverte récente permet de situer leur berceau en Afrique : les plus anciens véritables primates ont été découverts dans le sud du Maroc, dans des séries sédimentaires datées de 60 millions d'années.

L'ORIGINE AFRICAINE DU GROUPE DES PRIMATES

Ce sont quelques dents, une douzaine environ, qui définissent *Altiatlasius koulchii*, notre ancêtre présumé. Vers –57 millions d'années, des formes voisines de ce groupe différencié en Afrique se répandent en Europe occidentale puis en Amérique du Nord et en Asie, où elles connaissent un rapide succès et une remarquable diversification. Paradoxalement, l'histoire des branches américaines et européennes est mieux connue que celle de la branche d'origine. C'est l'histoire d'une évolution phylétique graduelle, qui se termine par l'extinction de ces branches, il y a 34 millions d'années en Europe et il y a 30 millions d'années en Amérique du Nord. Pendant ce temps, l'évolution de la branche africaine, et sans doute aussi de la branche asiatique, se poursuit, mais elle est encore très imparfaitement connue, faute de documents. Seules quelques dents isolées et un fragment de mâchoire inférieure sont connus au Maghreb, dans l'intervalle de temps compris entre –57 et –37 millions d'années.

Des travaux menés dans le désert du Fayoum, en Égypte, et en Oman ont révélé une riche communauté de petits primates africains, extrêmement diversifiée, mais un peu plus récente. Elle correspond aux descendants des formes plus anciennes, connues uniquement au

Maghreb. Parmi ces formes figure l'aegyptopithèque, représenté par un crâne et par quelques éléments seulement du squelette postcrânien, qui apparaît comme le parfait archétype de notre ancêtre et de celui des grands singes. Son poids a été estimé à environ sept kilogrammes. C'était un quadrupède arboricole peu spécialisé sur le plan de l'appareil locomoteur et doté d'une longue queue. Les os du pied indiquent l'existence d'un pouce opposable. Son crâne, en revanche, combine un ensemble de caractères primitifs et spécialisés qui lui confèrent un aspect unique. Le museau est encore très allongé, mais les grandes orbites sont situées sur la face antérieure. La cavité orbitaire est séparée de l'arrière du crâne par une lame osseuse, ce qui est un caractère de singe évolué, que ne possèdent pas les lémuriens actuels ni les formes primitives du début du Tertiaire. Sa denture, avec seulement deux prémolaires et des molaires identiques à celles des grands singes plus récents, apparaît déjà comme très moderne. Ce primate fossile est en fait une véritable mosaïque, combinant des caractères très modernes pour la denture et des caractères postcrâniens primitifs. *Aegyptopithecus* constitue un témoin remarquable de la différenciation africaine de nos ancêtres.

Les ancêtres de deux autres groupes de singes actuels ont été également identifiés dans ces niveaux. Le premier groupe correspond aux cercopithèques, le second aux platyrhyniens ou singes d'Amérique du Sud. Les ancêtres des cercopithèques ressemblaient beaucoup aux nôtres, et la distinction est difficile lorsque les fossiles sont incomplets. Comme nous, ils ne possèdent que deux prémolaires sur chaque demi-mâchoire. L'identification des ancêtres est encore plus difficile pour les singes d'Amérique du Sud, qui ont gardé trois prémolaires à chaque demi-mâchoire. Or on trouve en Afrique, dans ces niveaux, dont l'âge est compris entre –37 et –32 millions d'années, des singes fossiles à trois prémolaires qui pourraient correspondre à des formes encore plus primitives de nos ancêtres et aux ancêtres des singes d'Amérique du Sud. Mais l'origine et le centre de différenciation des singes sud-américains, les platyrhiniens, restent encore une énigme. Ces singes arboricoles ont connu une grande diversification sur le continent sud-américain et partagent deux caractères communs, l'un primitif, la présence de trois prémolaires à chaque demi-mâchoire, et l'autre spécialisé, une queue préhensile. Ces deux caractères permettent de les distinguer aisément des autres primates africains et asiatiques.

En Afrique, deux groupes de primates – les cercopithèques, avec les macaques et les babouins, et nos ancêtres les hominoïdes – vont connaître un succès et une diversification importants. L'Afrique est alors une île-continent, séparée des autres masses continentales par des océans, et l'évolution s'y déroule en vase clos jusqu'à –20 millions d'années. À cette époque, la plaque africaine se rapproche de la plaque eurasiatique et commence à s'écraser contre cette dernière. L'océan qui séparait les deux plaques disparaît, et une continuité terrestre commence à s'établir, au niveau du Proche-Orient, entre l'Afrique et l'Eurasie. Cette continuité terrestre existe encore de nos jours. Par son intermédiaire, des mammifères eurasiatiques, comme les rhinocéros et les ruminants, vont venir peupler l'Afrique pour la première fois, et, réciproquement, des mammifères différenciés en Afrique vont se répandre en Eurasie. Parmi eux, les ancêtres des éléphants, mais aussi les singes cercopithèques et les hominoïdes.

LE BERCEAU DES SINGES SUD-AMÉRICAINS

L'histoire des mammifères sud-américains n'est connue que dans ses grandes lignes. L'Amérique du Sud est, pendant toute l'ère tertiaire, isolée des autres continents. Les mammifères y évoluent comme dans une immense île-continent, à partir du stock ancestral présent au début de l'isolement, qui a dû commencer peu après l'extinction des dinosaures. Dans ce stock ne figuraient ni primates ni rongeurs. Les premiers représentants de ces deux groupes apparaissent sur ce continent assez soudainement, les rongeurs vers –39 millions d'années, et les primates vers –30 à –25 millions d'années. Pour certains spécialistes, ces rongeurs et primates sont originaires d'Afrique et auraient franchi l'océan Atlantique Sud qui mesurait déjà plus de mille cinq cents kilomètres de large à cette époque, sinon davantage, sur des radeaux naturels arrachés au continent et entraînés par des courants favorables. Une ressemblance anatomique et biochimique incontestable avec les formes africaines correspondantes donne un certain poids à cette interprétation, contestée par d'autres spécialistes, pour qui une telle aventure est physiologiquement et biologiquement impossible. Par ailleurs, on n'a pas encore découvert de chapelet d'îles qui aurait permis ce passage à pied sec à travers l'Atlantique Sud, bien que certains suggèrent que la ride volcanique de Walvis ait pu jouer ce rôle.

Parmi les arguments qui s'opposent à la dispersion par radeau figurent les données génétiques et physiologiques. Génétiques parce qu'il est peu vraisemblable de peupler un continent avec un seul couple ancestral, sans répercussion sur les descendants : la diversité des rongeurs sud-américains exclut également une origine unique. Il aurait donc fallu plusieurs radeaux successifs, scénario encore moins probable. Pour d'autres spécialistes, un peuplement à partir de formes originaires du sud de l'Amérique du Nord, *via* les Antilles, est plus vraisemblable. Cette hypothèse implique aussi le franchissement d'une barrière marine, mais moins importante que l'Atlantique Sud. Enfin, on peut concilier les différentes hypothèses en proposant un peuplement depuis l'Amérique du Nord, mais à partir de formes originaires d'Asie et étroitement apparentées aux formes africaines. En tout état de cause, l'origine des rongeurs caviomorphes, comme le cochon d'Inde et des singes d'Amérique du Sud, n'est toujours pas expliquée de manière satisfaisante.

L'ÉPHÉMÈRE PASSAGE DES GRANDS SINGES EN FRANCE

Après la collision de l'Afrique et de l'Eurasie, plusieurs types de singes hominoïdes, dont l'origine africaine est hors de doute, apparaissent en Europe. Le plus proche des ancêtres des grands singes africains actuels a été décrit en 1856 sous le nom de *Dryopithecus fontani*, nom donné par son découvreur, le paléontologue français E. Lartet, à cause des feuilles fossiles de chêne trouvées dans le site. Il provient des environs de Saint-Gaudens et n'était alors représenté que par les deux branches incomplètes d'une mâchoire inférieure et par un fragment incomplet d'humérus. Lartet avait alors, à juste titre, attribué ces restes à une forme voisine du chimpanzé, à cause de ses fortes canines et de l'allongement de son humérus. Cela n'a pas empêché le savant parisien A. Gaudry de suggérer que ce dryopithèque était sans doute un témoin de la lignée humaine. Il justifiait son point de vue sur la relative brièveté du museau qu'il supposait à tort être corrélé à une grande taille du cerveau. La découverte d'une deuxième mandibule de dryopithèque à Saint-Gaudens devait finalement le rallier à l'interprétation de Lartet. Ces dryopithèques ont été ensuite découverts en Espagne, en Europe orientale et en Turquie, mais ils devaient surtout se révéler abondants en Afrique orientale, dans des sites dont l'âge est compris entre –22 et –14 millions d'années. Divers par leur taille et leurs spécialisations, ils associent à nouveau des dentures très progressives à un appareil locomoteur encore primitif, en tout cas différent de ceux du chimpanzé et du gorille actuels. L'une des grandes inconnues relatives à l'évolution des grands singes africains et asiatiques, et surtout de l'homme, concerne les modalités et les dates d'acquisition des caractéristiques de leurs appareils locomoteurs respectifs (la bipédie pour l'homme). À cet égard, les dryopithèques d'Afrique de l'Est ne révèlent pas grand-chose, si ce n'est la mosaïque de caractères de leur appareil locomoteur, certains traduisant un mode de locomotion quadrupède arboricole, d'autres indiquant déjà une propension à se déplacer dans les arbres. Ils semblent dépourvus de queue et commencent à atteindre des tailles importantes : des formes dont le poids a pu être estimé à cinquante kilos apparaissent. Tous, par contre, possèdent de grandes canines, suivies à la mâchoire inférieure par une prémolaire caniniforme. Le dimorphisme sexuel s'exprime par des différences de taille et de développement des canines. La grande variabilité de ces formes est-africaines témoigne de leur diversité biologique mais aussi de la variété de leurs milieux de vie. Mais, dans ces conditions, comment peut-on reconnaître, parmi ces grands singes fossiles d'Afrique, d'Europe et d'Asie, celui qui devait conduire à la lignée humaine ?

C'est E. L. Simons qui a reconnu, le premier, chez l'une de ces formes, le ramapithèque, la présence de caractères dentaires le rapprochant de la lignée humaine.

Le ramapithèque, ou le triomphe d'un imposteur

La démarche de Simons s'inscrivait alors dans la logique des idées qu'il avait développées lors de ses recherches sur les primates du Fayoum, en Égypte, à savoir que l'évolution des dents précède apparemment, dans ce groupe, l'évolution de l'appareil locomoteur. Le ramapithèque est un grand singe fossile plus récent que tous les autres évoqués jusqu'à présent. Les restes attribués à cette forme proviennent de niveaux datés entre –15 et –8 millions d'années en Europe centrale et orientale, en Turquie, au Kenya, en Inde et au Pakistan. Son poids adulte a été estimé, suivant les fossiles, entre quarante et quatre-vingts kilos.

Deux caractères conduisirent E. L. Simons à lui attribuer un rôle déterminant dans l'origine de la lignée humaine. Le premier concernait les deux arcades dentaires, qu'il avait reconstituées en leur proposant une forme arrondie, caractère plutôt humain (les grands singes possèdent une arcade dit en U avec des rangées molaires bien parallèles). Cette reconstitution avait cependant été contestée, dès cette époque, par quelques spécialistes, comme E. Genet-Varcin. Le second concernait l'épaisseur de l'émail dentaire qui enrobe les couronnes des molaires. Cet émail est fin chez les grands singes frugivores, et épais chez l'homme. Le ramapithèque avait un émail épais. Sur ces bases, qui se révéleront en partie erronées, le ramapithèque sera considéré un moment comme le grand singe ancêtre de l'homme. Mais pour un temps seulement ! Cette place lui sera ravie par l'oréopithèque, un grand singe fossile découvert en Toscane, à Grosseto, par le paléontologue bâlois, J. Hürzeler.

Décadence et résurrection de l'oréopithèque

L'oréopithèque provient d'un niveau daté d'environ –9 millions d'années. Il avait été initialement décrit sur la base de quelques dents, au siècle dernier. Hürzeler avait remarqué l'extrême ressemblance de ces quelques dents avec celles des hominoïdes et avait repris les fouilles dans les mines de lignite de cette partie de la Toscane. Après plusieurs années de fouilles décevantes, un squelette presque complet d'oréopithèque devait être mis au jour. Ce dernier possède une mosaïque unique de caractères, parmi lesquels on retiendra une denture de type hominoïde primitif avec quelques spécialisations dont certaines évoquent la lignée humaine. Le squelette postcrânien montre

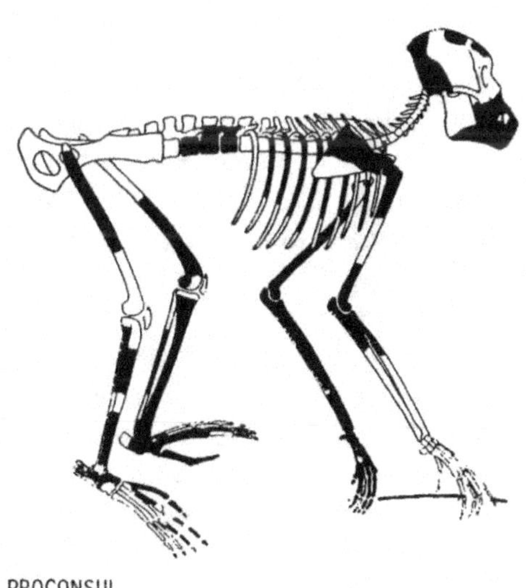

Figure 8.1. *(En haut) Reconstitution du crâne, du squelette et du corps de l'oréopithèque, primate hominoïde d'origine africaine, trouvé en Toscane par J. Hürzeler, du musée d'Histoire naturelle de Bâle (d'après Coppens, 1983).*

un bassin à structure courte et large, ressemblant beaucoup à celui de l'homme, associé à des membres dont les proportions indiquent clairement un mode de locomotion brachiateur, c'est-à-dire suspendu aux branches, comme le gibbon actuel. Cette mosaïque de caractères a fini par gêner tous les experts, de sorte qu'une espèce de consensus s'est établie, sous l'impulsion enthousiaste de Simons et Delson, surtout soucieux de préserver la position privilégiée du ramapithèque. Prétextant la présence d'un tubercule inhabituel sur les molaires inférieures, ainsi que quelques autres détails, ils ont interprété cet oréopithèque comme une branche précocement spécialisée des cercopithèques. Les découvertes ultérieures devaient leur donner tort. Des restes d'oréopithèque primitif, découverts en Afrique de l'Est, ont finalement permis de confirmer la nature hominoïde de ce fossile important. Ce dernier représente une lignée de primate hominoïde qui, même sans être directement ancestrale à la lignée humaine, apporte un éclairage indirect mais fondamental sur ce que devait être l'appareil locomoteur de nos ancêtres. Cette fois-ci, il ne s'agit plus de quadrupède arboricole, mais bien de grand singe arboricole vivant dans les arbres. Le coude de l'oréopithèque est très semblable à celui d'un gorille ou d'un chimpanzé. Le membre antérieur est nettement plus long que le membre postérieur, comme chez ces formes actuelles, mais le bassin présente des proportions plus humaines que chez ces derniers. Ces informations sont fondamentales pour la reconstitution de l'appareil locomoteur de l'ancêtre commun que nous partageons avec les chimpanzés et les gorilles. La découverte de fossiles nouveaux se révèle ainsi irremplaçable pour connaître la manière et la vitesse de transformation des caractères des êtres vivants au cours du temps, et les fossiles humains n'échappent pas à cette règle...

Que faire alors du ramapithèque ? Après avoir éclipsé si longtemps les autres fossiles, une succession de découvertes nouvelles a conduit, en retour, à son éclipse définitive. Tous les restes de ramapithèque apparaissent aujourd'hui n'appartenir qu'à des individus de petite taille ou à des femelles d'un autre fossile, le sivapithèque, un grand primate hominoïde dont le poids aurait été compris, selon les espèces, entre quarante et quatre-vingts kilos. Il est surtout représenté par des restes de mâchoires, dans des niveaux compris entre –15 et –9 millions d'années en Asie et en Europe orientale. L'énigmatique kényapithèque provenant de sites kényans, dont l'âge se situe autour de –14 millions d'années, représenterait peut-être la branche africaine de ce groupe. La connaissance du sivapithèque a été renouvelée par la découverte au Pakistan, par D. Pilbeam et son équipe, de l'université de Yale, d'une face, qui, de profil, ressemble à s'y méprendre à celle d'un orang-outang. Même si la découverte ultérieure d'humérus de cette forme devait conduire cet auteur à nuancer ses conclusions antérieures, il n'en reste pas moins établi que l'origine des orangs-outangs actuels d'Asie du Sud-Est se situe incontestablement dans une de ces formes de sivapithèque. Cela ne résout pas pour autant le problème de l'origine des grands singes africains, chimpanzé et gorille, ni celui de l'homme. Ces origines se situent incontestablement en Afrique, malgré les doutes sporadiquement émis par des paléontologues en mal d'idées originales. Nous verrons toutefois que les restes les plus proches de cet ancêtre ont été découverts en Grèce, loin de l'Afrique. Les fouilles franco-grecques menées par L. de Bonis et G. Koufos dans un gisement daté d'environ –10 millions d'années ont commencé par révéler plusieurs mâchoires inférieures d'un grand singe anthropoïde, appelé ouranopithèque. Dans un premier temps, ces restes ont permis de prouver l'existence d'un dimorphisme sexuel beaucoup plus important qu'il n'était alors couramment admis. Cette démonstration a été en partie à l'origine de la chute du ramapithèque. Mais la découverte récente d'une pièce exceptionnelle comprenant le

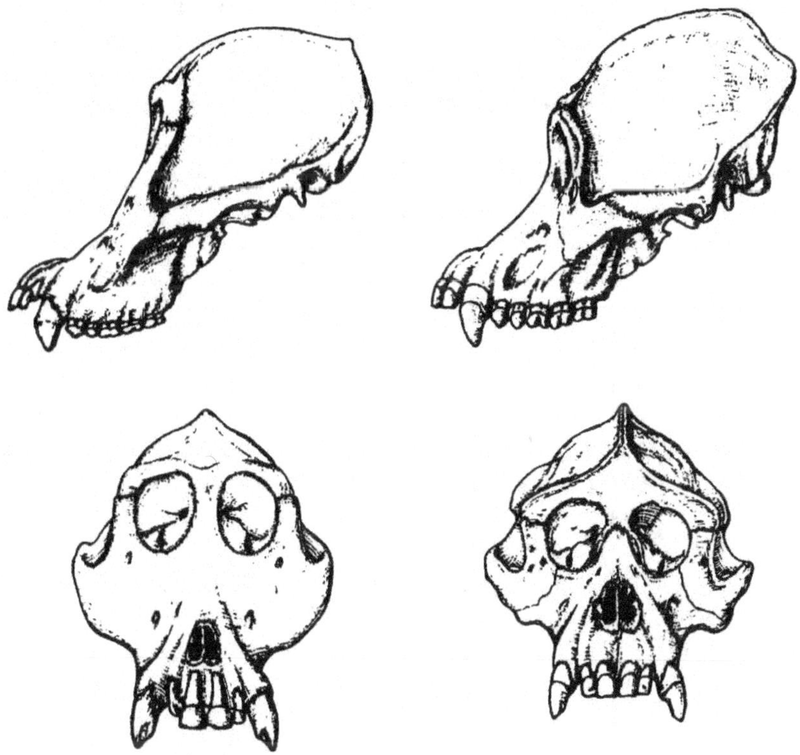

Figure 8.2. *Reconstitution du crâne de sivapithèque (colonne de gauche), en vue de profil et de face, comparé au crâne d'orang-outang actuel. On peut noter la grande similitude des profils. Une dizaine de millions d'années séparent ces deux crânes (d'après Bonis, 1984).*

maxillaire supérieur et une grande partie de la face de cet hominoïde devait éclairer d'un jour nouveau les spéculations relatives à l'ancêtre commun aux grands singes africains et à l'homme.

LE PLUS PROCHE PARENT DE L'ANCÊTRE DE L'HOMME, L'OURANOPITHÈQUE

L'ouranopithèque possède une denture de grand singe, mais, bien qu'attribuée à un mâle, la canine est modérément grande, l'émail est épais et les tubercules des molaires sont peu élevés. De nombreux caractères de la denture de l'ouranopithèque évoquent, selon L. de Bonis et D. Johanson, certains individus d'*Australopithecus afarensis*, qui est le nom savant de Lucy. La face présente également de nombreux caractères évoquant des australopithèques plus primitifs, comme l'allure du bourrelet supra-orbitaire et l'organisation de la région nasale. L. de Bonis interprète ces caractères comme des spécialisations uniques communes aux australopithèques et à l'ouranopithèque et vieillit d'autant la divergence homme-grands singes, qui remonterait alors à au moins 10 millions d'années. C'est un nouveau coup très dur, s'il se confirme, porté par les fossiles à l'hypothèse de l'horloge moléculaire, qui a conduit les généticiens à proposer un âge de séparation homme-chimpanzé d'environ –5 à –7 millions d'années. Toutefois, on ne saurait exclure, en l'état actuel des connaissances, que l'ouranopithèque ne représente qu'une forme proche de l'ancêtre commun aux hommes et aux grands singes africains ou même une simple tentative dans la voie de l'hominisation. Si l'on suit l'argumentation de L. de Bonis, un certain nombre de caractères, comme l'épaisseur de l'émail, mince chez le chimpanzé et le gorille, auraient subi une réversion à partir d'un ancêtre commun avec l'homme, dont les molaires possédaient un émail épais. Cela n'est pas invraisemblable, la probabilité de réversion d'un caractère au cours de l'évolution apparaissant être inversement proportionnelle à sa complexité. Or les caractères invoqués par Bonis dans cette réversion peuvent être classés dans la catégorie des caractères simples. Néanmoins, l'importance de cette découverte est considérable puisqu'elle nous éclaire sur nos ancêtres vieux de 10 millions d'années et qu'elle vieillit l'âge de l'ancêtre commun à l'homme et aux grands singes africains.

POURQUOI N'Y A-T-IL PAS DE CHIMPANZÉ ET DE GORILLE FOSSILES ?

Seule la lignée humaine est documentée par des fossiles africains, alors qu'on n'y connaît aucun reste fossile de chimpanzé ou de gorille. Deux scénarios d'explication peuvent être invoqués. Le premier a été argumenté en détail par A. Kortlandt, puis par Y. Coppens. Ils s'appuient sur une ségrégation géographique entre les deux groupes, les hommes se différenciant dans la savane au fond du Rift, et les chimpanzés et gorilles, dans le bloc forestier occidental. Mais les données géologiques relatives à la formation du Rift ne permettent pas de soutenir ce scénario, comme il sera montré plus loin. Le second considère que les sites fossilifères africains connus ne documentent que des milieux de savane ou, au mieux, de forêt-galerie, mais pas de forêt équatoriale, d'où l'absence des grands singes. Contre le second, plusieurs sites à australopithèques se révèlent avoir été extrêmement proches de la lisière de la forêt primaire, donnant l'occasion aux prédateurs de capturer des grands singes, dont les restes auraient alors pu être éparpillés par les charognards et ensevelis dans les sédiments de la rivière à l'occasion d'une crue, comme ce fut le cas pour beaucoup de restes d'australopithèques. Cette proximité est attestée par des morceaux de bois et des pollens fossiles d'arbres de la forêt primaire et par des petits mammifères de forêt. L'analyse des isotopes des concrétions carbonatées des paléosols du Rift montre également l'existence d'une mosaïque d'habitats allant de la forêt humide à la savane sèche. On serait donc plutôt conduit à admettre le contraire, à savoir que les restes de grands singes sont sans doute représentés parmi les nombreux fossiles non identifiés provenant d'Afrique orientale. Pour la seule période comprise entre –2,4 et –1,2 millions d'années, on dénombrait il y a quelques années pas moins de 38 % de restes fossiles hominoïdes non identifiés, cent quinze sur trois cents au total, à cause de leur nature fragmentaire ou altérée !

De plus, l'éthologue hollandais A. Kortlandt, s'appuyant sur des caractères du comportement, considère le chimpanzé comme un animal secondairement adapté à la forêt et dont les ancêtres devaient, à son avis, vivre en savane arborée. Il évoque ainsi un modèle provo-

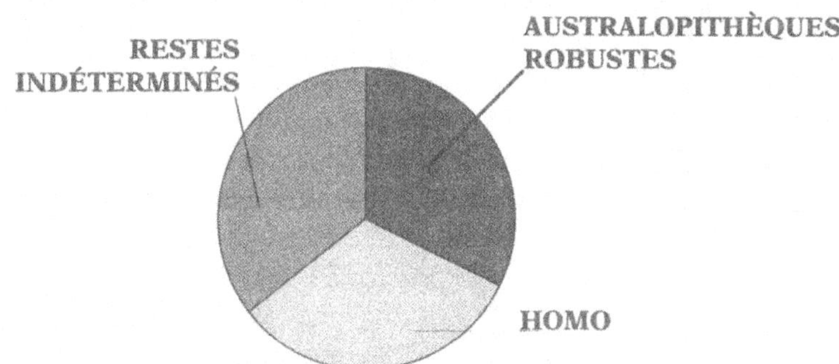

Figure 8.3. *Appartenance taxinomique des restes d'homininés en Afrique orientale entre –2,4 et –1,2 millions d'années. On remarquera l'importante proportion de restes indéterminés, surtout en raison de leur état fragmentaire.*

cateur, celui de la déshumanisation du chimpanzé. Pour lui, cela signifie simplement que l'anatomie locomotrice, l'organisation sociale, le régime alimentaire de l'ancêtre commun aux chimpanzés, gorilles et hommes devaient être plus proches de ceux des plus anciens australopithèques que de ceux des chimpanzés actuels, impliquant un ancêtre

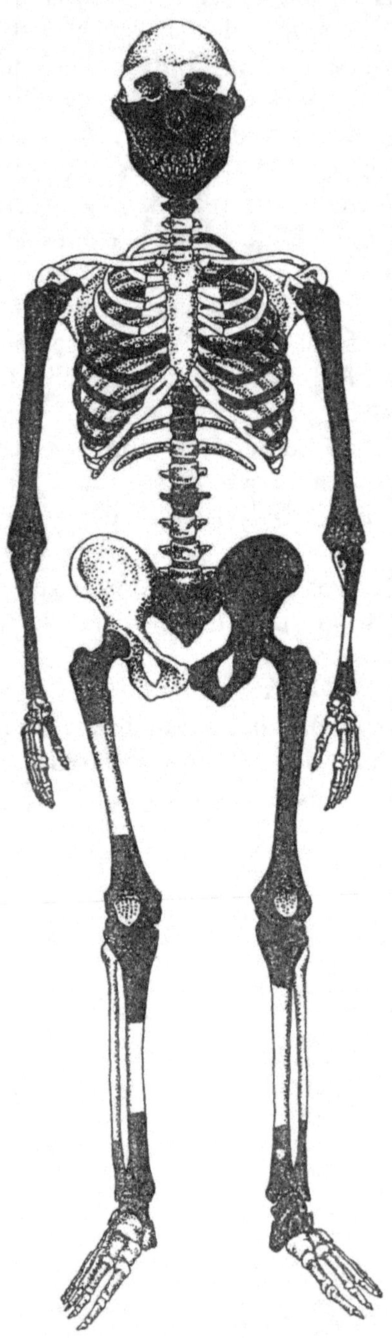

Figure 8.4. *Reconstitution du squelette de « Lucy »,* Australopithecus afarensis, *vieux d'environ trois millions d'années. En noir sont représentées les pièces réellement découvertes (d'après T. White et D. Johanson).*

commun bivalent, bipède et grimpeur. Dans ce cas, la meilleure image de l'ancêtre commun serait peut-être donnée par Lucy, et la différenciation des chimpanzés et des gorilles aurait été extrêmement rapide et récente. Ce scénario conforterait en outre l'hypothèse de l'horloge moléculaire qui situe la divergence vers −5 millions d'années, mais peu de spécialistes lui accordent crédit. Pour établir avec certitude la divergence homme-chimpanzé, son âge et ses modalités, il est indispensable de découvrir des représentants fossiles de la lignée conduisant aux chimpanzés. Tout le reste n'est que spéculation stérile... La découverte d'une forme affine d'ouranopithèque en Afrique serait également d'un intérêt considérable, et en particulier des éléments de son squelette postcrânien. La forme grecque, d'après la faune de mammifères qui lui est associée, devait vivre dans un milieu de savane, et il est donc peu vraisemblable que son squelette postcrânien ait été identique à celui de l'oréopithèque. L'ouranopithèque était plus vraisemblablement grimpeur et bipède. On peut se demander quelles causes ont pu provoquer l'apparition puis le développement de la bipédie. De nombreuses hypothèses sont possibles, comme l'usage d'outils, la possibilité de transporter des charognes, de l'eau ou tout autre objet, de pratiquer la cueillette, de se déplacer à la recherche d'un autre point d'eau permanent, d'une autre forêt, de récolter des graines de céréales et de déterrer des racines, etc.

On découvre ainsi que les fossiles ont jusqu'à présent révélé l'histoire de la denture de l'homme, mais pas encore celle de son appareil locomoteur. Cette surreprésentation des dents par rapport aux éléments du squelette postcrânien s'explique très bien par la conservation différentielle, les dents étant constituées de tissus plus fortement minéralisés que l'os, comme l'émail et la dentine, qui ont plus de chances d'être préservés. On retrouve le même phénomène pour le plus grand des primates hominoïdes fossiles, le gigantopithèque d'Asie du Sud-Est.

UN MODÈLE ABANDONNÉ, LE GIGANTISME ANCESTRAL DE L'HOMME

Les premiers restes connus de cette forme étaient des molaires isolées, de dimensions impressionnantes, achetées par le paléontologue néerlandais G. H. R. von Koenigswald dans des pharmacies chinoises de Hong Kong et de Canton à partir de 1935, où elles étaient vendues sous le nom de dents de dragon pour leurs prétendues vertus curatives. Leur morphologie dentaire évoquait une sorte de très grand singe, voisin de l'orang-outang. G. H. R. von Koenigswald l'a décrit sous le nom de *Gigantopithecus blacki*. Les fouilles entreprises ultérieurement par les paléontologues chinois devaient conduire à localiser géographiquement la provenance de ces fossiles, de déterminer leur âge et de préciser leur nature. La plupart des restes de cette forme proviennent de grottes du sud de la Chine et du Viêt-nam. Les fossiles associés à ces restes ont montré que ce grand singe avait vécu entre environ –2 et –0,7 millions d'années. Les fouilles chinoises devaient conduire à la découverte de plusieurs mâchoires, de tailles inégales, traduisant donc l'existence d'un très fort dimorphisme sexuel. Les incisives sont minuscules, les prémolaires étirées transversalement, l'usure des dents est strictement horizontale et l'émail incroyablement épais. En outre, la branche horizontale de la mâchoire inférieure est courte et très haute, ce qui augmente sa puissance. D'après les dimensions de la mâchoire de l'individu le plus grand, on peut déduire un poids d'environ trois cents kilos. Le gigantopithèque constitue donc le plus grand des primates jamais connus. D'après ses caractéristiques dentaires, il devait se nourrir de végétaux et probablement de bambous. Du fait de son poids, il ne pouvait grimper aux arbres. Ses derniers représentants ont été contemporains des premiers pithécanthropes dont ils ont peut-être été les victimes. Il s'agit donc d'une forme très intéressante dont on ne connaît aucun élément du squelette postcrânien. Pourtant, l'adaptation à la vie au sol et certaines caractéristiques de la denture du gigantopithèque révèlent une évolution parallèle, à certains égards, à celle de l'homme. Le célèbre paléoanthropologue F. Weidenreich, à qui l'on doit la méticuleuse analyse des pithécanthropes de Chou-kou-tien, avait proposé en 1945 de considérer le gigantopithèque comme un ancêtre de l'homme, la lignée de ce dernier se caractérisant par une réduction de taille à partir d'un ancêtre géant. Cette hypothèse, qui n'est plus qu'un souvenir, n'a pas résisté longtemps à la confrontation des données. Une mission indo-américaine devait découvrir, au cours des années soixante, la mandibule d'une forme primitive de gigantopithèque, vieille d'environ 8 millions d'années, qui démontrait que cette forme s'enracinait dans les sivapithèques d'Asie, tout comme l'orang-outang. D'autres fragments de cette forme primitive de gigantopithèque ont été découverts par la suite au Pakistan. En revanche, aucun reste d'australopithèque n'a encore été signalé hors d'Afrique, ce qui conduit à admettre que l'Afrique est bien le berceau des grands singes bipèdes qui ont été à l'origine de nos ancêtres.

Les australopithèques

LE BERCEAU DES AUSTRALOPITHÈQUES

Les australopithèques, que l'on pourrait définir comme les premiers grands singes connus à avoir utilisé un mode de locomotion bipède, ne sont rencontrés en Afrique qu'à partir de –5 millions d'années, et encore sont-ils très rares. Il est nécessaire de collecter plusieurs milliers de fossiles de mammifères avant de trouver un fragment d'australopithèque. Le terme de grand singe bipède leur sied bien, car les plus anciens ont un petit cerveau, des mâchoires très puissantes, aux bords parallèles, avec des canines quelquefois bien développées. Le gisement d'Hadar, en Éthiopie, a livré sinon les restes les plus anciens, du moins les plus complets. L'âge des fossiles s'étend entre –3,4 et –3 millions d'années. L'immense intérêt de ce gisement est qu'il a livré des restes complets d'*Australopithecus afarensis*, puisque le squelette de « Lucy » correspond à 40 % d'un squelette. Certaines estimations habituellement très difficiles, comme la taille, se révèlent ainsi plus faciles. Celle-ci est estimée maintenant à environ un mètre avec un poids d'environ trente kilos. Mais il existe un fort dimorphisme sexuel, et la taille des mâles devait être significativement plus importante. On a longtemps porté une attention trop exclusive à la structure du bassin pour reconstituer le mode de locomotion des australopithèques. Celui des hommes modernes est court, large à son extrémité supérieure et déprimé en réceptacle pour soutenir les viscères en raison de la station droite. Celui des chimpanzés et gorilles est long, étroit et plaqué sur la face postérieure. Le bassin des australopithèques de l'Afar est de type humain, et leur locomotion bipède, appuyée également par la structure de leur fémur et de leur pied, ne fait plus aucun doute, d'autant plus que l'on a découvert à Laetoli, en Tanzanie, des empreintes de pas d'homme fossile associées à des mâchoires rapportées à *Australopithecus afarensis*, dans un site daté de –3,7 millions d'années. Une autre contribution importante des fossiles du site d'Hadar est la mise en évidence d'une variation très importante de la canine, avec, dans le même niveau, des formes à canines réduites et des formes à canines fortes, dépassant la hauteur des autres dents adjacentes. Certains individus présentent même une petite diastème, c'est-à-dire une lacune entre la canine et la première prémolaire inférieure pour y loger la canine supérieure lorsque la bouche est fermée. Les ressemblances entre les fragments de crâne d'*Autralopithecus afarensis* et ceux d'un chimpanzé femelle sont grandes, et d'éminents spécialistes ont fait la confusion.

Ces fossiles d'Hadar provoquent encore de vifs débats entre les spécialistes. Pour B. Senut et C. Tardieu, la variation observée dans l'organisation du squelette postcrânien indiquerait la présence de deux formes distinctes d'hominidés, l'une proche d'une forme ancestrale de l'australopithèque robuste, l'autre, la plus grande, proche de l'ancêtre du genre *Homo*. Pour la plupart des chercheurs anglo-saxons, il n'y aurait qu'une seule espèce présente, manifestant un très fort dimorphisme sexuel. Celui-ci étant très fort chez les grands singes fossiles, on ne voit pas pourquoi il aurait soudainement disparu chez les australopithèques. Mais de là à suggérer que la femelle était mieux adaptée à grimper aux arbres que le mâle il y a une limite que n'ont pas hésité à franchir J. T. Stern et R. L. Susman. Encore une fois, le problème posé par l'étude des restes postcrâniens est celui de leur signification morphofonctionnelle, seuls les modèles actuels pouvant servir de référence.

La bipédie de Lucy doit cependant être fortement modulée. Toute une série de caractères témoignant d'une relative habileté à grimper dans les arbres sont apparus au cours des recherches entreprises sur la morphologie fonctionnelle de ces fossiles. Les phalanges des doigts de la main sont courbes, mais moins que chez les grands singes. Les proportions des membres sont intermédiaires entre celles des grands singes et de l'homme, l'avant-bras est presque aussi long, relativement à l'humérus, que chez les chimpanzés, et le membre postérieur est proportionnellement plus court que chez le genre *Homo*. La cage thoracique possède une forme en entonnoir, plus proche de celle des grands singes que de celle de l'homme moderne. L'orientation de l'articulation entre l'omoplate et la tête du fémur indique une certaine facilité à se suspendre aux branches. Le genou est plus souple que chez les hommes modernes et devait conférer à la démarche de ces australopithèques une allure un peu louvoyante... La découverte de Lucy démontre surtout que les jambes étaient « en avance » sur les autres caractères. En conclusion, Lucy était bien bipède, mais devait passer une grande part de son temps dans les branches des arbres pour y dormir, s'y réfugier et s'y nourrir.

Sa démarche bipède devait donc être plus hésitante que celle de la plupart des femmes modernes. L'analyse des pollens, de la macrofaune et de la microfaune associés a permis de reconstituer le milieu de vie de cette population. Les dépôts qui contiennent ces restes sont aujourd'hui situés à une altitude de quelques centaines de mètres, au fond du Rift, ce grand fossé d'effondrement qui séparera dans le futur l'Afrique en deux parties distinctes. Cet effondrement n'en était encore qu'aux premiers stades, et la végétation de même que la faune associée indiquent la proximité d'une forêt d'altitude, de sols épais, de grandes plages de graminées au bord d'une rivière et d'un lac. Car c'est bien sur les rives d'une plage de lac qu'ont été découverts les restes de Lucy, et on retrouvera ces conditions pour les niveaux les plus anciens du gisement d'Olduvai, en Tanzanie. Lucy vivait donc dans un climat chaud et humide, à une altitude d'au moins mille mètres, au milieu d'une végétation abondante, qui ne correspondait ni à une forêt primaire ni à une savane du type de celles que l'on trouve actuellement au fond du Rift.

Les plus anciens australopithèques de Tanzanie, qui proviennent d'une série sédimentaire vieille de –3,7 à –3,4 millions d'années à

Laetoli, ont été également attribués par D. Johanson, T. White et M. D. Leakey à l'*Australopithecus afarensis* du fait de leur ressemblance morphologique avec les formes d'Hadar. Mais leur environnement était différent. La végétation a pu être reconstituée par R. Bonnefille, grâce aux pollens et à la découverte de restes calcifiés de branches appartenant à des acacias. C'était une savane sèche, à certains égards semblable à l'actuelle plaine du Serengeti, en Tanzanie. La faune associée, avec son abondance de restes d'autruches, de dik-diks et de rongeurs fouisseurs caractéristiques de zones arides à sols meubles, renforce encore cette image. On se demande même ce qu'un primate supérieur étroitement dépendant de l'eau pouvait venir faire dans cette savane sèche, où les points d'eau devaient être rares. En fait, la découverte de leurs empreintes de pas révèle que ces formes ont traversé cette région, peut-être à l'occasion de la quête de nouveaux territoires ou de points d'eau permanents. Il y a donc trois millions six cent mille ans, l'*Australopithecus afarensis* était capable de traverser des zones arides et de vivre à la lisière de la forêt d'altitude, c'est-à-dire dans des milieux où les grands singes ne sont pas représentés de nos jours. Le rôle de l'appareil locomoteur apparaît donc clairement. Ce n'est pas la main qui a fait l'homme, comme le pensait J. Piveteau, l'un des fondateurs de la paléontologie humaine moderne, mais plutôt sa bipédie et son organisation sociale, qui lui ont permis d'envahir de nouvelles niches écologiques. Cette bipédie n'a cependant pas entraîné automatiquement le développement du cerveau comme il est quelquefois suggéré.

Le site de Laetoli, dans la réserve nationale du Serengeti, en Tanzanie, est considérablement éloigné du site d'Hadar. *Australopithecus afarensis* était donc une espèce à très large distribution géographique, comme le confirme la découverte de l'un de ses représentants sur les rives du lac Turkana, au Kenya, par A. Walker, du Peabody Museum.

Or les découvertes faites dans les grottes à australopithèques du Transvaal contestent cette hypothèse. Les fossiles humains s'y trouvent au fond d'anciennes grottes où ils sont associés à de nombreux autres mammifères dont les restes osseux ont été entraînés par les carnivores qui s'y logaient. Les remplissages de ces grottes sont difficiles à dater avec précision, et l'âge de ces australopithèques d'Afrique australe n'est pas établi de manière précise. Toutefois, le gisement de Makapansgat pourrait remonter à –3 millions d'années alors que la plupart des autres dateraient plutôt d'entre –2,5 et –1,4 millions d'années. À cette époque, donc, vivait en Afrique du Sud une forme assez voisine de Lucy mais différente, un peu plus grande et, dans l'ensemble, plus gracile. C'est l'*Australopithecus africanus*, quelquefois appelé « Mistress Ples », du nom de plésianthrope qui lui fut conféré dans le passé, ou sous le nom d'« enfant de Taung », un des rares crânes d'enfant australopithèque connus. On peut interpréter l'absence de Lucy en Afrique australe de multiples façons. On peut penser, par exemple, qu'ils avaient bien peuplé l'Afrique australe à cette époque, mais que l'absence de fossiles ne permet pas de le vérifier. Or, récemment, quatre os du pied d'australopithèque ont été découverts en Afrique du Sud dans un niveau daté de –3,5 millions d'années. Ils appartenaient à une forme incontestablement bipède, mais dont le gros orteil était fortement divergent des autres doigts de pied et très mobile, un caractère qui vient se rajouter à la liste déjà longue des adaptations à grimper des australopithèques archaïques. Des formes plus anciennes et plus archaïques que Lucy viennent également d'être découvertes en Afrique orientale. *Australopithecus anamensis* associe des caractères crâniens et dentaires plus primitifs que ceux de Lucy et des éléments postcrâniens similaires, témoignant à nouveau d'une avance de l'appareil locomoteur sur la denture. Il représente lui-même un intermédiaire possible avec *Ardipithecus ramidus*, provenant d'un niveau daté de –4,4 millions d'années. Cette forme très archaïque d'Éthiopie se distingue de tous les autres australopithèques par sa petite taille, ses canines plus fortes, ses petites molaires et son émail très fin. Les caractères dentaires sont plus proches de ceux d'un chimpanzé, mais peut-être ne s'agit-il là que de caractères primitifs partagés par les ancêtres des deux rameaux. Cette forme est rattachée au rameau humain parce que l'ouverture de la moelle épinière est disposée plus en avant sur la face inférieure du crâne que chez le chimpanzé, et ce caractère est normalement lié à la bipédie. Toutefois, ses membres postérieurs et son bassin ne sont pas connus, et une grande circonspection s'impose encore avant d'attribuer une place précise à ce fossile. Il montre d'ores et déjà l'importance des nouvelles découvertes qui pourront être faites dans l'intervalle –8 à –5 millions d'années en Afrique pour reconstituer l'anatomie de notre ancêtre commun avec le chimpanzé. *Ardipithecus ramidus* n'en est probablement pas loin.

En fait, bien que l'on ignore les centres d'origine des différentes formes, il ne fait guère de doute que leurs successions ont résulté de l'effondrement du Rift est-africain et des modifications climatiques induites. Les paléontologues ont quelquefois une vision assez simpliste de la formation du Rift et s'imaginent que ce grand fossé d'effondrement s'est ouvert suivant un axe nord-sud comme une simple fermeture Éclair. J. Chorowicz, de l'université de Paris, a montré qu'il s'ouvrait de manière irrégulière, l'effondrement des bassins ne se produisant ni de manière synchrone ni dans une direction donnée. Des bassins isolés se sont effondrés lors de plusieurs phases distinctes, de façon erratique, et ce n'est que vers les derniers stades que la communication complète entre le Nord et le Sud a pu être réalisée, sans doute vers −2,4 millions d'années. Si donc l'*Australopithecus afarensis* avait peuplé tout le Rift et s'était étendu jusqu'en Afrique australe, cela signifie qu'il était capable de vivre dans des milieux végétaux très divers. En effet, on sait que, dans le Rift actuel, la végétation est étagée en fonction des précipitations – directement liées à l'altitude –, allant du désert à la forêt. À cette époque, il devait donc exister des seuils séparant les bassins, couverts d'une épaisse forêt d'altitude. Le fond des bassins devait présenter une végétation en mosaïque avec des savanes à acacias, des forêts riveraines, des plages de graminées denses et des semi-déserts. *Australopithecus afarensis* apparaît ainsi comme déjà très indépendant du milieu naturel.

Un tel système de cuvettes isolées a dû constituer un formidable laboratoire naturel d'évolution pour des espèces plus inféodées à leur milieu, ces bassins pouvant avoir fonctionné comme de véritables îles. Dans chacun d'entre eux, des populations isolées adaptées aux savanes ont pu donner naissance à de nouvelles espèces, pour peu que leur isolement ait duré suffisamment longtemps, de quelques dizaines à quelques centaines de milliers d'années. La réalité de ce phénomène a été établie pour les petits mammifères par C. Denys, de l'université de Montpellier, et il est également apparent pour les hippopotames, dont le nombre d'espèces à cette époque est directement en rapport avec le nombre de réseaux hydrographiques indépendants, générés par ces effondrements. Ce mécanisme a-t-il pu jouer pour les australopithèques ? On vient de voir que l'*A. afarensis* avait déjà fait preuve de grandes capacités migratoires. Peut-on considérer que ses descendants aient été plus sédentaires ? Un problème demeure en tout cas. Entre −2,5 et −2,2 millions d'années, plusieurs formes distinctes d'hominiens font leur apparition en Afrique orientale, sans que l'on ait la moindre idée de leur centre de différenciation. On se trouve donc face à un dilemme. Ces formes correspondent-elles à des régions de petites dimensions, et dans ce cas les bassins du Rift répondent bien aux conditions nécessaires, où correspondaient-elles à des domaines géographiques plus grands ? Dans ce cas, il faudrait admettre que chaque grande province africaine, l'australe, l'orientale, l'occidentale, la septentrionale ainsi que l'Arabie, a constitué un domaine de différenciation possible pour ces formes à partir d'un ancêtre sans doute peu éloigné morphologiquement de l'*Australopithecus afarensis*. Où se situe, dans ce cas, l'éden des *Homo habilis* ? On voit ainsi combien est fragmentaire l'histoire de ces australopithèques et combien les découvertes nouvelles dans d'autres régions d'Afrique seraient cruciales.

C'est dans ce cadre qu'il convient d'évoquer la découverte très récente, par M. Brunet, de l'université de Poitiers, de la mandibule d'une nouvelle forme d'australopithèque très archaïque au Tchad. Elle provient d'un niveau sans doute plus ancien que –3 millions d'années, si l'on se réfère à la faune de mammifères associée. Elle représente la première découverte d'un australopithèque hors du Rift est-africain et d'Afrique australe. Cette mandibule possède une mosaïque inédite de caractères modernes et archaïques ainsi que des caractères originaux qui témoignent de l'existence d'au moins une autre province de différenciation d'australopithèques en Afrique. En y ajoutant les autres découvertes récentes, on ne peut que constater l'éclatement de toute une série de paradigmes classiques qui devront être remplacés par des modèles plus complexes. Les australopithèques « robustes » correspondent à l'une de ces formes qui apparaît brutalement il y deux millions cinq cent mille ans en Afrique orientale à la faveur d'une période aride contemporaine de l'une des nombreuses phases de refroidissement que connaissait l'hémisphère Nord à cette époque. Son histoire soulève bien des problèmes, depuis son origine jusqu'aux causes de son extinction, il y a environ un million deux cent mille ans.

L'australopithèque robuste, un premier *Homo* malchanceux

Les australopithèques robustes se caractérisent par leurs mâchoires énormes et leur petit cerveau, qui possédait un volume compris entre 410 et 530 cm³, ce qui est petit par rapport aux mâchoires. La denture possède des caractères spécialisés uniques, combinant de toutes petites incisives à usure horizontale, des canines réduites et des molaires énormes dont la taille augmente fortement de la première à la troisième. Cette dernière caractéristique s'observe fréquemment chez les mammifères dont le régime alimentaire est exclusivement végétarien. Certains individus très robustes, généralement considérés comme des mâles, possèdent une crête médiane sur le sommet du crâne qui résulte de la coalescence des lignes d'insertion des muscles masticateurs. L'ensemble constitue un appareil masticateur impressionnant qui devait servir à broyer des rhizomes et des fibres végétales et à écraser et à moudre des noix et des graines. Ils étaient bipèdes, mais leurs membres antérieurs aux doigts allongés témoignaient encore de possibilités arboricoles. Leurs bras étaient proportionnellement un peu plus courts que ceux des grands singes africains, et leur pied était plus long, comme chez l'homme. Des découvertes récentes ont montré que les os du pied et de la main de ces formes robustes étaient anatomiquement proches de ceux de l'*Homo habilis* contemporain. Ils n'en diffèrent que par leurs dimensions plus grandes. D'un autre côté, le bras est assez proche de celui de Lucy. Certains auteurs ont essayé d'imposer l'idée que ces formes robustes pouvaient représenter les mâles des australopithèques graciles contemporains. Ils négligaient les différences relevées entre les deux formes, comme la structure de la première molaire de lait. Or il n'existe aucun exemple de dimorphisme sexuel chez les grands singes affectant la structure des dents de lait : ce caractère témoigne de l'appartenance à une autre espèce. De fait, cette hypothèse est aujourd'hui abandonnée. Ces australopithèques robustes sont en fait documentés par trois espèces distinctes, l'une sud-africaine, *A. robustus*, abondamment représentée dans le gisement de Swartkrans par plus de deux cents restes attribués à quatre-vingt-cinq individus, pour six restes attribués au genre *Homo*. En Afrique de l'Est, outre une forme primitive datant d'environ deux millions cinq cent mille ans, une centaine de restes documentent une troisième espèce, *A. boisei*, contemporaine de la forme sud-africaine, dans un intervalle de temps compris entre –2,2 et –1,2 millions d'années.

Leur origine, longtemps obscure, a été éclairée par la découverte récente d'un crâne extraordinairement robuste datant d'un niveau vieux de deux millions cinq cent mille ans sur les rives du lac Turkana, au Kenya, connu sous le nom de « crâne noir ». Ce nom lui vient uniquement de l'incrustation des os par une épaisse couche d'oxyde de manganèse, qui lui confère sa coloration. Le contraste entre les mâchoires immenses et le petit cerveau est encore plus marqué que chez les deux autres espèces plus récentes, ce qui pourrait constituer des indices d'ancienneté et de parenté. Ce crâne, d'après A. Walker, correspond tout à fait à une mâchoire sans dents découverte dix-huit ans plus tôt dans la vallée de la rivière Omo, en Éthiopie, à seulement une centaine de kilomètres à vol d'oiseau, par C. Arambourg et Y. Coppens. Ces auteurs, étonnés par les caractères particuliers de cette mandibule, l'avaient alors attribuée à une espèce inédite d'australopithèque, *Paraustralopithecus aethiopicus*. Avec la découverte de ce « crâne noir », le mystère de l'origine de ces formes robustes se dissipe un peu, mais pas complètement. Elles sont susceptibles de dériver d'*Australopithecus afarensis*, mais aussi d'*Australopithecus africanus*. Selon certains auteurs, le morphotype « robuste » serait apparu deux fois au cours de l'évolution des australopithèques, une fois chez les formes de –2,5 millions d'années, dont le « crâne noir » serait le témoin, puis un peu plus tard, avec les deux autres formes. Leurs centres d'origine, les contours précis de leur niches écologiques, leurs relations avec les autres formes contemporaines, leur part dans la fabrication des premiers outils de pierre, leur développement intellectuel, restent encore totalement inconnus. Il en est de même pour les causes de leur extinction, aux alentours de –1,2 million d'années. Cette période n'est pas encore suffisamment documentée dans le Rift pour essayer d'expliquer ce phénomène, qui annonce le début d'une ère nouvelle pour l'homme. Pour certains auteurs, la compétition des formes plus évoluées d'humains pourrait bien en être la cause. Il en découle que ces formes robustes n'ont pas été touchées par la grâce de la « montée vers l'homme », chère à certains philosophes du début de ce siècle. Leur évolution morphologique conduit à des formes adaptées à leur environnement, qui ont côtoyé les premiers représentants du genre *Homo*, leurs lointains cousins, sans que leur capacité crânienne montre la moindre tendance à augmenter plus vite que leur taille. C'est donc à côté de ces formes robustes que vont apparaître, dans le même domaine géographique, à partir de –2,2 millions d'années, les premiers représentants du genre *Homo*.

LES PREMIERS REPRÉSENTANTS DU GENRE HUMAIN

Les premiers restes d'une forme plus proche de nous et contemporaine des australopithèques robustes ont été découverts par L. S. B. et M. D. Leakey dans un niveau daté de –1,8 million d'années du site d'Olduvai, en Tanzanie, gisement auquel ces auteurs ont consacré plus de vingt-cinq années de fouilles quasi ininterrompues. Ces restes ont été désignés sous le nom d'*Homo habilis*. La plupart des fossiles de cette espèce, et les plus complets, proviennent en fait de Kobi Fora, au Kenya, sur la rive orientale du lac Turkana. Plusieurs crânes et mandibules, associés à quelques ossements postcrâniens, ont été découverts dans des dépôts dont l'âge est compris entre –2,2 et –1,6 millions d'années par l'équipe de Richard Leakey. *Homo habilis* constitue une véritable forme de transition entre les australopithèques et les premiers *Homo erectus* ou pithécanthropes. Par rapport aux australopithèques, le crâne est plus gracile, la capacité crânienne est significativement plus élevée, à taille égale, l'appareil masticateur est moins robuste, et les prémolaires et la première molaire sont plus étroites. La canine semble apparaître plus tardivement au cours du développement par rapport aux australopithèques. Les os des mains sont néanmoins plus robustes que ceux des *Homo erectus*. Les membres postérieurs ont des proportions et une anatomie d'homme moderne, indiquant une démarche bipède semblable à celle des formes humaines plus récentes. Un débat important concerne néanmoins la longueur des bras et la persistance de caractères dénotant d'étonnantes capacités à grimper : un allongement des membres antérieurs à peine inférieurs, proportionnellement, à ce que l'on observe chez le chimpanzé ou, suivant les indications d'une autre découverte, identiques aux valeurs relevées sur Lucy. Ces données ont engendré un vif débat parmi les spécialistes, car il est peu vraisemblable que cette forme ait été à l'origine du squelette d'*Homo erectus* de Nariokotome, au Kenya, dont les membres possèdent des proportions identiques aux nôtres et dont l'ancienneté, –1,6 million d'années, est très proche de celle de ces *Homo habilis*. Plusieurs spécialistes ont fini par reconnaître un complexe d'espèces à l'intérieur de ce que l'on désignait sous le nom d'*Homo habilis*, une seule de ces espèces étant à l'origine de notre lignée. La documentation actuelle ne permet donc pas de démêler l'histoire des hominiens dans la période critique comprise entre –2,5 et –1,6 millions d'années. Or c'est précisément vers cette époque qu'apparaissent les formes les plus anciennes d'industries lithiques. Certains auteurs voient dans l'*Australopithecus africanus* la forme gracile d'australopithèque d'Afrique australe, l'ancêtre des deux espèces probables d'*Homo*. D'autres au contraire limitent ces relations de parenté à la seule forme d'*Homo habilis* aux bras très longs. Enfin, le tableau ne serait pas complet si l'on n'évoquait pas ceux qui considèrent l'*Australopithecus africanus* comme l'ancêtre des formes robustes. Heureusement pour Lucy, sa grande ancienneté et le grand nombre de caractères primitifs lui confèrent une position d'ancêtre potentiel pour toutes ces formes plus récentes. La plupart des relations de parenté possibles ont été proposées. Elles peuvent être réduites à quatre schémas majeurs, dans lesquels l'*Australopithecus africanus* occupe une position clé et éminemment variable. Les causes de cette

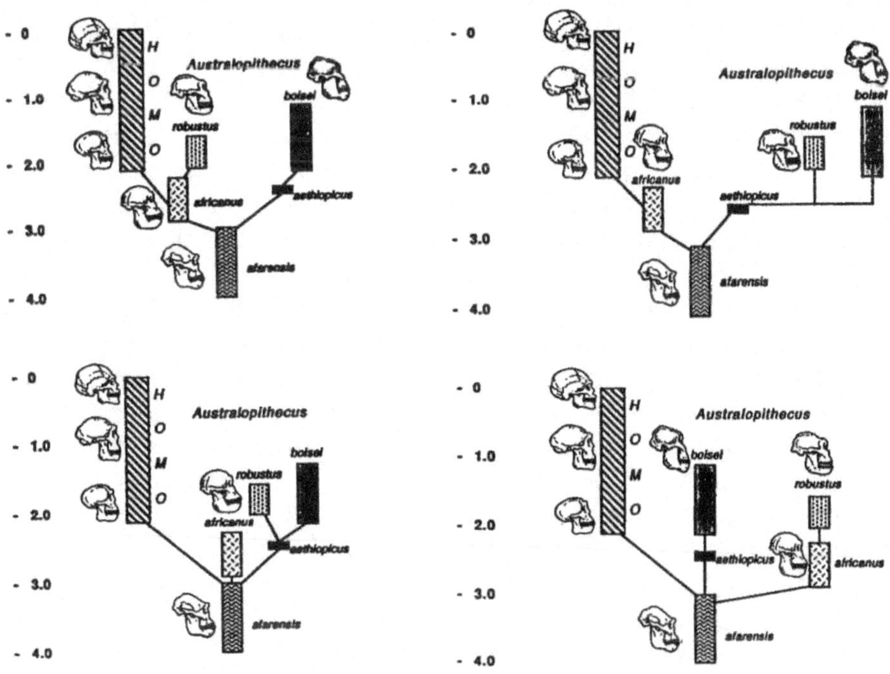

Figure 8.5. *Schémas exprimant les différentes relations de parenté possibles entre les formes d'homininés actuellement connus d'Afrique orientale et australe.*

imprécision tiennent en premier lieu au manque de fossiles et à la mise en évidence de l'évolution parallèle de nombreux caractères, caractéristique générale de l'évolution à laquelle n'ont pas échappé les hominidés.

La période comprise entre –2,5 et –1,6 millions d'années apparaît ainsi comme une période clé pour l'histoire de l'humanité. Elle précède une période de réduction du nombre de lignées humaines à une lignée unique, qui va se distinguer par une accélération considérable du développement du volume du cerveau et de la qualité et de la diversité des pierres taillées pour finir par la maîtrise du feu.

Un des problèmes majeurs posé par la cohabitation de deux, voire de trois types d'hommes distincts, concerne le partage des ressources. Pendant longtemps, l'association de pierres taillées frustes aux restes humains et aux restes d'animaux, surtout depuis moins de 2 millions d'années, avait conduit à imaginer pour ces formes un mode de vie de chasseurs actifs, au moins pour les formes non robustes. En fait, l'analyse réalisée par C. K. Brain sur les grottes à australopithèques d'Afrique du Sud devait révéler que la plupart des ossements accumulés au fond de ces cavités provenaient de l'activité de grands carnivores. De chasseurs, les australopithèques devenaient des proies. P. Shipman est arrivée à la même conclusion en étudiant les sites est-africains. Elle considère que les australopithèques disputaient aux autres charognards la viande et les os des grands mammifères herbivores tués par les carnivores et qu'il n'est donc pas possible de les considérer comme des chasseurs actifs. Les formes robustes sont par contre souvent considérées comme des cueilleurs se nourrissant de fruits, de noix, de tubercules et même quelquefois, par analogie aux grands babouins théropithèques des montagnes éthiopiennes, comme des granivores. La disposition des facettes d'usure, quasi horizontales, de leurs molaires témoignent de mouvements masticatoires comparables à ccux d'une meule. La surface de l'émail dentaire montre de nombreuses cuvettes causées par l'écrasement de particules de quartz au cours de la mastication. D'ailleurs, chez ces formes, toute la biomécanique de la mâchoire est organisée pour exercer un maximum de force au niveau des molaires. Les analyses isotopiques réalisées sur l'émail de leurs molaires viennent toutefois de révéler un régime alimentaire beaucoup moins spécialisé et donc plus omnivore que prévu. Pour le site de Swartkrans, en Afrique australe, la faune de gazelles et d'antilopes associée aux restes d'australopithèques robustes suggère un milieu semi-aride de savane sèche. En Afrique de l'Est, l'étude des pollens préservés dans les sédiments contemporains a conduit à reconnaître toute une série de fluctuations climatiques allant d'un milieu plus humide à un milieu plus sec. Ainsi, R. Bonnefille et A. Vincens ont mis en évidence une période de refroidissement et d'aridification commençant juste avant –2,5 millions d'années. D'autres périodes arides, datées respectivement de –2,5 et –1,9 millions d'années, lui succèdent, au moins dans les bassins de l'Omo et de l'Est-Turkana, en Éthiopie. Enfin, un autre épisode aride très marqué, particulièrement intense à Olduvai, en Tanzanie, s'est produit vers environ –1,8 million d'années. Ces variations climatiques sont contemporaines de celles qui ont été reconnues dans les océans aux mêmes moments. Elles découlent des variations induites dans le déroulement du régime de la mousson pendant les périodes de glaciations. Les mammifères du Rift est-africain se sont révélés très sensibles à ces variations. Certaines formes se sont éteintes ou ont subi des variations importantes de leurs aires de répartition, d'autres ont subi des transformations évolutives notables. Les éléphants et les cochons, en particulier, ont développé rapidement des caractères dentaires qui leur ont permis d'exploiter à leur avantage une considérable extension des milieux de savane. Les petits mammifères ont également enregistré les variations du couvert végétal qui correspondaient à des mosaïques de savanes arborées et de forêts-galeries alternant avec des épisodes plus secs, caractérisés par une végétation clairsemée, quelquefois steppique. A. Cerling a confirmé l'existence de ces fluctuations climatiques en étudiant la composition isotopique des carbonates précipités dans les sols fossiles intercalés dans les couches fossilifères de cette région. L'importance des réactions des autres groupes de mammifères rend surprenant le fait qu'aucune corrélation n'ait encore pu être mise en évidence entre ces variations du climat et du couvert végétal et les variations de la composition des communautés d'hominiens fossiles. L'insuffisance de la documentation disponible et surtout sa nature par trop fragmentaire fournissent sans doute une explication. Un débat encore plus animé concerne la paternité des outils de pierre taillée qui deviennent abondants à partir de –2 millions d'années, c'est-à-dire lorsque apparaît *Homo habilis*. Il serait tentant de lui attribuer toutes les pierres taillées de cette époque, mais cette hypothèse très anthropocentriste n'est pas démontrée. Des outils de pierres taillées ou des éclats permettant la réalisation de tels outils sont d'ailleurs connus dans des niveaux plus anciens. En Éthiopie, J. Chavaillon, dans la vallée de l'Omo, et H. Roche, à Hadar, ont fouillé de tels sites, vieux de –2,5 millions d'années. Ils proviennent rarement des sols d'habitat, dotés d'une structure, de restes alimentaires, etc., et sont découverts dans des endroits inattendus. On suppose qu'ils correspondent à des campements occasionnels. Ces sites apportent peu d'informations, mis à part sur les techniques de taille. Il est actuellement impossible de savoir si les australopithèques robustes taillaient des outils en pierre et depuis quand. Nombre de spécialistes pensent que seule la découverte de restes complets de membres supérieurs et de mains pourra apporter la preuve de l'usage des outils. Ainsi, R. L. Susman vient de démontrer, en s'appuyant sur une analyse du métacarpe du pouce des hominidés, que, si Lucy avait encore une main très simiesque, les australopithèques robustes d'il y a 2 millions d'années possédaient un pouce « humain » qui aurait pu leur permettre d'utiliser facilement des outils. En revanche, à partir de –2 millions d'années, il ne fait plus guère de doute qu'*Homo habilis* façonnait des outils. Les sols d'habitat mis à jour dans le « niveau 1 » d'Olduvai, en Tanzanie, par M. D. Leakey le démontrent largement. Dans les niveaux plus récents, où ne subsiste plus qu'une espèce, *Homo erectus*, le problème ne se pose plus.

Ainsi, au gré des découvertes et avec le temps nécessaire pour tester les diverses hypothèses, l'image globale des australopithèques a considérablement changé. On les croyait, il y a vingt ans encore, entièrement bipèdes et chasseurs. On les retrouve aujourd'hui avec des avants-bras très allongés, y compris pour le ou les *Homo habilis*, c'est-à-dire aptes à grimper facilement dans les arbres, dans lesquels ils devaient certainement se réfugier pour dormir, et recueillir leur nourriture. Leur régime alimentaire devait être plus omnivore que supposé, avec peut-être de fortes différences suivant les formes. Les robustes étaient plus végétariens et les graciles plus carnassiers, mais les analyses isotopiques futures risquent encore de venir modifier cette image de manière inattendue. On les croyait proches de nous par la lente croissance de leur progéniture, mais voilà que de nouvelles observations, faites à partir du décompte des couches successives d'émail sur les dents de lait, viennent suggérer une croissance plus rapide et plus courte, comme chez les grands singes. Ainsi, par exemple, le crâne de l'enfant de Taung, en Afrique du Sud, attribué à une forme juvénile d'*Australopithecus africanus*, possède déjà sa première molaire, celle que l'on qualifie de dent de six ans chez l'homme actuel. Avait-il six ans ou bien l'âge de l'éruption dentaire était-il plus avancé, comme chez les grands singes ? Un consensus semble maintenant se former pour attribuer à ce fossile un âge de deux à trois ans. Son programme de développement s'apparenterait alors davantage à celui d'un chimpanzé qu'à celui d'un homme. Encore ne s'agit-il là que de quelques résultats récents relatifs à la paléobiologie des australopithèques. De nombreux mystères subsistent encore. Le continent africain, berceau permanent des primates depuis leur origine jusqu'à la naissance de l'*Homo sapiens*, n'a pas encore livré tous ses secrets. Et c'est bien dans ce cadre que s'inscrit la découverte la plus spectaculaire et la plus inattendue de ces vingt dernières années, celle du squelette de Nariokotome, au Kenya.

L'APPARITION D'*HOMO ERECTUS*

La découverte en 1984 au bord du lac Turkana, au Kenya, d'un squelette d'hominidé différent par la plupart de ses caractères des autres australopithèques et de l'*Homo habilis*, dans un niveau vieux de 1,6 million d'années, a surpris tous les spécialistes, notamment lorsqu'il est apparu que ce squelette s'apparentait en fait à une autre espèce d'homme, plus évoluée et habituellement plus récente, les pithécanthropes ou *Homo erectus*. Jusqu'à cette découverte, ces derniers étaient connus de niveaux d'âge compris entre –1,2 et –0,4 million d'années. Le squelette de Nariokotome est très complet et ressemble par beaucoup de ses caractères à celui d'un homme moderne. C'est particulièrement le cas pour l'appareil locomoteur, bien qu'un caractère remarqué sur le fémur évoque encore les australopithèques. La cage thoracique conserve également la structure en entonnoir caractéristique des australopithèques. Le crâne, caractéristique de celui des *Homo erectus*, possède une plus forte capacité que celui d'*Homo habilis*, puisqu'elle atteint 900 cm³. La taille adulte de ce squelette d'adolescent, dont l'âge a été estimé à douze ans, correspondrait à environ 1,65 m. Les mâchoires et les dents qu'elles portent sont beaucoup plus graciles que chez les formes plus anciennes. Pour finir, l'aspect le plus surprenant réside dans l'extrême similitude de ce fossile avec les restes d'*Homo erectus* plus récents. Cette observation suggère ainsi que l'évolution des caractères humains et notamment celle du volume du cerveau, n'a pas été linéaire. Cela n'est pas pour surprendre les tenants de l'évolution phylétique. Ceux des équilibres ponctués y trouvent au contraire la preuve qu'ils recherchent. Quoi qu'il en soit, le nombre très réduit de fossiles humains ne permet pas de tester les lois de l'évolution.

Cet *Homo erectus* va connaître une importante phase de dispersion hors d'Afrique. Il est étroitement associé à un type d'industrie lithique appelée « acheuléenne » parce qu'elle a été définie pour la première fois à Saint-Acheul, près d'Amiens, en Picardie, où le premier « biface » fut découvert en 1859. Ce terme de « biface » consacre un grand outil de pierre taillée, en forme d'amande, dont les bords sont préparés en lames par percussion ou par pression. On peut dire dans une certaine mesure qu'il s'agissait d'une espèce de grand couteau. Associés à ces « bifaces » on trouve souvent, en Afrique, des hachereaux, qui ressemblent à des bifaces tronqués dans leur partie apicale. Mais ces grands outils ne constituent qu'une partie de l'industrie lithique, la plus facilement reconnaissable. De nombreux éclats, plus ou moins retouchés, sont associés à ces outils. On peut y ajouter tous les outils en bois ou en os qui ne sont jamais conservés dans des niveaux aussi anciens. Les sites de dépeçage constituent une autre nouveauté. Ils sont souvent situés au fond des lits de rivières, du moins en Afrique. Leur sol, dénommé sol d'habitat, est jonché d'outils et d'innombrables restes osseux brisés pour en extraire le cerveau ou la moelle. *Homo erectus* est devenu un chasseur actif, sinon un carnivore exclusif, et les estimations de viande abattue peuvent atteindre quelquefois des valeurs étonnantes. À ses débuts, il ne semble pas que cette espèce se transforme rapidement, mais ce n'est peut-être que la conséquence d'un manque de documents. Toutefois, l'extraordinaire ressemblance du crâne de Nariokotome avec des *Homo erectus* vieux seulement de quatre cent cinquante mille ans appuie cette interprétation. La stase morphologique s'accompagne néanmoins d'importantes modifications dans les écosystèmes fréquentés par l'homme. Tout d'abord, les derniers australopithèques connus s'éteignent autour de –1,2 million d'années, date à partir de laquelle le genre humain se retrouve être l'unique espèce d'hominidé en Afrique. En même temps, l'espèce élargit son aire de répartition et l'on peut attribuer à cette forme les plus anciennes industries lithiques découvertes au nord du Sahara. Enfin, cette propension à se disperser, à la recherche de nouveaux territoires de chasse ou en raison de la compétition écologique interethnique, conduira *Homo erectus* à s'étendre hors d'Afrique.

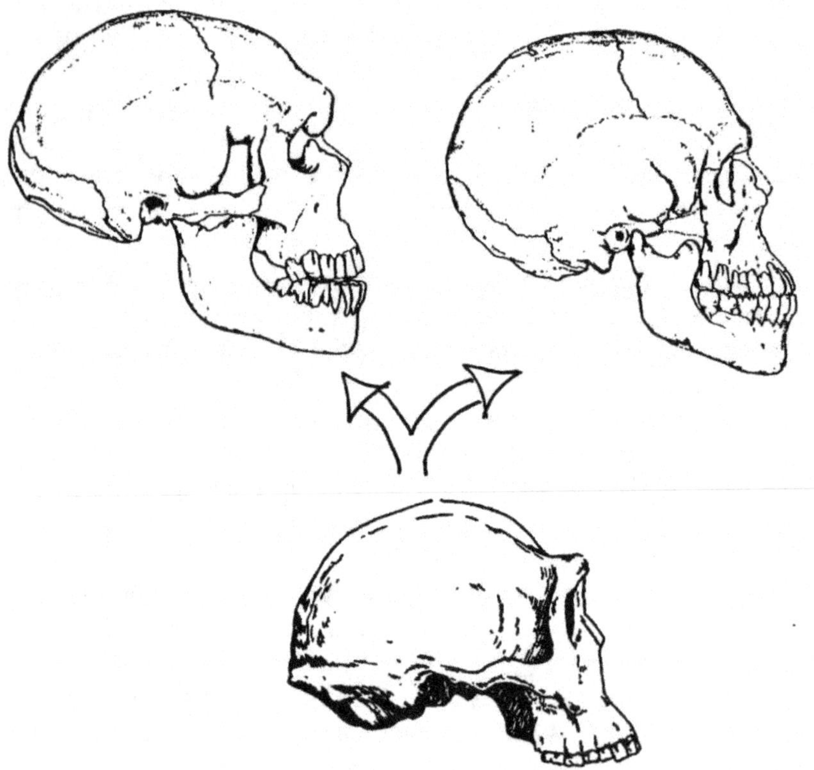

Figure 8.6. *Évolution de la forme et du volume de la boîte crânienne, entre une forme primitive d'*Homo erectus *(3 733 de l'Est-Turkana, Kenya) (bas), et un néandertalien (en haut à gauche) et un homme moderne,* Homo sapiens sapiens *(en haut à droite).*

Homo erectus *et* Homo sapiens

HOMO ERECTUS À LA CONQUÊTE DE L'ANCIEN MONDE...

Les plus anciens *Homo erectus* découverts hors d'Afrique proviennent d'Indonésie. Force est de constater que, s'ils sont originaires d'Afrique, il leur aura fallu, pour atteindre cet endroit, traverser toute l'Asie. Traditionnellement, on attribue aux plus anciens restes d'*Homo erectus* de Java, en Indonésie, un âge de moins de un million d'années. Or leurs niveaux viennent d'être redatés par G. Curtis et C. C. Swisher III, de Berkeley, qui leur attribuent un âge d'un million huit cent mille ans. Il faudrait alors repenser le sens de migration des premiers *Homo erectus* et conclure à une origine asiatique. Mais à partir de quels ancêtres ? En fait, la prudence s'impose dans l'interprétation de ces données. Les minéraux datés peuvent avoir été remaniés de niveaux plus anciens, et le débat, qui fait rage actuellement, est loin d'être clos.

On se souvient ainsi de la cendre volcanique KBS au Kenya, dans le célèbre site de l'Est-Turkana. De nombreux fossiles, dont des restes humains, avaient été découverts en dessous et au-dessus de ce niveau-repère, dont l'âge absolu était critique. Plusieurs laboratoires de géochronologie avaient obtenu le même résultat (–2,3 millions d'années), à partir de deux méthodes indépendantes, les traces de fissions et la méthode $^{39}Ar/^{40}Ar$. Mais les faunes de mammifères associées à ce niveau de cendre correspondaient à celles recueillies dans des niveaux contemporains de la vallée de l'Omo, à cent kilomètres seulement à vol d'oiseau, datées, par les mêmes méthodes, de –1,65 à –1,8 million d'années. Entre les deux âges suggérés, il y avait donc un diachronisme d'environ cinq cent mille ans. Pour les paléontologues, l'identité des degrés d'évolution des restes de cochons, d'antilopes et d'éléphants dans ces deux sites ne pouvait résulter que de l'existence d'un flux génique continu entre les populations. Ce n'est que dix ans plus tard que les progrès analytiques ont montré que cette fameuse cendre KBS datait en réalité de –1,67 million d'années. Cet exemple incite à la prudence quant à la signification des nouveaux âges obtenus pour les plus anciens *Homo erectus* de Java. Dans les autres régions de l'Ancien Monde, hors d'Afrique, le problème se pose également. À plusieurs endroits, on a prétendu avoir découvert des restes humains ou des outils plus anciens que de un million d'années. Ainsi, L. Gabounia et A. Vekua ont décrit une mandibule d'*Homo erectus* découverte en Géorgie, dans le Caucase, dont ils estiment l'âge entre –1,5 à –2 millions d'années. Cette grande ancienneté est associée à des caractères anatomiques que l'on retrouve chez des formes beaucoup plus récentes d'*Homo* européens, ce qui rend son âge suspect. En Chine, on a également signalé des dents isolées qui seraient vieilles de deux millions d'années. Enfin, même en Europe occidentale, on évoque quelquefois la découverte d'un fragment de crâne ou d'outils de pierre taillés plus anciens. Le prétendu fragment humain découvert près de Grenade, en Espagne, qui serait vieux d'un million deux cent mille ans, a été attribué à un âne par certains spécialistes. Le gisement de Chilhac, dans le Massif central, a livré une superbe faune de mammifères et quelques outils de pierre taillée, dont la provenance stratigraphique et la signification font toutefois encore l'objet de débats. La découverte inattendue de pierres qui ressemblent à des outils grossiers permet de réaliser des « scoops » extraordinaires. Ce fut le cas pour le célèbre gisement californien de Calico Hills qui a induit en erreur le grand L. S. B. Leakey lui-même, qui ne manquait pourtant pas d'expérience ! Plus récemment encore, de tels outils primitifs ont été signalés en provenance du Brésil, un résultat tout aussi suspect quand on connaît la date tardive de l'apparition de l'homme dans le Nouveau Monde.

En fait, la découverte d'un outil grossièrement taillé ne constitue jamais la preuve d'un âge ancien. La préparation d'un tel objet implique plusieurs stades successifs, et l'artisan peut abandonner son travail au stade élémentaire, sans être primitif. On peut aussi fabriquer des outils taillés frustes à loisir, en introduisant des galets dans une bétonnière et en laissant celle-ci tourner suffisamment longtemps. Et la nature connaît de nombreuses bétonnières naturelles, chenaux de rivières ou marmites de géants dans les cascades.

L'« Éden » était-il unique ?

À partir de la dispersion hors d'Afrique, l'évolution d'*Homo erectus* se déroule sur un territoire si grand que les échanges génétiques entre les différentes populations se réduisent. Par ailleurs, certains des nouveaux territoires conquis connaissent alors un climat et une végétation très différents de ceux du centre d'origine, l'Afrique tropicale. Il n'est donc pas étonnant d'observer des évolutions locales qui témoignent de l'adaptation de plus en plus étroite de ces populations aux conditions locales du milieu. Ces divergences, pour les cultures lithiques, sont encore plus rapides et plus importantes que les divergences anatomiques. La plupart des crânes et des mandibules attribués à des formes anciennes d'*Homo erectus* se ressemblent étonnamment, et le crâne est tout à fait distinct de celui des autres espèces par son architecture et ses superstructures. Il s'agit d'un crâne surbaissé, plus long que large et très massif, avec des os très épais, qui devaient le rendre incroyablement résistant aux chocs. Le front est bas et fuyant, mais il est marqué en plus par une sorte d'éminence médiane. Le bourrelet supraorbitaire est presque continu et massif. La plus grande largeur du crâne est atteinte au niveau de sa partie basale. L'occipital est pincé et forme un angle peu ouvert par rapport à celui de l'homme moderne. La base du crâne est plate. Le volume du cerveau est variable en fonction de la taille, mais la moyenne générale se situe aux environs de 930 cm³, variant entre 750 et 1 200 cm³. Ces formes possèdent donc un crâne et des mâchoires tout à fait caractéristiques. Le squelette postcrânien se caractérise surtout par l'épaisseur de la table externe des os et par la réduction de leur partie médullaire. Par de nombreux aspects, le crâne et le squelette d'*Homo erectus*, en particulier en Asie, évoquent une hyperossification. Ce n'est pas toujours le cas, notamment pour les formes européennes et certaines formes africaines, ce qui conduit certains auteurs à penser que ces formes asiatiques représenteraient peut-être des formes précocement spécialisées. Par contre, les formes les plus récentes ne répondent plus à ce standard et divergent beaucoup plus. Quelques spécialistes attribuent d'ailleurs certaines de ces formes à l'*Homo sapiens*. En Indonésie, par exemple, sur l'île de Java, une séquence de fossiles d'*Homo erectus* répartis dans le temps entre environ –1 million d'années et –200 000 ans documente la transformation de ces hommes. En Chine, près de Pékin, l'exceptionnel site de Chou-kou-tien a livré de très nombreux restes associés à de riches faunes et industries lithiques. L'ancienneté de ces formes est estimée entre –450 000 et –250 000 ans. Il est intéressant de noter qu'elles présentent plusieurs caractères anatomiques, comme les incisives supérieures spatulées et la réduction de la face, que l'on retrouve chez les Chinois actuels. En Afrique du Nord, plusieurs restes documentent également une évolution locale, mais différente de celle de Java et de Chine. Les restes de Ternifine, en Algérie, datés entre –700 000 et –600 000 ans, sont très semblables au standard primitif des *Homo erectus*. Le crâne de Salé, au Maroc, par contre, qui provient d'un niveau plus récent, compris entre –450 000 et –380 000 ans, possède une mosaïque de caractères primitifs d'*Homo erectus*, associés à quelques caractères plus modernes, dont certains évoquent déjà les *Homo sapiens*. En Europe occidentale, la situation est un peu différente pour les formes les plus anciennes, dont l'âge ne dépasse pas –780 000 ans. Chez les plus anciennes formes connues, la morphologie n'est déjà plus strictement identique à celle des premiers *Homo erectus*. On pourrait en déduire qu'ils avaient déjà subi une évolution qui les a conduits à transformer un certain nombre de leurs caractères ancestraux. La formidable collection de crânes du site d'Atapuerca, en Espagne, et le crâne de l'homme de Tautavel révèlent leur position phylogénétique dès lors qu'on les compare à un crâne d'homme de Neandertal : ce sont de véritables répliques, plus petites et plus robustes. Le scénario que l'on peut proposer pour l'évolution de ces hommes en Europe est donc simple. Une population d'*Homo erectus* en provenance d'Afrique, *via* le Proche-Orient, a évolué sur place en s'adaptant aux conditions climatiques rigoureuses de l'Europe occidentale pendant le Quaternaire. Cette évolution a conduit à la différenciation d'une population parfaitement adaptée à survivre aux stades les plus froids correspondant aux dernières périodes glaciaires, l'homme de Neandertal. Ce dernier résulte donc d'une simple évolution phylétique locale. Ce scénario n'est actuellement réfuté par aucun argument sérieux. Mais il a été longtemps inutilement compliqué par l'utilisation de termes ambigus comme ceux de prénéandertalien et de présapiens. Ce dernier terme était réservé à des formes anciennes encore peu spécialisées, dans le sens néandertalien, ou fragmentaires, et certains auteurs pensaient qu'elles pouvaient avoir été à l'origine directe de l'homme moderne.

La question de l'interfécondité entre toutes ces populations locales d'*Homo erectus* se pose, mais rien ne permet d'y répondre actuellement, car la documentation est beaucoup trop fragmentaire. Pourtant, de nombreux auteurs attribuent à *Homo sapiens* les populations locales dérivées sur place d'un peuplement ancien d'*Homo erectus*, sur la seule base d'une capacité crânienne élevée. Et c'est à ce niveau précisément que les débats deviennent remarquablement confus.

LES MODALITÉS DE L'ÉVOLUTION D'*HOMO SAPIENS*

Nous avons jusqu'à présent considéré l'évolution au niveau de l'espèce. Actuellement, les espèces de primates présentent une organisation très variée. Certaines sont monotypiques, même si, au sein de leur aire de répartition, certains caractères varient continûment avec la latitude, l'altitude ou la longitude. D'autres, qui se subdivisent nettement en sous-espèces géographiques, sont dites polytypiques. Chaque sous-espèce est formée d'un ensemble de populations dont les individus se distinguent des autres sous-espèces, tout en étant capables de se reproduire avec les individus de toute autre sous-espèce de la même espèce. Les frontières entre ces sous-espèces correspondent souvent à des barrières physiques qui se sont établies ou renforcées entre les différentes populations. Évidemment, cette description est statique, alors que le phénomène est dynamique. Les sous-espèces se différencient progressivement au cours du temps, et le processus peut parfois s'inverser entraînant la fusion des sous-espèces. Les domaines géographiques où des sous-espèces entrent en contact, les zones hybrides, présentent un intérêt considérable pour l'étude des mécanismes de l'évolution, surtout depuis que l'on dispose de marqueurs génétiques très fins qui permettent de suivre les flux géniques. Si l'hybride se révèle être un succès adaptatif, il proliférera au détriment des deux sous-espèces parentales. Quelquefois aussi, ces sous-espèces constituent le premier stade de la différenciation d'espèces nouvelles... On peut donc envisager l'hypothèse que l'*Homo erectus* se soit différencié en sous-espèces géographiques locales. L'homme de Neandertal en constitue clairement une, et, sur les rives opposées de la Méditerranée, l'homme d'Irhoud en constitue une autre, tout comme les hommes de Ngandong en Indonésie.

Pourtant, de nombreux auteurs rangent ces hommes à l'intérieur d'une autre espèce, *Homo sapiens*. L'argument avancé s'appuie sur la capacité crânienne de ces hommes, qui peut atteindre des valeurs supérieures à la moyenne des hommes actuels – comme pour les hommes de Neandertal –, avec une taille adulte inférieure à la nôtre. En fait, les grands débats relatifs aux origines de l'homme moderne résultent d'une confusion entre l'évolution au niveau des espèces et l'évolution au niveau des sous-espèces. Cela est encore compliqué par le fait que l'*Homo sapiens sapiens* apparaît brutalement en Europe il y a environ trente-cinq mille ans et y remplace rapidement l'homme de Neandertal. Cet *Homo sapiens sapiens* apparaît, culturellement mais aussi anatomiquement, différent des neandertaliens. Ces derniers étaient des hommes au crâne extrêmement massif, mais surbaissé et allongé. Le squelette de leurs membres était robuste et trahissent des insertions musculaires très puissantes, pour les deux sexes. Leurs proportions respectives, selon E. Trinkaus, correspondent à celles que l'on observe aujourd'hui chez les Lapons et les Esquimaux. J.-J. Hublin, du musée de l'Homme à Paris, a démontré que l'anatomie de leur os occipital correspond à un état spécialisé et unique, par rapport à celui de tous les autres hommes fossiles et actuels. Il en est de même pour le contour circulaire de leur crâne en vue postérieure. Les *Homo sapiens sapiens* qui les remplacent sont très différents par l'organisation de leur crâne et de leur mandibule. Ils possèdent un menton. Le crâne s'inscrit, en vue de profil, dans un cercle. Les os sont minces et les dents petites. Le front est haut, l'angle occipital ouvert, la base du crâne est courbée. Les arcades sourcilières sont réduites, et la plus grande largeur du crâne se situe clairement à un niveau élevé. En Europe donc, ces hommes modernes au crâne rond remplacent les hommes de Neandertal. Ailleurs, les documents sont moins complets qu'en Europe, et les interprétations encore confuses. C'est en Afrique et au Proche-Orient que l'on a découvert les *Homo sapiens* les plus anciens. C'est le cas, par exemple, des crânes de la formation Kibisch, dans la vallée de l'Omo, en Éthiopie, de Ndutu, en Tanzanie, ou de ceux des grottes de la Klasies River Mouth. En Palestine, voie de passage obligée entre l'Afrique et l'Eurasie, les grottes habitées entre –100 000 ans et –60 000 ans ont révélé une situation inattendue. Les plus anciens restes humains de la région, vieux d'un peu plus de cent mille ans, appartiennent à des hommes modernes, si l'on accepte les datations absolues récemment proposées. Ils sont à peine plus anciens que les neandertaliens d'une grotte voisine. Les deux formes cohabitaient peut-être à cet endroit, mais la contemporanéité stricte est très difficile à démontrer. La Palestine était donc une zone de contact entre ces deux groupes humains, qui n'échangeaient pas tellement leurs gènes, vu l'absence de formes hybrides.

Quel pouvait bien être le statut respectif de ces différents hommes ? Pour certains auteurs, partisans du polytypisme de l'espèce humaine, les nombreuses variétés humaines actuelles, que certains élèvent au rang de sous-espèces, sont dérivées localement d'ancêtres remontant aux *Homo erectus*. Le stade *Homo sapiens* ne serait-il qu'un grade, atteint par des populations distinctes à des moments distincts ? Pour les tenants de cette hypothèse, les variétés, ou sous-espèces humaines actuelles, auraient donc une grande ancienneté, de l'ordre de un million d'années pour certaines. Cette hypothèse a été défendue dans le passé par C. Coon, et elle est actuellement reprise par le paléoanthropologue américain M. H. Wolpoff. Elle s'appuie sur les caractères morphologiques communs, déjà évoqués, entre certaines populations actuelles et les *Homo erectus* des mêmes endroits. Mais ces auteurs n'apportent pas la preuve que ces caractères ont bien été transmis par la descendance et qu'ils ne sont pas réapparus plusieurs fois chez des populations humaines d'une même région, à des époques différentes. Une autre hypothèse défend l'origine unique, ou la monotypie, d'*Homo sapiens sapiens* en s'appuyant sur le remplacement observé en Europe et sur l'extrême ressemblance des hommes actuels entre eux, quelle que soit leur provenance géographique. L'*Homo sapiens sapiens*, l'homme à crâne rond et mince, serait apparu en Afrique, puisque c'est de cette région que proviennent les plus anciens restes d'*Homo sapiens*, et c'est aussi sur ce continent qu'apparaissent les premiers caractères d'*Homo sapiens* chez certains *Homo erectus*, ce qui rend d'ailleurs ces derniers souvent difficiles à classer. Les *Homo sapiens sapiens* se sont ensuite étendus dans tout l'Ancien Monde, et même, beaucoup plus tardivement, dans le Nouveau Monde. Le diachronisme de leur apparition en Europe et au Proche-Orient, cinquante-cinq mille ans, conduit même à supposer l'existence de plusieurs vagues de peuplement hors d'Afrique. Dans cette hypothèse, nos ancêtres directs auraient soit remplacé les descendants locaux des *Homo erectus*, soit occupé une place laissée vide par l'extinction locale de ces populations primitives. Dans ce cas, les différences apparues entre les différentes variétés humaines actuelles seraient récentes et dateraient, suivant les endroits, de moins de cent mille ans.

C'est clairement en faveur de cette dernière hypothèse que plaident les analyses de l'ADN mitochondrial menées par A. Wilson et ses collaborateurs à l'université de Berkeley. Ces interprétations, à l'époque de leur publication, ont été réfutées par de nombreux spécialistes, qui les considéraient comme trop préliminaires et un peu « forcées ». Elles ont été depuis largement confirmées. Mais, dans l'état actuel de notre ignorance, on ne saurait exclure des scénarios beaucoup plus complexes. Auparavant, il faudra réfuter les deux scénarios déjà existants. Dans ce cadre, l'un des phénomènes les plus intéressants, mais encore non résolu, concerne les modalités de remplacement de l'homme de Neandertal, en Europe, par les premiers *Homo sapiens sapiens*.

LA DISPARITION DES HOMMES DE NEANDERTAL,
GÉNOCIDE OU INTROGRESSION ?

Ce remplacement a donné lieu à plusieurs scénarios.

Le plus radical propose le génocide pur et simple des neandertaliens par nos ancêtres. Les critiques faites à son encontre s'appuient, entre autres, sur le degré culturel élevé atteint par les hommes de Neandertal avec lesquels des échanges auraient pu avoir lieu. De nombreux auteurs ont ainsi interprété des répartitions particulières de pierres taillées, des restes osseux d'animaux ou des restes de pollens observées dans les grottes habitées par les neandertaliens comme les témoins d'une activité culturelle. On peut citer, par exemple, les offrandes de fleurs, le culte de l'ours ou du renne, des cercles de cornes de chèvres sauvages, etc. Ces interprétations n'ont apparemment pas convaincu Robert Gargett, qui les a récemment mises en doute point par point en leurs attribuant d'autres causes naturelles possibles. Et sans doute ne connaissait-il pas le destin éphémère du culte du renne signalé dans la grotte du Regourdou, en Charente. Un renne, dont le squelette semblait avoir été enseveli selon un rituel particulier, aurait apporté la preuve d'un culte en hommage au dieu ruminant. Quelques mois plus tard, il a été découvert que le « renne » n'était qu'un cochon enseveli beaucoup plus récemment dans les couches qui contenaient d'origine des restes osseux et lithiques d'hommes de Neandertal. On peut donc à juste titre craindre que les données relatives aux « cultes » des hommes de Neandertal résultent pour la plupart d'une large dose de fantaisie. Car, enfin, on n'a jamais découvert aucun objet d'art, même fruste, ni peinture ou gravure, ni bijou, ni objet commercial, associé aux hommes de Neandertal. Pas plus d'ailleurs que pour les plus vieux fossiles d'*Homo sapiens* décrits en Afrique ou au Proche-Orient. Tout cela tend donc à suggérer une phase d'accélération culturelle extrêmement récente et propre à notre sous-espèce.

Une autre interprétation du remplacement des neandertaliens par nos ancêtres suggère l'introgression, c'est-à-dire la « digestion » génétique des populations d'hommes de Neandertal par les hommes modernes. Cette digestion aurait été d'autant plus facile que les hommes de Neandertal ne se composaient plus à cette époque que d'un petit nombre d'individus ayant survécu aux très rudes glaciations du début du Pléistocène supérieur. Cette interprétation se heurte aux observations faites en Israël et à l'absence, en Europe occidentale, de populations hybrides clairement identifiées. Cela conduit à penser que ces neandertaliens étaient génétiquement isolés des *Homo sapiens* et constituaient une véritable espèce, qui s'est éteinte sans descendants.

*L'expansion mondiale d'*Homo sapiens sapiens

Il reste alors à expliquer le succès de ces *Homo sapiens sapiens*, quel que soit le centre d'origine considéré. Plusieurs auteurs ont suggéré qu'il était dû à l'apparition du langage ou à son perfectionnement. En fait, de nombreuses espèces de mammifères ont connu des phases d'élargissement rapide de leurs aires de répartition, comme, par exemple, le cheval, surgi il y a deux millions six cent mille ans d'Amérique pour conquérir les prairies à graminées ou les savanes d'Eurasie et d'Afrique. Les causes de telles expansions sont encore très mal connues. Mais l'impact du langage apparaît comme une théorie parmi d'autres, très difficile à tester.

Plusieurs approches ont été tentées. D'une part, la recherche des aires du cerveau correspondant au langage, comme l'aire de Broca. Celle-ci peut être observée sur le moulage de la boîte crânienne de l'*Homo habilis*, vieux d'un million huit cent mille ans. J. Laitman s'efforce depuis de nombreuses années d'établir une relation entre la forme de la base du crâne et l'apparition du langage articulé. Selon lui, la courbure de la base du crâne observée chez les hommes les plus récents correspond au développement important du larynx. Au cours du développement embryonnaire de l'homme, en effet, cette courbure et le développement du larynx sont synchrones. Plus récemment, une équipe franco-israélienne a décrit l'os hyoïde d'un neandertalien du Proche-Orient, identique à celui de l'homme actuel. De toute évidence, les structures anatomiques nécessaires au langage existent depuis très longtemps, ce qui ne prouve ni son usage ni son niveau de complexité. Aussi, d'autres auteurs estiment que le langage est apparu tardivement chez les *Homo sapiens sapiens*, et que les peintures rupestres, statuettes et bijoux, tous très récents, témoignent qu'un niveau culturel élevé, associé à l'usage d'un langage articulé, n'a été atteint que récemment.

Depuis lors, l'évolution anatomique est remplacée par l'évolution culturelle, qui a également connu des périodes de stase ou d'accélération. La révolution néolithique, suivie d'une extension géographique rapide, en témoigne. Mais l'évolution des cultures, si elle suit certaines des règles de l'évolution biologique, en connaît également d'autres, plus spécifiques, que raconteront mieux nos descendants, si le hasard offre à notre espèce une durée de vie plus importante que la moyenne des autres espèces de mammifères de l'ère quaternaire.

CONCLUSIONS

L'évolution avant l'homme

La paléontologie nous montre que les êtres vivants se transforment à des rythmes variables, et que l'on peut mesurer ces évolutions pour peu que l'on maîtrise l'échelle de temps. La vitesse des transformations rapides à l'échelle géologique n'est pas mesurable à l'échelle d'une ou de plusieurs générations humaines : les transformations en cours ne sont donc pas décelables. Et pourtant, la paléontologie nous montre que l'accumulation de ces changements minimes, au long des temps géologiques, peut conduire à la naissance d'organismes radicalement nouveaux. Les descendants actuels d'un ancêtre d'il y a plus de cent cinquante millions d'années possèdent des plans d'organisation distincts. L'innovation se réalise par l'intermédiaire de relais de fonctions : il en fut ainsi pour la plume des oiseaux, apparue tout d'abord comme une simple protection superficielle à une époque où les formes ancestrales ne volaient pas... Par la suite, la différenciation d'une aile, permettant tout juste de planer puis enfin de voler, devait conférer une valeur ajoutée à cette couverture protectrice et conduire à la différenciation de rémiges et de rectrices.

Mais pour une avancée spectaculaire, qui ouvre une niche nouvelle à ce groupe, combien d'échecs, combien de lignées éteintes sans descendance qui ont engagé la même histoire, sans pouvoir la mener à bien ? Que pourrait-on raconter sur l'origine et l'évolution des oiseaux, s'il n'existait pas de fossiles ? Le groupe actuel le plus proche des oiseaux est celui des crocodiles ! Qui pourrait alors imaginer un ancêtre commun à deux groupes aussi distincts ? Grâce aux fossiles, des milliers de plans d'organisation intermédiaires ont ainsi été découverts, dont les australopithèques, témoins de notre propre histoire, et ces découvertes rendent l'histoire de la vie infiniment plus compréhensible et plus cohérente. Ces dernières années, grâce à l'augmentation du nombre de paléontologues, les découvertes nouvelles se sont succédé à un rythme intense, ajoutant la connaissance de nouveaux chaînons manquants et de nouvelles formes d'êtres vivants.

Ces relations de parenté, mises en évidence par les fossiles, permettent également de comprendre comment l'information génétique contenue dans le génome des êtres vivants actuels s'est transformée au cours du temps et comment se sont progressivement structurées les communautés fossiles et actuelles.

Mais les fossiles témoignent aussi des changements des conditions environnementales à l'échelle de la planète : la géographie et le climat de la surface de la planète sont en permanence bouleversés. Les facteurs qui entraînent ces changements évolutifs sont souvent, mais pas toujours, de même nature que ceux qui affectent les êtres vivants actuels : ils sont liés aux changements de l'environnement physique et biologique de la planète, et celle-ci change en permanence, car la Terre est vivante, biologiquement comme géologiquement.

Démultipliés par la durée géologique du temps, les plus petits changements finissent par entraîner des modifications considérables des individus, des populations, des espèces et des communautés. Un exemple de différenciation rapide, en rapport avec la différenciation d'un nouveau milieu, est illustré par l'ours blanc : cette espèce, hypercarnivore et parfaitement adaptée au climat polaire, proche parent de l'ours brun, s'est différenciée en moins de cinquante mille ans, si l'on en croit le paléontologue B. Kurten. Mais quelquefois, ces mêmes changements peuvent provoquer l'extinction des espèces, un mécanisme encore mal compris de l'évolution qui est responsable de la formidable succession de formes vivantes sur notre planète, au cours des temps. Depuis 540 millions d'années, les espèces disparues ont été généralement remplacées par d'autres, souvent différentes, exploitant les mêmes ressources que leurs prédécesseurs.

En sera-t-il toujours ainsi ? Il est clair que toutes les espèces, exactement comme les individus, témoignent d'une durée de vie limitée. Cette durée est variable. Pour les mammifères de grande taille, elle est comprise, statistiquement, entre cinq cent mille ans et huit millions d'années. Pour les petits mammifères, elle est plus courte. Pour les huîtres, au contraire, elle paraît beaucoup plus longue. Mais dans tous les cas, la probabilité d'extinction s'est avérée indépendante de l'ancienneté des espèces et, de ce fait, essentiellement aléatoire.

Il n'est donc pas possible, dans ces conditions, de prévoir la durée de vie des espèces actuelles, et notamment celle de l'*Homo sapiens*. Certaines espèces s'éteignent sous nos yeux. Dans la plupart des cas, on peut attribuer à un tel phénomène une cause anthropique, comme la modification du milieu de vie sous l'action des changements naturels ou causés par l'homme. Mais il n'en est pas toujours ainsi. Ces extinctions peuvent églement s'avérer résulter d'un retour à l'équilibre (retour aux normes du nombre d'espèces présentes dans un milieu donné), après un changement plus ancien, qui peut remonter parfois à plus de dix mille ans. Dans ce cas, seule une étude historique peut permettre de comprendre le phénomène actuel.

En fait, les choses sont toujours plus compliquées que ce que l'on imagine initialement. Ainsi, il est vraisemblable que les lois de l'évolution des êtres vivants ont elles-mêmes changé au cours du temps. Pendant les deux premiers milliards d'années de l'histoire des êtres vivants, la vie sur terre se limitait à des microbes autotrophes. Bref, la Terre était un monde sans sexualité, sans consommateurs et sans prédateurs. Les êtres vivants y restaient confinés à un plan d'organisation de bactérie. L'invention de la cellule eucaryote, une symbiose inédite entre des microbes distincts, puis celle de la reproduction sexuée, et enfin l'émergence des premiers consommateurs et prédateurs devaient profondément faire avancer les lois de l'évolution : la compétition devait se révéler un facteur dramatiquement primordial, engendrant une complexification et une indépendance croissantes vis-à-vis des contraintes environnementales. La première manifestation de ce cocktail nouveau fut l'invention de squelettes minéralisés externes protégeant les espèces des premiers prédateurs, puis la conquête explosive du milieu marin et du milieu terrestre, avec depuis, jusqu'à l'émergence de l'homme, un renouvellement permanent des acteurs.

Une autre leçon importante porte sur les extinctions en masse. Semblant échapper à la logique de l'évolution, des catastrophes diverses à l'échelle planétaire ont engendré des extinctions massives pouvant aller jusqu'à la disparition de plus de 95 % des espèces de l'époque. Cinq grandes extinctions en masse ont ainsi été dénombrées depuis 540 millions d'années. Elles constituent clairement un moteur de nature différente des processus évolutifs classiques, mais leur étude détaillée ne fait que commencer. Certaines semblent avoir été provoquées par des éruptions volcaniques gigantesques, d'autres par des glaciations intenses et rapides suivies d'une asphyxie des océans et par des changements importants du niveau des mers. L'une d'elles est même soupçonnée d'avoir été causée par l'impact d'une météorite géante. De nombreux autres changements majeurs se sont produits et ont provoqué des extinctions importantes, sans qu'ils soient rangés pour autant dans les crises d'extinction en masse. De ce fait, nous disposons d'un très grand nombre de modèles permettant de connaître l'impact d'un changement planétaire majeur sur les communautés. Réchauffement, effet de serre, refroidissement, augmentation et baisse du niveau des mers se sont produits de multiples fois dans le passé, et les conséquences de ces phénomènes sur la biosphère sont connues, mais cette connaissance peut encore être largement améliorée. Heureusement, la probabilité de ce type d'événement semble relativement réduite, un événement majeur tous les 100 millions d'années en moyenne. Les changements induits par ce type de catastrophe planétaire, qui n'a heureusement pas d'équivalent historique, relèvent encore d'un débat important : les survivants sont-ils le résultat d'un pur hasard, la contingence, comme l'appelle S. J. Gould, ou plutôt le résultat d'une sélection rigoureuse ? Si tel est le cas, quelles sont les conditions requises pour qu'une espèce donnée augmente ses chances d'échapper à la catastrophe ? Les premières analyses des données paléontologiques concernant ce problème suggèrent que les espèces qui ont une large distribution géographique et qui sont abondantes ont plus de chances de survivre que les autres, mais ce résultat préliminaire ouvre la voie à de nouvelles analyses, plus détaillées, au fur et à mesure que des données plus complètes seront réunies.

En tout état de cause, il reste absolument certain que la vie sur terre s'est trouvée profondément bouleversée à l'issue de chacune de ces catastrophes. Les changements d'espèces engendrent des changements profonds dans les communautés et y provoquent des restructurations majeures. Le remplacement des communautés de dinosaures par des communautés terrestres dominées par les mammifères illustre bien ce phénomène. Cet épisode met en valeur un aspect majeur, la durée nécessaire à la reconstitution de la diversité perdue après une extinction en masse : de l'ordre de 5 à 10 millions d'années environ, ce qui est tout à fait considérable, du point de vue d'une génération humaine. Cela peut être considéré comme normal dès lors que l'on admet que le moteur de l'évolution le plus dynamique correspond à l'environnement biotique, c'est-à-dire à l'ensemble des espèces avec lesquelles une espèce donnée possède des relations : compétition, prédation, parasitisme, commensalisme, mutualisme, symbiose, etc. L'isolement splendide n'est donc pas possible, et, pour les espèces, le moindre changement modifiant la nature de ses interactions avec les autres espèces va provoquer, par effet boule de neige, d'innombrables changements qui pourront conduire à la restructuration complète de toute la communauté. Extinctions en masse, changement du milieu, changements dans les interactions entre les espèces constituent donc les moteurs, toujours actuels, des changements évolutifs. Les changements provoqués par l'action de l'homme sur les espèces actuelles n'ont donc pas lieu de nous inquiéter *a priori*. Quoique...

L'évolution sous l'action de l'homme

En fait, depuis dix mille ans environ, suivant les régions du globe, un événement nouveau spectaculaire est venu ajouter son effet au lent façonnement de l'histoire des êtres vivants. Il s'agit de l'émergence, de la dispersion, de l'augmentation démographique d'une espèce plus intelligente que les autres. Il s'agit, bien entendu, d'un sous-produit tout à fait logique du processus évolutif : une espèce encore plus complexe et encore moins dépendante du milieu naturel ! Son arrivée dans certains domaines géographiques n'est pas passée inaperçue. En Amérique du Nord, jamais peuplée auparavant par l'homme, l'impact de la chasse des grands mammifères devait se traduire par l'extinction de nombreuses espèces, à tel point que certains auteurs ont qualifié cet événement de « Blietzkrieg » ou guerre-éclair. L'impact de son arrivée sur certaines îles, accompagné des premières espèces domestiques, fut encore plus terrible... Comme le célèbre dodo, une multitude d'autres animaux et plantes insulaires ont fait les frais de cette installation et du développement des premiers agrosystèmes. On estime ainsi que plus de quatre cent quatre-vingts espèces animales, surtout des vertébrés, et plus de six cent cinquante espèces de plantes, surtout des plantes à fleurs, ont disparu depuis l'an 1600, se rajoutant à tous ceux qui ont disparu auparavant. Et ces chiffres ne prennent pas en compte les organismes dits inférieurs, bactéries et champignons des sols, arthropodes et vers, qui, s'ils sont peu complexes dans leur organisation, n'en jouent pas moins un rôle majeur dans le fonctionnement des écosystèmes. À leur sujet, les prévisions sont encore plus sinistres. Aucune méthode ne permet aujourd'hui d'évaluer la vitesse de disparition de ces organismes, mais il suffit de se rappeler que leur diversité est directement liée à l'extension de leurs milieux, et de songer à l'érosion sans précédent que connaissent aujourd'hui certains milieux naturels... La forêt amazonienne, pour ne citer qu'elle, est estimée, selon les prévisions les plus optimistes, connaître une réduction mille fois plus rapide que ce qu'elle a pu connaître par le passé.

Cinq mille quatre cents espèces animales et vingt-six mille espèces de plantes sont en voie d'extinction, menacées ou rares. Parmi les vertébrés, 18 % des espèces de mammifères, 11 % des oiseaux et 5 % des poissons sont réellement menacés. Peut-on alors parler d'une nouvelle extinction en masse, comparable par son ampleur aux cinq crises antérieures majeures ? C'est peu vraisemblable, car, lors de celles-ci, ce sont surtout les espèces dominantes qui se sont éteintes et pas seulement les espèces secondaires. L'extinction engendrée par l'homme moderne ne deviendra une véritable extinction en masse que lorsque l'espèce humaine elle-même disparaîtra.

Ces extinctions n'ont été que très partiellement compensées par la création de milieux nouveaux, comme les terrils de mines, riches en produit toxiques, sur lesquels se sont différenciées de nouvelles espèces de plantes résistantes à ces substances. De même, la lutte contre les moustiques et autres nuisibles a très rapidement fait apparaître des formes résistantes, en modifiant profondément leur génome. C'est le cas des moustiques résistant aux insecticides organophosphorés, qui ont dupliqué des copies de leurs gènes permettant la production d'enzymes de détoxification en très grande quantité. Bien que ces copies de gènes ne soient plus nécessaires après l'arrêt de l'utilisation de l'insecticide, elles restent présentes dans le génome de cette espèce comme une cicatrice d'une agression antérieure. Combien de telles « cicatrices » sont présentes dans les génomes des êtres vivants actuels ? Pourra-t-on les lire et les interpréter un jour ?

L'action de l'homme se manifeste également dans les changements des aires de distribution géographique de nombreuses espèces. Ainsi, la pression de pêche a conduit de nombreuses espèces de poissons, littoraux dans le passé, à survivre en colonisant des milieux plus profonds, au-delà des potentialités techniques actuelles de pêche. Un phénomène comparable s'était produit au cours des régressions marines importantes et au moment de la crise Crétacé-Tertiaire. Lorsque la régression marine est importante, la mer se retire des plateaux continentaux, peu profonds. La vie marine est alors concentrée sur le talus continental, qui est très raide. À la fin du Crétacé, les changements de milieu ont surtout affecté la surface. De nombreuses espèces qui ont échappé à l'extinction ont pu survivre dans des niveaux plus profonds. La modification des milieux naturels entraîne des déséquilibres qui facilitent l'installation d'animaux et de plantes non souhaitée : c'est le cas des invasions. L'algue *Caulerpa taxifolia*, qui est en train d'envahir la Méditerranée, deviendra dans le futur le fossile marqueur biochronologique de l'immigration de cette espèce dans le bassin méditerranéen au cours des années quatre-vingt-dix, tout comme l'immigration du genre *Hipparion* marque le début du Miocène supérieur. À la longue liste des invasions liées à l'homme il convient maintenant d'ajouter celle des organismes génétiquement transformés. Ces invasions ne sont guère différentes de celles qui ont naturellement ponctué l'histoire des êtres vivants. D'innombrables espèces ont ainsi vu leur territoire s'agrandir brutalement au cours des temps géologiques, dans les groupes les plus divers. Leur dispersion était liée soit à l'émergence d'un nouveau courant marin, soit à une nouvelle continuité terrestre, engendrée par une régression marine ou une collision entre masses continentales, ou aux deux phénomènes. Ils constituent les éléments de base pour l'étalonnage des échelles biochronologiques.

Toutefois, au-delà des changements locaux, l'homme est arrivé depuis peu à modifier le climat global.

Par la déforestation, la combustion de carbone fossile, il arrive à modifier les paramètres responsables de l'équilibre global de la planète, et il faut bien reconnaître que, pour la première fois dans l'histoire de la vie, une espèce arrive à modifier le milieu dans lequel elle vit à une telle échelle. Ces changements sont susceptibles de provoquer un réchauffement global, estimé entre un et quatre degrés pour les cent prochaines années, ce qui entraînera une élévation du niveau des mers, estimée entre dix et cent vingt centimètres. Par ailleurs, cela risque de déclencher d'autres processus susceptibles d'amplifier ces changements. Ces modifications, qui peuvent pour l'essentiel être planifiées et prises en compte, restent encore peu de chose par rapport aux phénomènes qui ont œuvré au moment des extinctions en masse. Ainsi, l'augmentation prévue de la teneur en CO_2 est faible par rapport à celle qui peut être produite par un complexe volcanique important. En outre, la prise de conscience récente en faveur de la conservation des équilibres naturels va tendre à réduire ces excès. Mais des changements de répartition géographique sont à attendre. Dans l'hémisphère Nord, des arbres tempérés vont étendre leur répartition davantage vers les contrées septentrionales. Le domaine tropical, pour sa part, s'élargira. La déforestation entraîne aussi l'érosion des sols, un processus rarement réversible, à un moment où la démographie semble continuer de s'accroître. Parmi la longue liste des polluants produits et répandus par l'homme, une mention spéciale est à décerner à la radioactivité, jamais encore naturellement disséminée dans le passé.

Il est donc plus qu'évident qu'un changement important est en œuvre sur notre planète. Par rapport au passé géologique, il semble avoir des effets encore plus rapides que l'impact d'une météorite géante, et cette vitesse de changement constitue la particularité majeure de cet événement, avec la dissémination des sources radioactives. Les êtres vivants vont-ils pouvoir s'adapter aussi rapidement ? De nombreuses observations tendent à montrer que oui. C'est par exemple le cas de la résistance des moustiques aux insecticides, dont l'apparition n'a pris que peu de temps, bien qu'il s'agisse d'un événement unique et rare, rendu possible par l'immensité de l'effectif. Ce dernier point montre bien que le problème d'effectif est crucial pour ne pas basculer dans l'extinction en masse. L'adaptation des organismes dépend de l'importance de leur variation génétique, et cette dernière dépend, en large partie, de l'effectif et de la dimension des domaines de répartition géographique : la conservation de la biodiversité s'avère donc être un enjeu capital pour la survie de notre espèce.

Peut-on alors, à la lueur des leçons du passé, brosser quelques perspectives concernant l'histoire des êtres vivants sur la Terre ?

Perspectives pour l'avenir

Un premier point doit être rappelé ici : les êtres vivants vont continuer à se transformer, et, sans doute, certains vont connaître des évolutions rapides. Celles-ci ne sont pas décelables sur le plan morphologique à cause de leur rythme trop lent, ni sans doute sur le plan génétique, ou difficilement, car le génome des êtres vivants est encore très incomplètement connu. Mais la morphologie de l'*Homo sapiens* n'a aucune raison de s'arrêter d'évoluer. Les dents de sagesse sont appelées à disparaître, et l'ensemble de la denture se réduira pour disparaître à son tour. Le développement du cerveau n'a aucune raison de s'arrêter.

Mais l'évolution de l'homme implique aussi celle de ses relations avec ses parasites et ses pathogènes, protozoaires, bactéries et virus. Cette compétition n'a aucune raison de s'arrêter, et la recrudescence de nombreuses nouvelles souches virulentes de micro-organismes que l'on croyait vaincus à tout jamais, comme la tuberculose, est là pour nous rappeler la réalité des choses et la dépendance de l'homme par rapport à son milieu. La diversité des êtres vivants va certainement connaître une forte décroissance dans les milliers d'années à venir, ainsi qu'un fort *turn-over*. De nouvelles espèces, manufacturées par génie génétique, vont peu à peu se substituer aux espèces antérieures, appelées à s'éteindre progressivement, même si, dans certains cas, leur génome sera cryoconservé. Les gradients de diversité sont appelés à changer dans leur amplitude. Les lois de l'évolution seront appelées à évoluer une nouvelle fois. Une énergie croissante sera déployée pour gommer les variations naturelles et pour nourrir la population humaine, mais de nouveaux problèmes vont surgir. Ainsi, les facteurs ayant causé des crises d'extinction en masse dans le passé constitueront de nouveaux dangers : surveiller les souches naturelles de pathogènes ; prévoir les éruptions volcaniques et canaliser leur énergie ; surveiller les météorites et les intercepter ; surveiller les variations de profondeur des niveaux à oxygène minimal dans les océans constitueront autant de préoccupations de plus en plus importantes pour cette planète, qui aura alors vraiment abordé une nouvelle ère géologique, contrastant fortement avec les précédentes : quatre-vingt-dix-neuf fossiles sur cent seront des fossiles humains !

GLOSSAIRE

Aborigène. Naturel d'un pays (indigène, autochtone).

Allèle. Une des formes d'un même gène.

Ammonites. Groupe de céphalopodes à coquille enroulée en spirale éteint à la fin de l'ère secondaire. Ce groupe a connu une diversification importante pendant l'ère primaire et l'ère secondaire.

Amniotique. Caractérise un œuf qui possède des membranes annexes lui permettant de se développer en dehors du milieu aquatique. Il caractérise certains groupes de vertébrés (reptiles, oiseaux, mammifères).

Anagenèse. Phénomène évolutif se traduisant par la transformation progressive d'un ou de plusieurs caractères à l'intérieur d'une lignée évolutive.

Angiosperme. Plante ayant des fleurs et une graine enfermée dans une enveloppe (carpelle).

Anoures. Groupe d'amphibiens dépourvus de queue à l'état adulte (grenouilles).

Apomorphe. Qualifie un caractère spécialisé.

Archéoptéryx. Plus ancien représentant du groupe des oiseaux datant de −150 millions d'années.

Archéobactéries. Groupe de bactéries spécialisées adaptées à la vie dans les milieux extrêmes (sources hydrothermales du fond des océans, sel...).

Archosaures. Groupe de reptiles qui englobe les crocodiles, les oiseaux, les ptérosaures, les dinosaures ainsi que les formes ancestrales appelées thécodontes, qui apparaissent au début de l'ère secondaire. Ce groupe est caractérisé par la présence d'une fosse anté-orbitaire, par des dents aplaties (au lieu d'arrondies) et par une structure particulière du fémur.

Arthropodes. Groupe d'invertébrés caractérisés par un corps segmenté et couvert d'une carapace externe (insectes, araignées, scorpions...).

Ascomycètes. Groupe de champignons dépourvus de chapeau et comprenant les moisissures, les levures de bière...

ATP. Adénosine triphosphate. Molécule organique stockant l'énergie lors de l'oxydation des sucres dans les mitochondries.

Bélemnites. Groupe de céphalopodes éteints, voisins des seiches actuelles et caractérisés par la présence d'un rostre calcaire très important.

Benthos. Ensemble des organismes vivant sur le fond des mers.

Brachiopode. Invertébré marin bivalve vivant sur le fond des mers en filtrant l'eau grâce à des bras.

Carbonifère. Période de l'ère primaire comprise entre −360 et −295 millions d'années.

Cératites. Groupe d'ammonites du début de l'ère secondaire (Trias) caractérisé par une ligne de suture particulière.

Chélicère. Appendice buccal de certains arthropodes parfois transformé en pince, comme chez les scorpions.

Chimiosynthèse. Processus métabolique permettant de produire de l'énergie en l'absence d'oxygène.

Chitine. Substance organique, principal constituant de la cuticule du squelette externe des arthropodes.

Chlorophylle. Pigment vert permettant aux plantes de fabriquer des sucres à partir de l'énergie lumineuse.

Chloroplaste. Organite cellulaire, siège de l'assimilation chlorophyllienne.

Choane. Orifice pair s'ouvrant à l'intérieur du palais des vertébrés tétrapodes et de leurs ancêtres, en communication avec les narines externes par un conduit qui contient des récepteurs olfactifs.

Chromosome. Structure qui se trouve à l'intérieur du noyau des eucaryotes et contient, entre autres, de l'ADN, porteur d'une information génétique.

Chronoespèce. Espèce qui résulte de la transformation d'une espèce ancestrale (*Chronospecies* en anglais).

Cladogramme. Graphique exprimant les relations de parenté entre des êtres vivants.

Cline. Variation continue d'un caractère ou de la fréquence d'un caractère à l'intérieur de l'aire de répartition d'une espèce.

Coccolithophoridés. Groupe d'algues unicellulaires photosynthétiques du plancton marin.

Cœlacanthe. Gros poisson très rare du détroit de Mozambique, seul survivant d'un groupe éteint connu depuis l'ère primaire, et donc considéré comme un fossile vivant.

Cœlentérés. Groupe d'invertébrés marins coloniaux dont le corps est constitué uniquement de deux feuillets et comprenant des formes libres (méduses) ou fixées, ces dernières pouvant être calcifiées (coraux) ou non (hydre d'eau douce).

Conchyoline. Protéine constituant de la nacre.

Conodonte. Petites dents isolées ou groupées sur des mâchoires, en phosphate de calcium, appartenant à un groupe d'organismes marins planctoniques très abondants à l'ère primaire et disparus au début de l'ère secondaire.

Crétacé. Période de l'ère secondaire comprise entre –135 et –65 millions d'années.

Cuticule. Couche externe, d'une composition voisine de la cire, recouvrant les feuilles des plantes.

Cycas. Type de plante à port de palmier, abondante pendant l'ère secondaire.

Cytoplasme. Milieu liquide intérieur des cellules eucaryotes comprenant notamment les organites.

Diagenèse. Processus de transformation des structures organiques ou minérales au cours de l'enfouissement.

Diapsides. Groupe de reptiles caractérisés par la présence de deux fenêtres temporales supérieure et inférieure, structures permettant l'insertion de puissants muscles masticateurs.

Diatomées. Algues unicellulaires marines et d'eau douce, enfermées dans une coque siliceuse.

Dinosaures. Groupe de reptiles archausoriens disparus, abondants pendant toute l'ère secondaire.

Dipneustes. Groupe de poissons osseux, caractérisés par la présence de poumons et de branchies. Très abondants à l'ère primaire, leur diversité s'est réduite à trois groupes survivant aujourd'hui.

Électrophorèse. Technique consistant à faire migrer des protéines d'un ou plusieurs organismes dans un champ électrique, et à comparer la distance parcourue par ces protéines, qui est proportionnelle à leur charge électrique.

Éocène. Période de l'ère tertiaire comprise entre –57 et –34 millions d'années.

Équilibres ponctués. Modèle théorique d'évolution des espèces proposé par N. Eldredge et S. J. Gould. Les espèces nouvelles apparaîtraient de manière brutale à partir de l'isolement de petites populations périphériques. Elles viendraient remplacer épisodiquement les espèces dominantes centrales qui ne connaissent pas de changement évolutif pendant de longues périodes.

Espèce. Unité de reproduction constituée d'un ensemble de populations interfécondes ou potentiellement interfécondes.

Eucaryotes. Groupe d'êtres vivants unicellulaires ou pluricellulaires dont les cellules sont pourvues d'un noyau distinct ainsi que d'organites.

Évolution phylétique. Modalité d'évolution pouvant être caractérisée par la transformation progressive et synchrone des caractères de l'ensemble des populations d'une espèce.

Gamète. Cellule reproductrice des organismes à reproduction sexuée. La fusion de deux gamètes, mâle et femelle, donne un œuf.

Gène. Plus petite unité fonctionnelle de l'information génétique, qui détermine le contrôle d'un caractère.

Génotype. Ensemble des gènes d'un individu.

Ginkgo. Arbre d'ornement originaire de Chine, survivant d'un groupe représenté actuellement par cette seule espèce.

Glossoptéridées. Groupe de plantes endémiques caractéristiques du Gondwana.

Goniatites. Groupe d'ammonites de la fin de l'ère primaire reconnaissable par ses lignes de suture particulières.

Gondwana. Masse continentale qui regroupait l'Afrique, l'Amérique du Sud, l'Inde, l'Australie, Madagascar et l'Antarctique à la fin de l'ère primaire et à l'ère secondaire.

Grade. Degré d'évolution ou degré de complexité pouvant être atteint indépendamment par plusieurs espèces distinctes. Par exemple, le grade poisson caractérise un stade aquatique ancestral par lequel sont passés plusieurs groupes de vertébrés distincts (tétrapodes, dipneustes, crossoptérygiens).

Groupe. Ensemble d'êtres vivants partageant de nombreux caractères communs. S'ils dérivent d'un ancêtre unique, on parle de groupe monophylétique et s'ils dérivent de plusieurs ancêtres distincts, on parle de groupe paraphylétique.

Gymnospermes. Végétaux ayant des graines non enfermées dans une enveloppe (conifères).

Hominoïdes. Groupe monophylétique de primates englobant les grands singes, les hommes fossiles et actuels et leurs ancêtres respectifs.

Ichtyosaures. Reptiles marins appartenant à un groupe éteint connu du Trias inférieur jusqu'au Crétacé supérieur..

Issidioromys. Rongeurs fossiles appartenant à un groupe éteint depuis l'Oligocène, caractérisé par son adaptation à un milieu semi-aride de type sahélien.

Jurassique. Période de l'ère secondaire comprise entre – 205 et –135 millions d'années.

Laurasie. Masse continentale regroupant l'Amérique du Nord et l'Eurasie, située au nord du Gondwana.

Ligne de suture. Marque laissée par l'insertion des cloisons sur les coquilles de céphalopode.

Lignine. Substance organique constituant du bois permettant d'assurer la rigidité des végétaux.

Limule. Forme primitive d'arthropode vivant encore dans les mers tropicales.

Lingule. Brachiopode marin vivant dans les lagunes actuelles et dont l'organisation simple n'a pas changé depuis l'ère primaire.

Lœss. Dépôt sédimentaire continental d'origine éolienne.

Madréporaires. Organismes marins récifaux à squelette calcaire (coraux).

Mammifères. Vertébrés à sang chaud ayant comme caractéristique la présence de mamelles et l'allaitement des petits.

Mangrove. Forêt située sur le littoral des mers tropicales et adaptée à la vie en milieu salé.

Marsupiaux. Groupe de mammifères chez qui le développement de l'embryon se termine dans une poche marsupiale (kangourou).

Méganthrope. Fossile humain de l'île de Java morphologiquement semblable aux *Homo erectus* mais dont la taille est considérablement plus grande. Son âge imprécis est compris entre huit cent mille et un million cinq cent mille ans.

Mitochondrie. Organite d'origine bactérienne des cellules eucaryotes, siège de la respiration cellulaire.

Monotrèmes. Groupe de mammifères pondant des œufs mais allaitant leurs petits et représenté actuellement par l'ornithorynque et l'échidné.

Mucilage. Substance aqueuse et visqueuse sécrétée par certains organismes et pouvant parfois leur servir de couche protectrice.

Nautiles. Céphalopodes à coquille enroulée et à ligne de suture très simple, vivant actuellement dans l'océan Indien.

Néritique. Domaine marin de faible profondeur situé entre le littoral et le plateau continental.

Oligocène. Période de l'ère tertiaire comprise entre − 34 et − 23 millions d'années.

Ontogenèse. Processus de développement des êtres vivants.

Ostracodes. Petits crustacés benthiques, abondants dans le fond des mers et des eaux douces, dont le corps est enfermé dans deux valves.

Paléozoïque. Ère primaire, comprise dans la période allant de −540 à −250 millions d'années.

Phénotype. Ensemble des caractéristiques morphologiques, physiologiques, biochimiques et comportementales d'un organisme résultant de l'interaction des gènes et de l'environnement.

Permien. Période de l'ère primaire comprise entre − 295 et −250 millions d'années.

Phénétique. Qualifie une opération relative à la similarité des phénotypes.

Photosynthèse. Processus cellulaire permettant la synthèse des sucres à partir de l'énergie lumineuse.

Phylétique. Qualifie ce qui relève d'un phylum, c'est-à-dire d'une succession d'organismes descendant les uns des autres.

Phylogénie. Relation de parenté entre les êtres vivants, qui peut être exprimée graphiquement et/ou quantifiée suivant la méthode utilisée.

Phylum. Succession d'organismes ayant des relations de parenté entre eux.

Placodermes. Groupe de poissons fossiles abondants au Dévonien, dont la partie antérieure du corps était recouverte de plaques osseuses.

Plancton. Ensemble d'organismes marins et d'eau douce, incapables d'effectuer d'importants déplacements de façon active.

Plan d'organisation. Ensemble des caractères qui définissent les grands groupes d'êtres vivants.

Placentaires. Groupe de mammifères dont les échanges de l'embryon avec la mère se réalisent au travers d'un placenta.

Pléiotrope. Caractérise un gène qui affecte plusieurs caractères distincts.

Pléistocène. Période de l'ère quaternaire comprise entre –1,65 million d'années et –10 000 ans.

Plésiosaures. Groupe de reptiles marins de l'ère secondaire.

Procaryotes. Groupe d'êtres vivants unicellulaires sans noyau, communément désignés sous le nom de bactéries.

Protozoaires (ou protistes). Êtres vivants unicellulaires non photosynthétiques possédant un noyau, comme l'amibe, la paramécie ou le plasmodium, responsable du paludisme.

Protophytes. Êtres vivants unicellulaires photosynthétiques possédant un noyau.

Ptéridophytes. Végétaux vasculaires sans fleur ni graine (fougères).

Radiolaires. Organismes unicellulaires marins planctoniques à coquille siliceuse.

Respiration. Processus permettant, par l'assimilation d'oxygène et la dégradation des sucres, une production d'énergie.

Ribosomes. Structures des cellules eucaryotes grâce auxquelles se fait la synthèse des protéines.

Rostre. Extrémité calcifiée, en forme de balle de fusil, du squelette interne des bélemnites.

Rudistes. Groupe de lamellibranches éteints, à coquille très épaisse, dont l'empilement a constitué des récifs à la fin du Jurassique et au cours du Crétacé.

Stase. État d'une lignée évolutive caractérisé par l'absence de transformation.

Symplésiomorphie. État d'un caractère primitif partagé par deux organismes.

Synapomorphie. État d'un caractère dérivé (spécialisé) partagé entre plusieurs formes vivantes, et hérité d'un ancêtre commun.

Stégodons. Forme d'éléphants appartenant à un groupe éteint ayant vécu en Asie du Sud-Est.

Stromatolithes. Constructions calcaires élaborées sous l'action de bactéries photosynthétiques.

Taxinomique. Relatif à la classification des êtres vivants.

Tectonique. Étude des déformations affectant les roches après leur dépôt (failles, plis...).

Théropodes. Groupe de dinosaures saurischiens carnivores. Certains d'entre eux sont à l'origine du groupe des oiseaux.

Téthys. Ancien océan ceinturant l'équateur pendant l'ère secondaire.

Trias. Période de l'ère secondaire comprise entre –250 à –205 millions d'années.

Trilobites. Groupe d'arthropodes marins fossiles, caractéristiques de l'ère primaire, dont le corps est divisé en trois parties dans les deux sens.

Upwelling. Courant marin se traduisant par des remontées d'eau profonde, froide et riche en sels minéraux dissous sur les marges de certains continents.

Ouvrage publié sous la responsabilité éditoriale
d'Henri Verdier

Imprimé par Lightning Source France
1 avenue Gutenberg
78310 Maurepas

N° d'édition : 7381-0345-Y